決定版

相対性理論のすべてがわかる本

JN086016

科学雑学研究倶楽部 編

はじめに

ぜひお伝えしたいことが、ふたつあります。

ひとつめ。相対性理論は、とても面白いです。

相対性理論では、「光に近い速さの運動」とか「とてつもない質量の天体」といった、スケールの大きい話が次々に出てきます。そして、そういうスケールの現象には、日常的な常識が通用しません。私たち「科学雑学研究倶楽部」は、相対性理論について調べながら、ことあるごとに「そんなバカな！」「えっ、どうして⁉」と仰天していました。そして、その驚きが、とてもエキサイティングなのです。

この面白さを、ぜひ多くの方に味わっていただきたいと思っています。

「そうはいっても、難しいんでしょう？」と思った人もいることでしょう。

お伝えしたいことのふたつめ。

相対性理論は、難しくはありません。

……こんなことをいったら、お叱りを受けるのは承知しています。もちろん、学問・研究として、相対性理論を正確に理解して使いこなすのは、とても難しいです。

しかし、私たちは、相対性理論という人類の財産を、だれもが楽しめるものにしたいのです。そして、「相対性理論とはどういうものなのか」を、多くの人にわかりやすく紹介することは可能だと考えています。

本書は、2015年に学研から刊行された『相対性理論のすべてがわかる本』を改訂し、新しい話題も多く盛り込んだ「決定版」です。「難しそうな理論でも、気軽に楽しめるように」という旧版からのコンセプトを大事にしながら、相対性理論の本質を曲げることなく、より面白く、わかりやすくなるよう、全面的に作り直しました。

旧版を読まれた方にも、この本から読まれる方にも、満足していただけるように制作したつもりです。どうぞたっぷりと、相対性理論の世界をお楽しみください。

科学雑学研究倶楽部

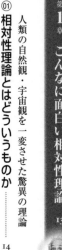

目次

$$F = G\frac{m_1 m_2}{r^2}$$

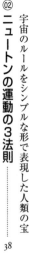

第4章 一般相対性理論の世界 119

第5章 相対性理論と現代物理学 151

第6章 相対性理論と宇宙の神秘 185

第7章 相対性理論と時間の不思議 229

相対性理論関連年表

1543年	コペルニクス、地動説を発表。
17世紀前半	ガリレイ、地動説の支持を公言。
17世紀末	ニュートン力学の成立。ニュートン、光の粒子説を提唱。
1690年	ホイヘンス、光の波動説を提唱。
18世紀末	ミッチェルとラプラス、暗黒の天体の存在を予想。
19世紀初頭	ヤングの実験。
19世紀前半	電磁気学の成立。
	非ユークリッド幾何学の成立。
19世紀半ば	熱力学の第1法則・第2法則の発見。
	リーマン幾何学の成立。
1865年	マクスウェル方程式の発表。マクスウェル、電磁波の存在を予想。
1873年	マクスウェル、光が電磁波であることを証明。
1879年	アインシュタイン、誕生。
1887年	マイケルソン＝モーリーの実験。
	ヘルツ、電磁波の存在を実証。
1892年	ローレンツ、ローレンツ収縮の理論を発表。
1900年	プランク、量子仮説を発表。

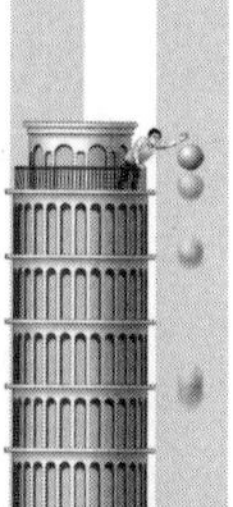

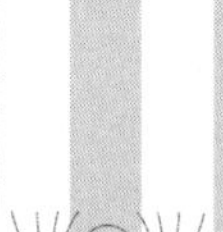

$$\mathrm{rot}\,\vec{H} = \vec{j} - \frac{\partial \vec{D}}{\partial t}$$

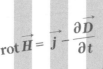

1904年　ローレンツ、ローレンツ変換の理論を発表。

1905年　アインシュタインの「奇跡の年」。
アインシュタイン、光量子論とブラウン運動の理論を発表。
アインシュタイン、特殊相対性理論と「$E=mc^2$」の式を発表。

1907年　アインシュタイン、等価原理のアイデアを得る。

1908年　ミンコフスキー、4次元時空の幾何学の考え方を発表。

1913年　ボーア、原子模型を発表。以後、前期量子論を牽引。

1915年　アインシュタイン、一般相対性理論を発表。

1916年　アインシュタイン、重力波の存在を予想。
ミリカンの光電効果の実験、アインシュタインの光量子論に合致。
アインシュタイン方程式のシュヴァルツシルト解の発見。

1919年　エディントンの皆既日食の観測、一般相対性理論に合致。

1922年　アインシュタイン、前年度のノーベル物理学賞を受賞。
フリードマン、宇宙の膨張を予想（1924年にも）。

1924年　フリードマンモデルの発表。

1926年　行列力学と波動力学の成立。量子力学の確立。

1928年　ルメートル、宇宙の膨張を予想。
ディラック方程式の発表。

1929年　ハッブルの法則の発表。

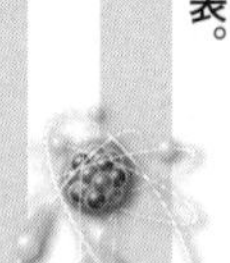

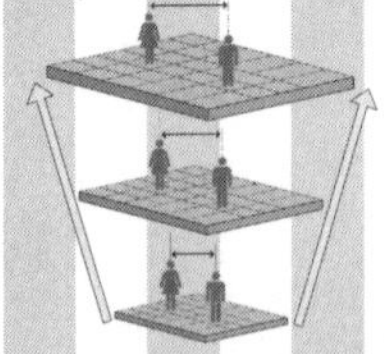

$$E=mc^2$$

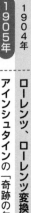

	場の量子論の原型が作られる。
1930年代	**チャンドラセカール質量**の発表。
	ツビッキー、**中性子星**や**ダークマター**の存在を予想。
	アインシュタイン、アメリカに移住。
1930年代半ば	**湯川秀樹**、**中間子論**を発表。
1935年	**アインシュタイン**と**ローゼン**、**ブリッジ**の存在を予想。
1936年	**アインシュタイン**、**重力レンズ効果**の存在を予想。
1940年代	**ガモフ**、**ビッグバン理論**を発表。
1945年	**原子爆弾**が広島と長崎に投下される。
1940年代後半	**朝永振一郎**ら、**くりこみ理論**を発表。**場の量子論**が実用化へ。
1955年	**アインシュタイン**、死去。
1957年	**量子論**の**多世界解釈**が発表される。
1963年	**アインシュタイン方程式**の**カー解**の発見。
1964年	**宇宙マイクロ波背景放射**の発見。
1960年代	**ペンローズ**と**ホーキング**、**特異点定理**を発表。
1967年	**電弱統一理論**の発表。
	ホイーラー＝ドウィット方程式の発表。
	ホイーラー、「**ブラックホール**」の名称を広めはじめる。
1970年	**南部陽一郎**ら、**ひも理論**を構築。

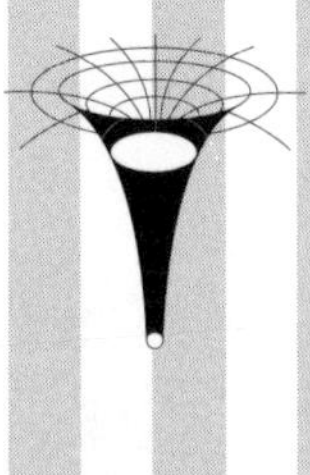

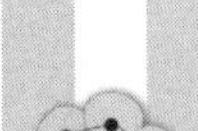

$$R_{\mu\nu}-\frac{1}{2}g_{\mu\nu}R=\frac{8\pi G}{c^4}T_{\mu\nu}$$

1971年	**シュワルツ**ら、**超ひも理論**を提唱。
1974年	**ホーキング放射**の発表。
	大統一理論の発表。
1970年代	素粒子の**標準模型**が形成される。
	ルービン、**ダークマター**の存在を予想。
	連星パルサーの発見。**重力波**の存在の間接的証拠に。
1979年	**ツイン・クエーサー**の観測により、**重力レンズ効果**を確認。
1980年代初頭	**佐藤勝彦**と**グース**、**インフレーション宇宙モデル**を発表。
1982年	**ビレンキン**、「無から宇宙が生まれた」とする理論を発表。
1984年	**第1次超ひも理論革命**。
1988年	**ソーン**、**ワームホール**を使った**タイムトラベル**のアイデアを発表。
1995年	**第2次超ひも理論革命**。**M理論**や**Dブレーン理論**が発表される。
1998年	**宇宙の加速膨張**の発見。**ダークエネルギー**の存在が予想される。
1990年代後半	**ブレーン宇宙論**の発表。
2001年	**スタインハート**と**テュロック**、**サイクリック宇宙論**を発表。
	人工衛星**WMAP**、打ち上げられる。
2015年	**重力波**の観測に成功。
2019年	**ブラックホール**を撮影した写真の発表。

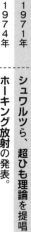

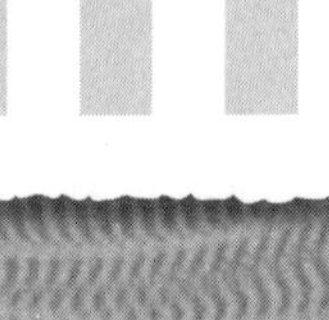

第1章

こんなに面白い相対性理論

01 相対性理論とはどういうものか

人類の自然観・宇宙観を一変させた驚異の理論

宇宙のルールを解き明かした

本書のテーマである**相対性理論**は、今から100年以上前に作られた、物理学の理論です。この宇宙がどんなルールで成り立っているのか、現実世界の裏で作動する重要なプログラムを解き明かしました。

その内容はあまりに衝撃的で、**人類の自然観・宇宙観を、大きく変えてしまった**といえるほどです。しかも、無数の観測・実験による検証に耐え、正しさが証明されつづけており、現在の科学の基礎になっています。

世界を見る目が変わる！

相対性理論は、ドイツ出身の物理学者**アルベルト・アインシュタイン**（1879〜1955年）によって作られました。彼はいわば「天才」の代名詞として、抜群の知名度を誇ります。しかし、相対性理論の内容のほうは、あまり知られていないのではないでしょうか。

相対性理論を知ると、時間や空間、身のまわりの世界や宇宙を見る目がガラッと変わります。まずはこの第1章で、驚きの理論の概要を、一気につかみましょう。

$$R_{\mu\nu}-\frac{1}{2}g_{\mu\nu}R=\frac{8\pi G}{c^4}T_{\mu\nu}$$

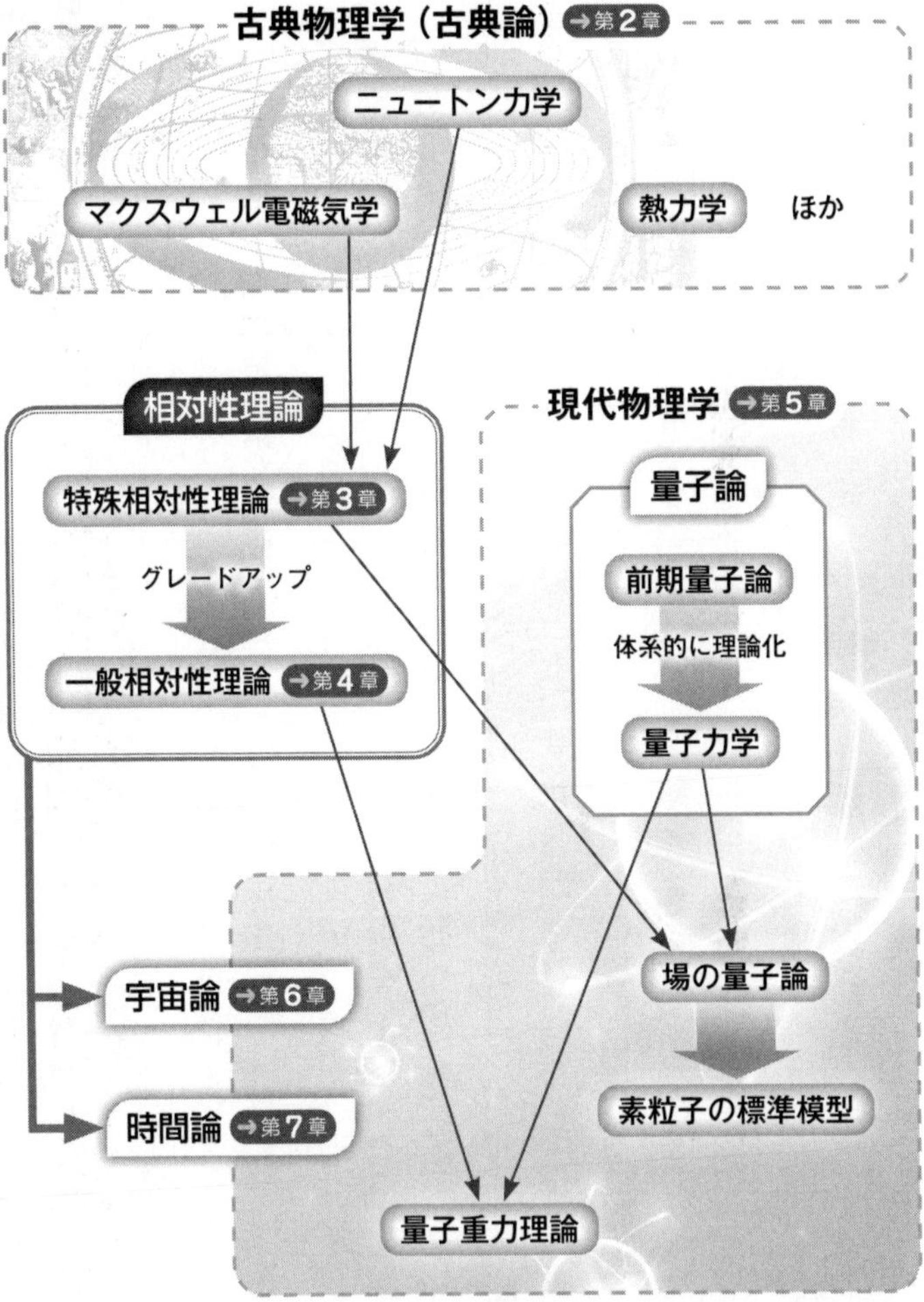

▲相対性理論に関連する、さまざまな物理学理論の「超概略図」。相対性理論は、「ニュートン力学」や「マクスウェル電磁気学」といった「古典物理学（古典論）」から生まれ（相対性理論自体、古典物理学に分類される）、「量子論」とともに、20世紀以降の物理学を切り開いてきた。

02

宇宙を支配する「本当の法則」に迫る!!

ニュートン力学を超えて

ニュートン力学とその限界

相対性理論を作った**アインシュタイン**に並ぶ、科学史上の有名人といえば、17~18世紀イギリスの**アイザック・ニュートン**（38ページ参照）でしょう。

ニュートンは「**物理の法則は、地上だけでなく、宇宙をも支配している**」と考え、その普遍的な法則を、数学を用いてまとめました。宇宙の片隅に生きる人間が、森羅万象《しんらばんしょう》を貫《つらぬ》く法則を見抜き、シンプルな形で表現したのです。ニュートンの業績は、人類史の中でも比類ないほど大きいといえるかもしれません。

ものの運動や、そこにはたらく力を説明する物理学の分野を、**力学**《りきがく》といいます。ニュートンの理論をもとに、**ニュートン力学**が構築され、時間をかけて洗練されていきました。ニュートン力学は、21世紀の現在もとても幅広く用いられている、現役の理論です。

しかし19世紀後半、**ニュートン力学では説明のつかない問題**があることもわかってきました。その問題を解決したのが、20世紀初頭に誕生した相対性理論です。相対性理論は、「完成」の域に達していたニュートン力学を超えて、物理学を刷新したのです。

$$R_{\mu\nu}-\frac{1}{2}g_{\mu\nu}R=\frac{8\pi G}{c^4}T_{\mu\nu}$$

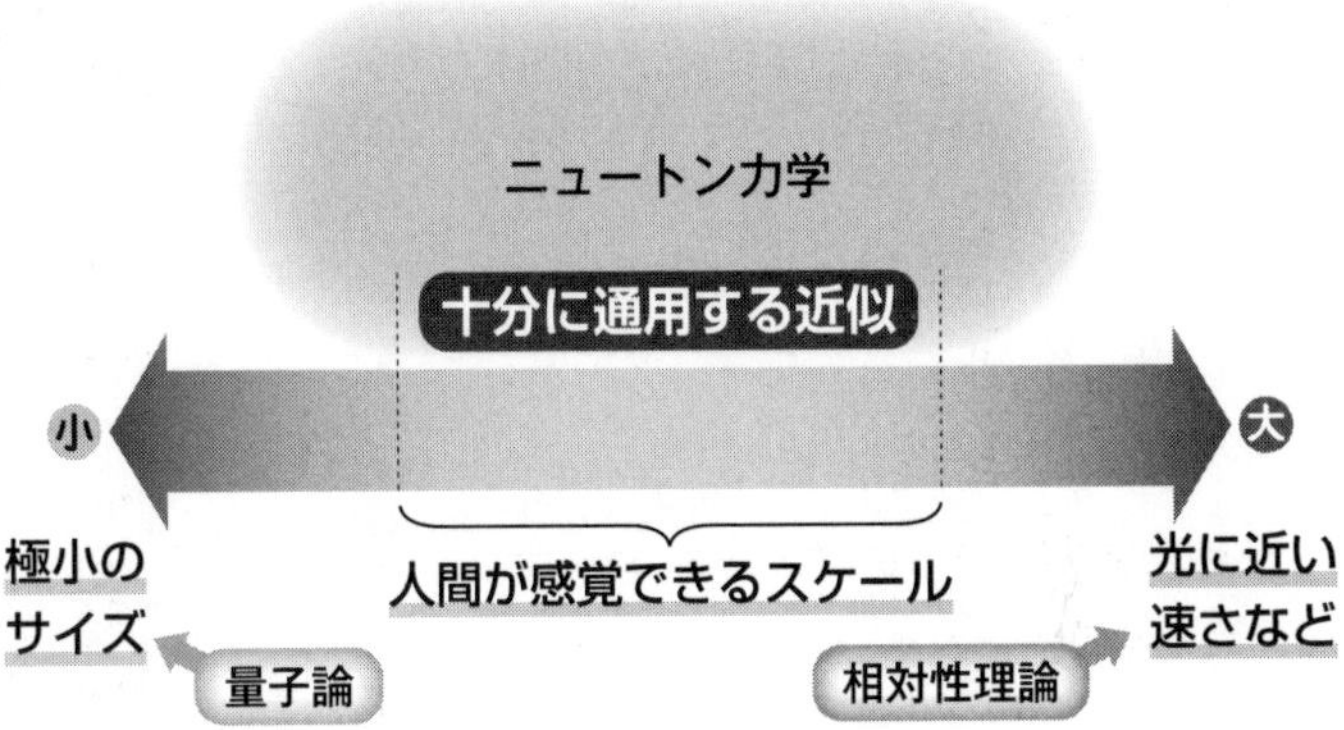

▲「ニュートン力学」と相対性理論の関係のイメージ。「量子論」については、26ページでも概要を説明する。なお、この図は「相対性理論は、光に近い速さなどの特殊な状況にしか適用できない」という意味ではない。相対性理論や量子論は、ニュートン力学が通用する範囲をもカバーする理論である。

日常的感覚を超えたスケール

厳密に正しくはないけれど、よく似た近い形で表現することを、**近似**《きんじ》といいます。

じつはニュートン力学は、**宇宙を支配する「本当の法則」の近似**です。その近似は、人間が感覚的にとらえられるスケールの世界では、まったく問題なく成り立ちます。しかし、たとえば**光に近い速さ**など、日常的感覚の範囲に収まらないスケールでは、「本当の法則」との差が、とても大きくなってしまうのです。

そして、そんなスケールの事象を、**ニュートン力学よりも厳密に説明してくれる**のが、相対性理論です。相対性理論を生んだ物理学の歴史は、第2章でくわしく扱います。

03

時間と空間は「それぞれ違ってOK」!?

「相対性」とは何か

本来は「相対性原理」から

「**相対性理論**って何だろう?」と思った人が、まず引っかかるのは、「相対性」というちょっと難しそうな言葉ではないでしょうか。

本来、「相対性理論」の「相対性」は、この理論を作る際に**アインシュタイン**が前提とした、**相対性原理**《そうたいせいげんり》という考え方に由来します。ただ、この相対性原理の説明は少し難しいので、ここでは「相対性」という言葉のニュアンスを確認し、その言葉を使って、相対性理論の内容の大まかなイメージをお伝えします。

時間と空間の相対性

相対性理論の「相対性」は、**ものの見え方、世界のとらえ方**にかかわる概念です。

相対性とは、「絶対性」の対義語で、**絶対的な基準がない**ことを表します。それはつまり、「**それぞれ違ってOK**」ということです。

相対性理論によると、この宇宙を見るとき、「これだけが絶対的な正しい見方だ」という唯一の基準はありません。「**宇宙を見る個別の視点**」**が**、**対等にたくさんある**だけです。

ただし、視点は違っても、「個別の視点か

$$R_{\mu\nu} - \frac{1}{2} g_{\mu\nu} R = \frac{8\pi G}{c^4} T_{\mu\nu}$$

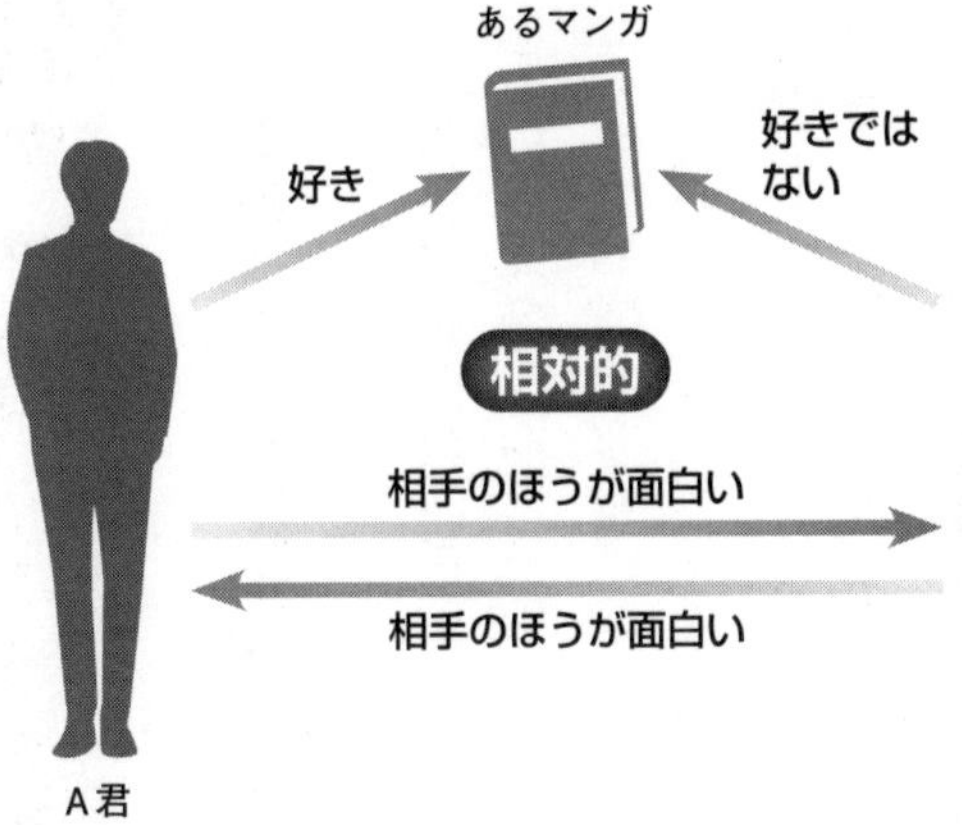

▲「相対性」という概念のイメージ。A君は、「あのマンガは好き」「Bさんは僕よりも面白い」と思っている。Bさんは「あのマンガは好きじゃない」「A君は私よりも面白い」と思っている。ふたりの考え方は違っているが、「どちらが正しいか」を決める「絶対的」な基準はなく、ふたりの考えは対等である。

ら見た宇宙」それぞれには、**同じ物理の法則**がはたらいています。だからこそ、ある視点から見たひとつの現象について、「別の視点から見ると、どう見えるかな？」と考えることができます。

さて、相対性理論は、**日常的な感覚としては「絶対」的だと思われているものが、「相対」的でしかない**ことを教えてくれます。

それは、**時間**と**空間**です。

日常的感覚では、たとえば「1秒」の長さや「1立方メートル」の空間の広がり方は、絶対的なもので、いつでもどこでも同じだと思われます。しかし、相対性理論によると、じつは**時間も空間も、視点によって変化**します。相対性理論は、**時間や空間が相対的なものであること**を示す理論だといえるのです。

04

相対性理論はふたつある!!

「特殊」と「一般」とは

2種類の相対性理論

じつは、**相対性理論**には2種類あります。**アインシュタイン**によって1905年に発表された「特殊相対性理論」と、その10年後に発表された「一般相対性理論」です。

「特殊」相対性理論と「一般」相対性理論というと、何だか「特殊」のほうが難しそうで、高度なもののように感じる人もいるかもしれません。しかし、実際は逆です。

特殊相対性理論は、「特殊」な状況しか説明できない理論です。一定の条件を満たしたシンプルな範囲にしか適用できませんが、その分、理論自体の難易度も低いといえます。

これを発展させて適用範囲を広げ、あらゆる状況に「一般」的に通用するように作られたのが、**一般相対性理論**です。より高度な理論なので、複雑で難しくなっています。ただし本書では、なるべくわかりやすく説明しますので、安心してください。

「特殊」とは等速直線運動のこと

それでは、「特殊」相対性理論が適用でき

$$R_{\mu\nu}-\frac{1}{2}g_{\mu\nu}R=\frac{8\pi G}{c^4}T_{\mu\nu}$$

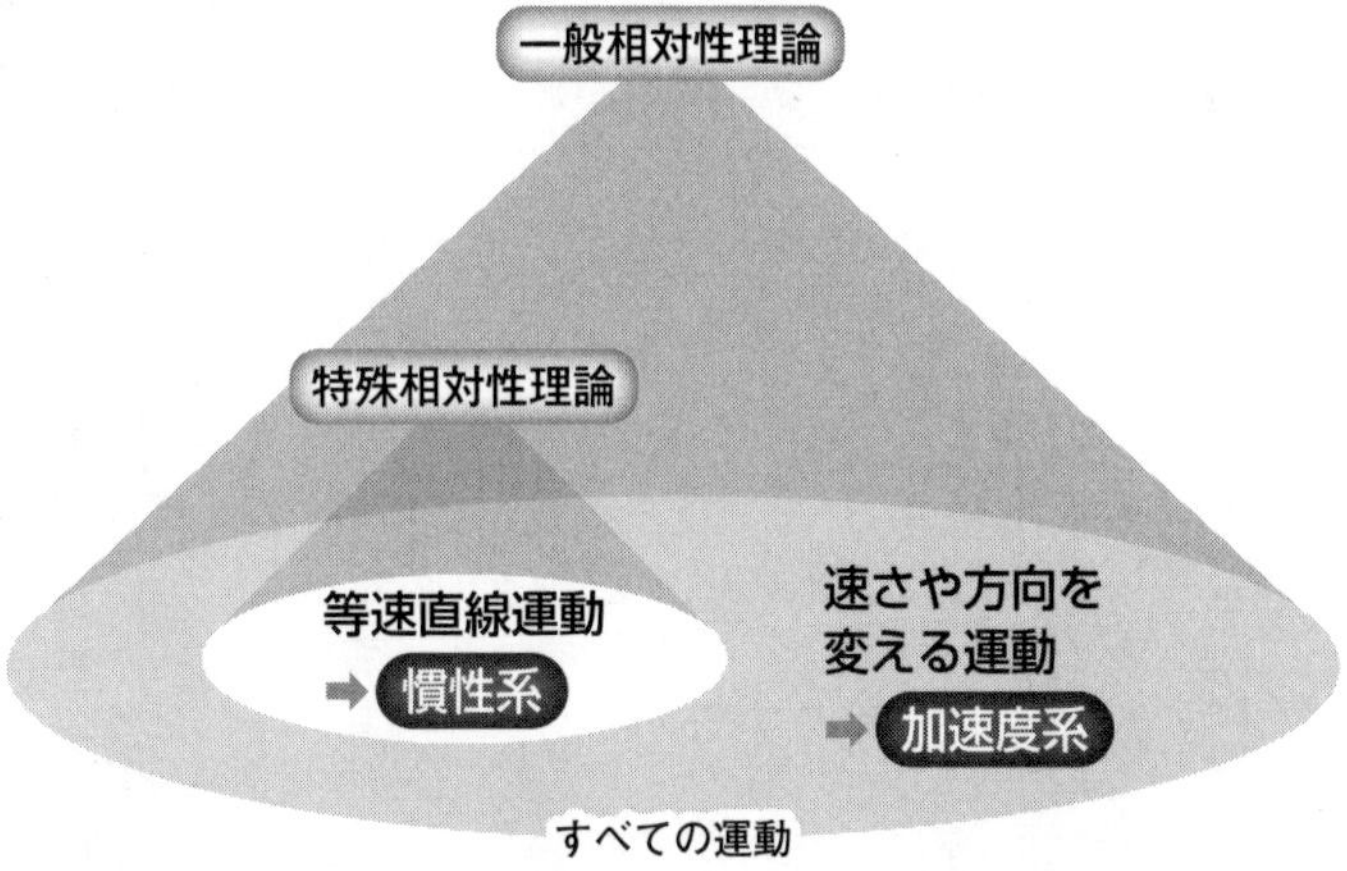

▲「特殊相対性理論」と「一般相対性理論」の関係。「特殊相対性理論」が「速さも方向も変わらない運動」しか扱えないのに対し、「一般相対性理論」はあらゆる運動を扱える、より一般的な理論である。

る「特殊」な状況とは、いったいどういうものでしょうか。

それは、一定の方向に同じ速さで進みつづける**等《とう》速《そく》直《ちょく》線《せん》運《うん》動《どう》**です。ある場所にずっと止まっている**静《せい》止《し》**状態も、「一定の方向に、速さゼロで進みつづけている」とみなせるので、等速直線運動に含みます。特殊相対性理論は、「速さも方向も変わらない運動」だけに通用する理論なのです。

しかし、身のまわりを見ても、いろいろなものが速さや方向を変えながら動いていますし、宇宙の天体の軌道も、等速直線運動ではありません。特殊相対性理論からグレードアップされた一般相対性理論は、「速さも方向も変わらない運動」に限定されず、あらゆる運動を扱えるようになっています。

05

特殊相対性理論をつかむ

時の流れが遅くなり、物体が縮む!?

▽ 特殊相対性理論の「結論」

ふたつの**相対性理論**のうち、**特殊相対性理論**の内容はどういうものでしょうか。

まずひと言でいってしまうと、特殊相対性理論とは「等速直線運動する視点から見た世界を扱う際は、**ローレンツ変換**という手法を使わなければいけませんよ」という理論です。

しかしここでは、ローレンツ変換などの説明をするよりも、「**ローレンツ変換を使って等速直線運動を扱うと、どんな結論が出てくるのか**」をご紹介したほうが、特殊相対性理論のイメージをつかんでいただくのに役立つでしょう（ローレンツ変換は、73ページであらためて説明します）。

19ページでふれた**時間と空間の相対性**の観点からいうと、特殊相対性理論は次のようなことを明らかにしました。「そんなバカな！」と思う人も多いでしょうが、これは科学的に実証されている、この宇宙の法則です。

❶運動する物体の速度が速いほど、その物体に流れる時間はゆっくりになる。

❷運動する物体の速度が速いほど、その物体は空間的に縮んで見える。

$$R_{\mu\nu} - \frac{1}{2} g_{\mu\nu} R = \frac{8\pi G}{c^4} T_{\mu\nu}$$

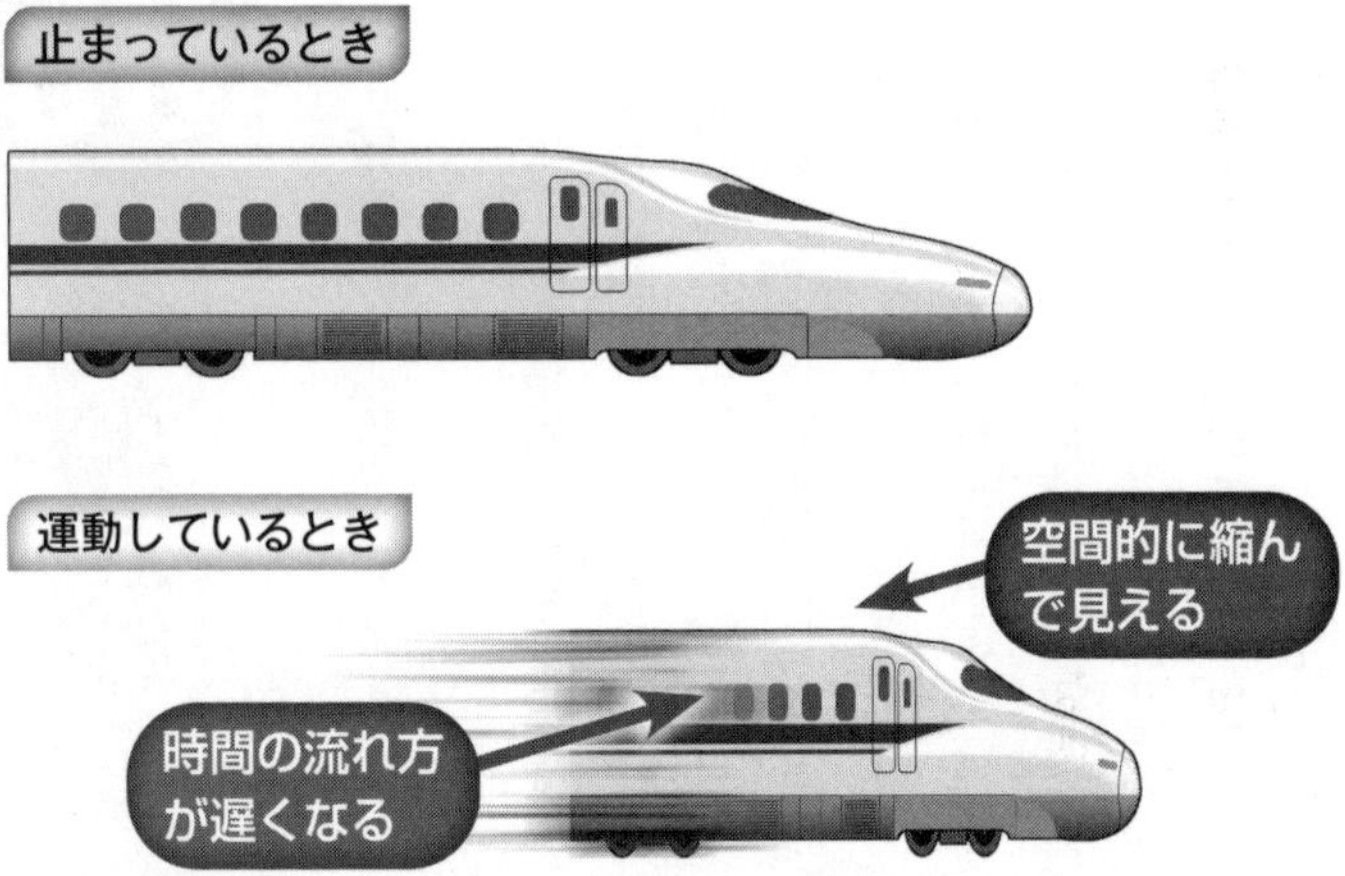

▲「特殊相対性理論」からはいくつかの結論が導かれているが、その中でも「時間と空間の相対性」にかかわるのが、「動くものは、時間の流れ方がゆっくりになり、空間的に縮んで見える」という不思議な現象である。

時間の遅れと空間的な縮み

たとえば新幹線が速く走るほど、❶車内の時間の流れがゆっくりになり、❷止まっているときよりも縮んで見える、というわけです。

それどころか、理論的にいうならば、私たちが走るだけでも、亀が歩くだけでも、時間の流れ方が遅くなり、縮んで見えるのです。

私たちは日常生活の中で、**時間の遅れ**や**空間的な縮み**など感じません。しかしそれは、私たちの運動があまりに遅すぎて、そこから派生する時間の遅れや空間的な縮みが小さすぎるせいです。**光速**に近い運動では、❶と❷の効果がはっきりと現れます。特殊相対性理論の内容は、第3章でじっくり解説します。

06

物体のまわりでは「時空」がゆがんでいる!?

一般相対性理論をつかむ

▼時空のゆがみ

では、**一般相対性理論**の内容はどういうものでしょうか。

最も重要な結論をひと言でいってしまうと、**「エネルギーや運動量《うんどうりょう》をもつもののまわりでは、時空《じくう》がゆがむ」**となります。

運動量とは「**質量×速度**」のことで、**時空**とは、**時間**と**空間**を一体とみなす概念です。

というわけで、一般相対性理論の結論は、下のようにも表現できます。22ページの❶❷に似た形ですね。これも**時間と空間の相対性**を示しているといえます。

> ❶エネルギー、質量、速度が大きいもののまわりでは、時間がゆっくり流れる。
> ❷エネルギー、質量、速度が大きいもののまわりでは、空間が曲がる。

▼重力を扱うことができる理論

時空を、やわらかいゴム板のようなものとしてイメージしてください。このゴム板の上に、リンゴを置いてみます。すると、ゴム板

$$R_{\mu\nu} - \frac{1}{2} g_{\mu\nu} R = \frac{8\pi G}{c^4} T_{\mu\nu}$$

▲「質量」の大きい地球は、「時空」を大きくゆがませる。リンゴは、その「時空のゆがみ」に沿って動く。これが、「リンゴが地球の重力に引かれて落ちる」という現象の実態である（本書の図では、理論がわかりやすくなるように、大きさや長さなどの比率をデフォルメして表す）。

はほんの少しだけへこむはずです。このへこみが、**時空のゆがみ**です。リンゴの質量（物質としての量）が、時空をゆがませるのです。

さらに、リンゴの隣に地球を置きましょう。地球はリンゴよりもずっと大きくゴム板をへこませます。すると、リンゴはこのへこみに沿って、地球のほうに落ちていくでしょう。

これが**重力**です。重力の正体は、時空のゆがみだったのです。エネルギーや速度も、時空をゆがませます。一般相対性理論は、重力を扱うことのできる理論なのです。

それにしても、空間の中にある物体としてのゴム板がへこむのはわかりますが、**時間や空間自体がゆがむ**なんて、やはり驚きですね。一般相対性理論の内容は、第４章でくわしく説明します。

07

科学を大きく変えたふたつの理論の関係は!?

相対性理論と量子論

もうひとつの革命的理論

相対性理論は20世紀の初めに誕生し、**ニュートン力学**を中心とする従来の物理学の常識を塗り替えましたが、ほぼ同時期にもうひとつ、革命的な理論が生まれています。

それが**量子論《りょうしろん》**です。多くの才能ある物理学者たち（その中には**アインシュタイン**も含まれます）によって構築されました。

量子論と相対性理論は、今日の物理学を支える二大理論であり、特に、量子論の考え方が入った物理学が**現代物理学**と呼ばれます。

二大理論をいかに統合するか

私たちの周囲にある物質は、**原子《げんし》**の組み合わせでできており、原子はさらに**原子核《げんしかく》**と**電子《でんし》**に分けられます。そして、たとえば電子には、ニュートン力学が通用しません。**超ミクロのスケールでは、ニュートン力学と実験・観測の結果が大きく異なる**のです。量子論は、この**超ミクロの世界を扱う理論**です。

この量子論と一般相対性理論をいかにして統合するかが、現代の物理学の大きな課題です。くわしくは第5章で見ていきましょう。

$$R_{\mu\nu}-\frac{1}{2}g_{\mu\nu}R=\frac{8\pi G}{c^4}T_{\mu\nu}$$

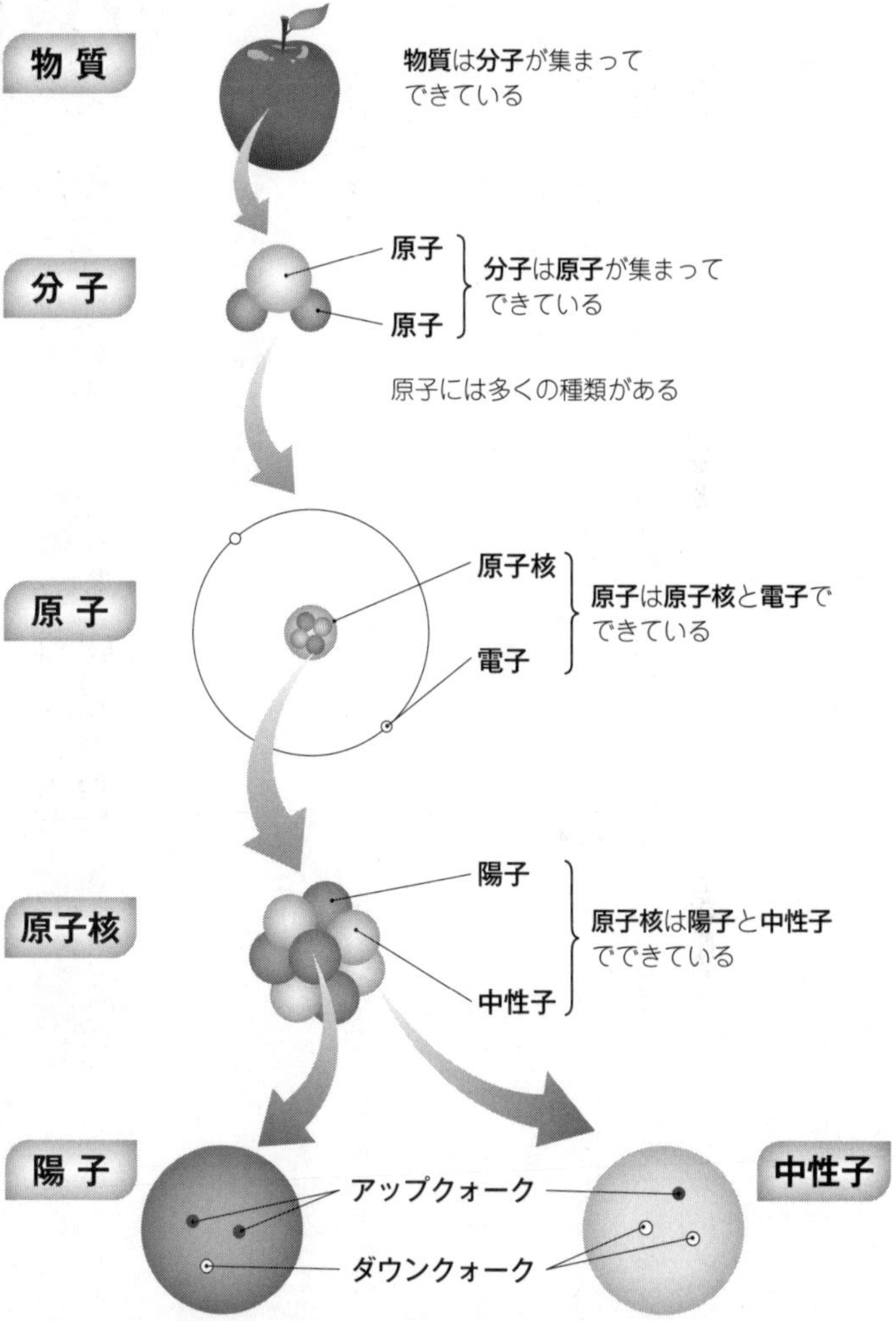
物質
物質は分子が集まってできている
分子
原子
原子
分子は原子が集まってできている
原子には多くの種類がある
原子
原子核
電子
原子は原子核と電子でできている
原子核
陽子
中性子
原子核は陽子と中性子でできている
陽子
中性子
アップクォーク
ダウンクォーク

▲私たちの身のまわりの物質は、「分子」が集まってできており、「分子」は「原子」が集まってできている。さらに細かく見ていくと、「素粒子」という「それ以上細かくは分割できない最小単位」にまで至る（第5章参照）。だいたい「原子」以下のサイズのものが「量子」の仲間であり、「量子論」の世界である。

08

日常的感覚を超えたスケールで真価を発揮!!

宇宙の謎に挑む理論

宇宙研究の最強の武器

相対性理論の魅力の一端《いったん》は、その**スケールの大きさ**にあるといえるかもしれません。相対性理論は、**光の速さ**や**天体の質量**といった、私たちの日常的な感覚を大きく超えるスケールのものごとを扱うことができます。

そして、相対性理論が真価を発揮する分野のひとつが、**宇宙論**です。

人類は古代から、天体の観測を行い、宇宙についてさまざまなことを考えてきました。**ニュートン力学**も、天体の動きを説明できるすぐれた理論です。しかし、「宇宙はどのように始まったのか」「宇宙はどのような形をしているのか」といった大問題を、科学的に究明していくことのできる理論は、**一般相対性理論**以前にはありませんでした。

一般相対性理論は、もともと「**重力**とは何か」という問いから生まれたものであり、宇宙論のために作られた理論ではありません。しかし、時間と空間のあり方を説明できる一般相対性理論を宇宙に向けると、大きな成果が得られました。一般相対性理論は現在のところ、**宇宙を科学的に研究するうえで、人類がもつ最強の武器**となっています。

$$R_{\mu\nu}-\frac{1}{2}g_{\mu\nu}R=\frac{8\pi G}{c^4}T_{\mu\nu}$$

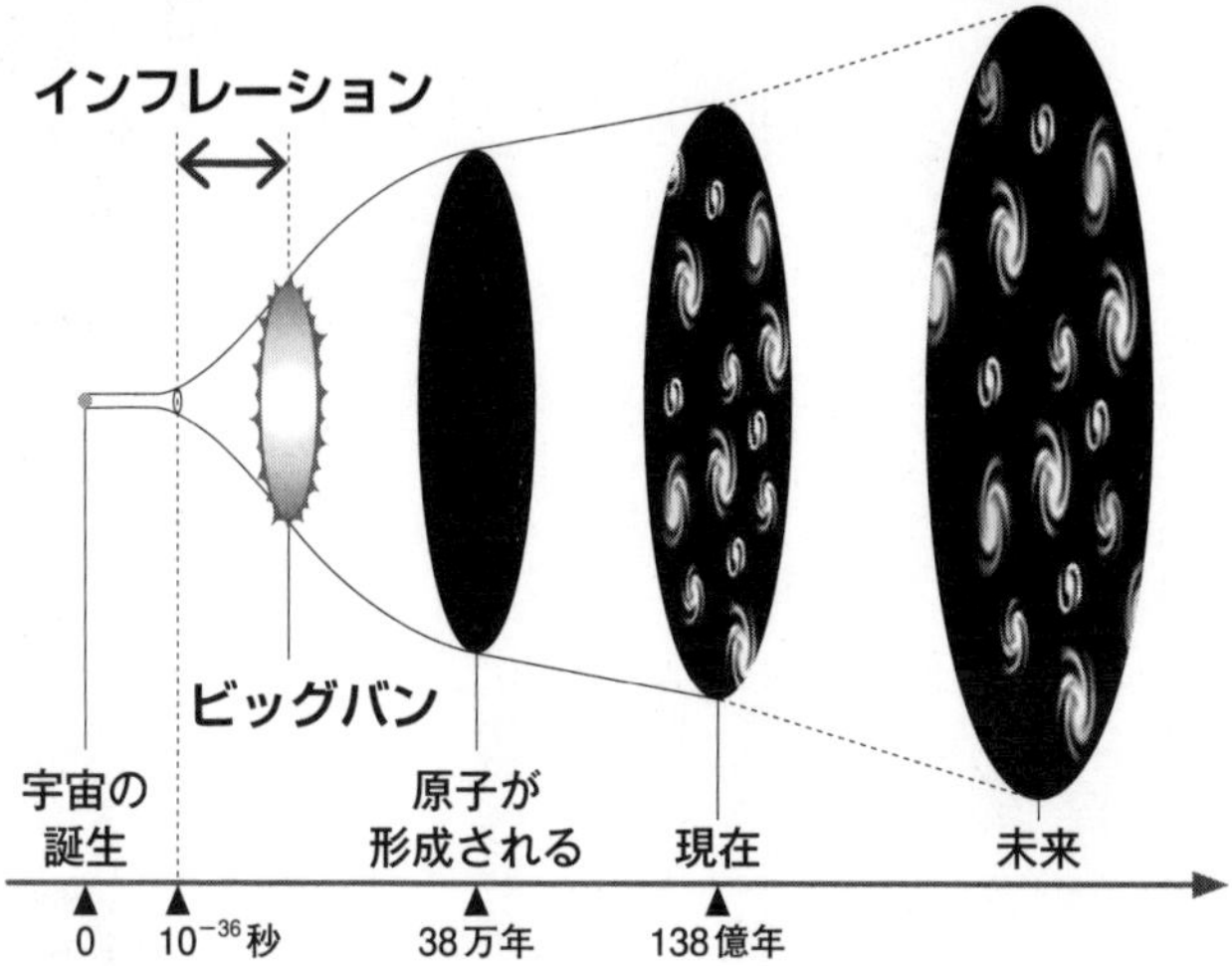

▲現在の宇宙論の標準的な理論として受け入れられている、宇宙の歴史の概要。宇宙論の発展は、相対性理論が（量子論とともに）支えてきた。

宇宙の歴史もブラックホールも

現在の標準的な宇宙論によると、私たちの宇宙は、138億年前に誕生しました。最初は**原子よりもずっと小さい空間**でしたが、すぐに**インフレーション**と呼ばれる急激な加速膨張《ぼうちょう》を経て、超高温になりました。その状態を**ビッグバン**といいます。このビッグバン宇宙がさらに膨張しつつ冷えていく中で、物質が生まれ、現在の宇宙になっていったのです。

このような宇宙の歴史も、相対性理論がなければ、推測することすらできませんでした。また、宇宙に**ブラックホール**が存在することも、相対性理論によってわかったことです。宇宙論は、第6章でたっぷり紹介します。

09

相対性理論を使って時の世界の探究へ!!

時間は存在しない!?

時間の「常識」が崩れる

時間についての探究も、**相対性理論**にかかわるテーマとして、とても面白いもののひとつです。

私たちは日常の感覚としては、時間を「宇宙のあらゆる場所に、同じ速さで流れつづけるもの」のようにイメージしています。

たとえば、地球の「西暦2021年1月1日午前0時0分0秒」に当たる時刻は、宇宙のあらゆる場所に同時に訪れ、その1秒後、2秒後、3秒後も、あらゆる場所で同じように刻まれつづけるように思われます。

しかし、相対性理論は、**時間の相対性**を明らかにしました。宇宙の各所で、その場にあるエネルギー、質量、速度に応じて、時間の流れ方が変わります。**全宇宙に共通の、絶対的な時間は存在しない**のです。

さらに、イタリアの物理学者**カルロ・ロヴェッリ**（1956年～）は、一般相対性理論と量子論の融合《ゆうごう》をめざす**ループ量子《りょうし》重力《じゅうりょく》理《り》論《ろん》**（182ページ参照）にもとづいて、「そもそも時間は存在しない」と論じ、世界中で話題になっています。この過激な主張がどういう意味なのかも、のちのち取り上げます。

$$R_{\mu\nu} - \frac{1}{2} g_{\mu\nu} R = \frac{8\pi G}{c^4} T_{\mu\nu}$$

▲私たちは日常的な感覚としては、「宇宙のすべての場所に、同じように時間が流れている」と考えている。しかし相対性理論は、「宇宙のあらゆる場所に、別々の時間が流れている」ということを解き明かした。

タイムトラベルの可能性

そして時間といえば、気になるのが、**タイムトラベル**（時間旅行）の可能性です。これについても、相対性理論にもとづく議論が、活発に行われてきました。

相対性理論から考えると、未来へのタイムトラベルは、可能であるどころか、すでに経験しています。普通は、未来へ進む度合いがあまりに小さすぎて、気づきもしませんが。

また、過去へのタイムトラベルについても、相対性理論はその可能性を否定していません。しかし、**タイムパラドックス**という大きな問題があります。第7章で、相対性理論を使って時間のテーマを掘り下げていきましょう。

COLUMN 01

❖常識を塗り替えた革命的理論

第1章では、**相対性理論**の概要とその面白さを、ひと息に見てきました。日常的な感覚からかけ離れた奇妙な内容に、「信じられない」という気持ちになった人も多いのではないでしょうか。それも無理はありません。

相対性理論は、19世紀までの物理学の常識を破壊するような形で登場しました。当時の科学者の中には、あまりに革命的な相対性理論を認めない人も少なくありませんでした。今日《こんにち》でも、「相対性理論は間違っている」と主張する人が、少なからずいます。

しかし、相対性理論が現在、基礎理論として広く認められているのは、**無数の実験や観測の結果が、相対性理論の正しさを証明してきた**からです。現在の研究者たちも、「相対性理論に間違いはないか」ということを、非常に精密なレベルで検証しつづけています。もし、相対性理論にほんの小さな破れでも見つかれば、そこからさらに理論を発展させることができるからです。それでも今のところ、相対性理論の破れは見つかっていません。

ちなみに「相対性理論なんて、SFみたいな遠い世界の話だろう」と考えている人も多いようですが、それもちょっと違います。たとえば、**超ミクロの粒子**は、光速に近い速度で、相対性理論的な運動をします。そんな粒子は地球上にもいたるところに存在しています。相対性理論を用いなければ説明のつかない現象は、この世界にありふれているのです。

$$R_{\mu\nu}-\frac{1}{2}g_{\mu\nu}R=\frac{8\pi G}{c^4}T_{\mu\nu}$$

第2章

相対性理論はどこから生まれたか

01

ガリレイの相対性原理

「すべての慣性系において、同じ力学法則が成り立つ」

科学革命とガリレイ

相対性理論が作られた背景には、**歴史上のさまざまな科学者たちによる研究や議論の積み重ね**がありました。物理学の歴史を知ると、相対性理論のもつ意味や面白さが、とてもよくわかります。また、その歴史自体が非常に面白いのです。この章では、相対性理論誕生までの物理学の歴史を紹介します。

16～17世紀のヨーロッパでは、自然の見方が中世的なものから近代科学的なものへと転換する**科学革命**《かがくかくめい》が起こったとされます。その中で重要な役割を担ったのが、イタリアの**ガリレオ・ガリレイ**（1564～1642年）です。彼は**実験**や**観察**という近代科学の手法により、さまざまな物理法則を発見しました。

▲ガリレイ。

等速直線運動と慣性

彼は**地動説**《ちどうせつ》を主張したことでも有名です。

中世ヨーロッパでは「太陽や月や星が地球の

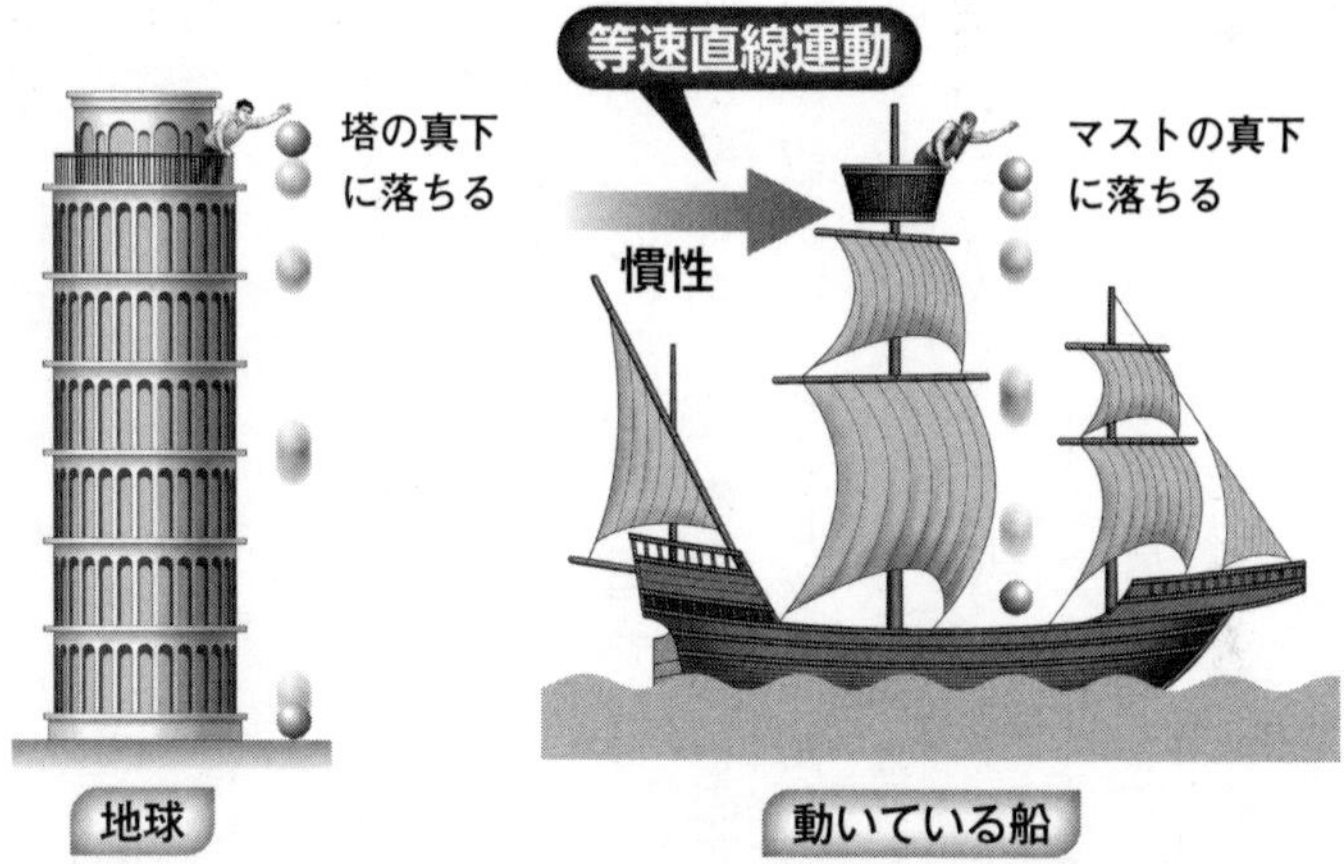

▲「地球が動いている」としたら、なぜ物体は、動きの分だけズレずに真下に落ちるのか。これをガリレイは、「慣性」（等速直線運動の勢い）から説明した。

まわりを回っている」という**天動説**《てんどうせつ》が信じられていましたが、ガリレイよりも1世紀ほど前のポーランド出身の天文学者**ニコラウス・コペルニクス**（1473～1543年）は、逆に、地球が太陽のまわりを回っていることに気づきました。ガリレイも、この地動説が正しいことを確信し、支持していたのです。

天動説を信じる人は「もし地球が動いているなら、高い塔から石を落とすと、真下ではなく、地面が動いた分だけズレて落ちるはずだ。しかし、実際はズレず、真下に落ちるじゃないか。だから、地動説は間違っている」と主張したといいます。これに対してガリレイは、次のような例を挙げて反論しました。

一定の方向に、同じ速さで進みつづける船があるとします。**等速直線運動**です（21ページ参照）。この船のマストの上から石を落とすと、マストの真下に落ちます。船が動いた分だけズレることはないのです。

　これはなぜかというと、船上のものは船とともに等速直線運動していて、同じ勢いがついているからです。この勢いを**慣性**《かんせい》といいます。マストから落とされた石は、慣性に従って、船と同じ方向に同じ速さで進みながら落下するため、マストの真下に落ちるのです。

　高い塔から落とした石が真下に落ちるのも、これと同じ理屈だとガリレイは考えました。

　等速直線運動しているもの（地球や船）の勢い（慣性）は、それにくっついているもの（石）にも宿り、たとえ離れたとしても、同じ方向に同じ速さで進みつづける――そのような物理の法則が存在するのです。

ガリレイの相対性原理とは

　ここから生まれたのが、相対性理論の誕生にも影響する考え方、**ガリレイの相対性原理**です。その内容は「**すべての慣性系**《かんせいけい》**において、同じ力学法則が成り立つ**」というものです。

　難しい話ではありません。**慣性系**とは、**等速直線運動している座標系**《ざひょうけい》のことです。**座標系**とは、**ある視点を取ったときの世界の見え方**だと思ってください。ですから慣性系とは、「等速直線運動している視点から見たときの世界の見え方」ということになります。難しければ、「慣性系＝等速直線運動しているまとまり」くらいにイメージしてもＯＫです。

　ここでの例でいうと、船に乗っている人を

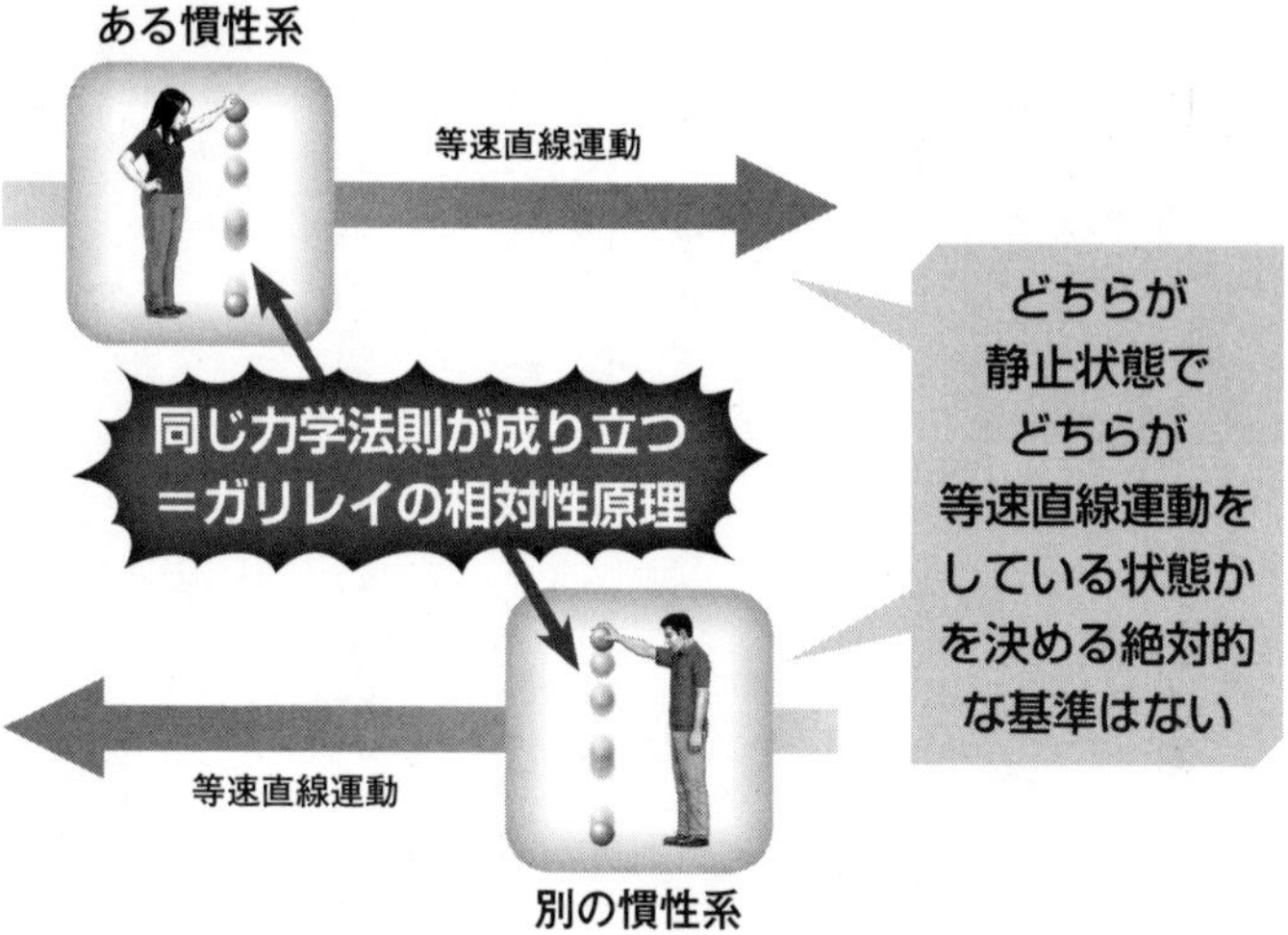
ある慣性系
等速直線運動
同じ力学法則が成り立つ
＝ガリレイの相対性原理
どちらが静止状態でどちらが等速直線運動をしている状態かを決める絶対的な基準はない
等速直線運動
別の慣性系

▲「ガリレイの相対性原理」。35ページの図の例でいうと、「地球の上も、船の上も、力学的には対等だ」ということだと思えばよい。18ページも参照。

視点とするまとまりが慣性系です。また、地球が太陽の周囲を回る軌道は直線ではありませんが、地球の上にいる人の座標系は、ほぼ慣性系とみなしてよいことがわかっています。

地球の上にいる人の座標系では、石を落とすと真下に落ちます。同じように、等速直線運動する船の上の座標系でも、石を落とすと真下に落ちます。別々の慣性系にも、「同じ力学法則」が成り立っているわけです。

どんな慣性系にも平等に、同じ力学法則が成り立つのなら、どれかひとつを特別に「静止した慣性系」とすることはできなくなります。ですからガリレイの相対性原理は「**異なる慣性系の間で、『どちらが静止状態で、どちらが等速直線運動をしている状態か』を決める絶対的な基準はない**」とも表現できます。

02

宇宙のルールをシンプルな形で表現した人類の宝

ニュートンの運動の3法則

運動の第1法則（慣性の法則）

ガリレイの没した1642年、**科学革命**の主役ともいえる人物がイギリスに誕生しています。**アイザック・ニュートン**（1642〜1727年）です。彼の業績から**ニュートン力学**が構築されていき、さらに、その限界を超える形で20世紀に**相対性理論**が生まれることになるのですが、まずは、ニュートン力学の基礎となる**運動の3法則**を紹介しましょう。

▲ニュートン。

運動の第1法則は、**慣性の法則**ともいいます。その内容は、「**等速直線運動**（**静止**も含む）をしている物体は、外から力を加えられない限り、その状態を維持する」というものです。

私たちの日常では、たとえば床に転がしたボールは、やがて減速して停止しますが、これは、床との**摩《ま》擦力《さつりょく》**などがはたらくためです。もし、真空で無重力の宇宙空間にボールを放ったとしたら、その方向に同じ速さで進みつづけます。外から邪魔が入らない限り、**慣性**（36ページ参照）に従うわけです。

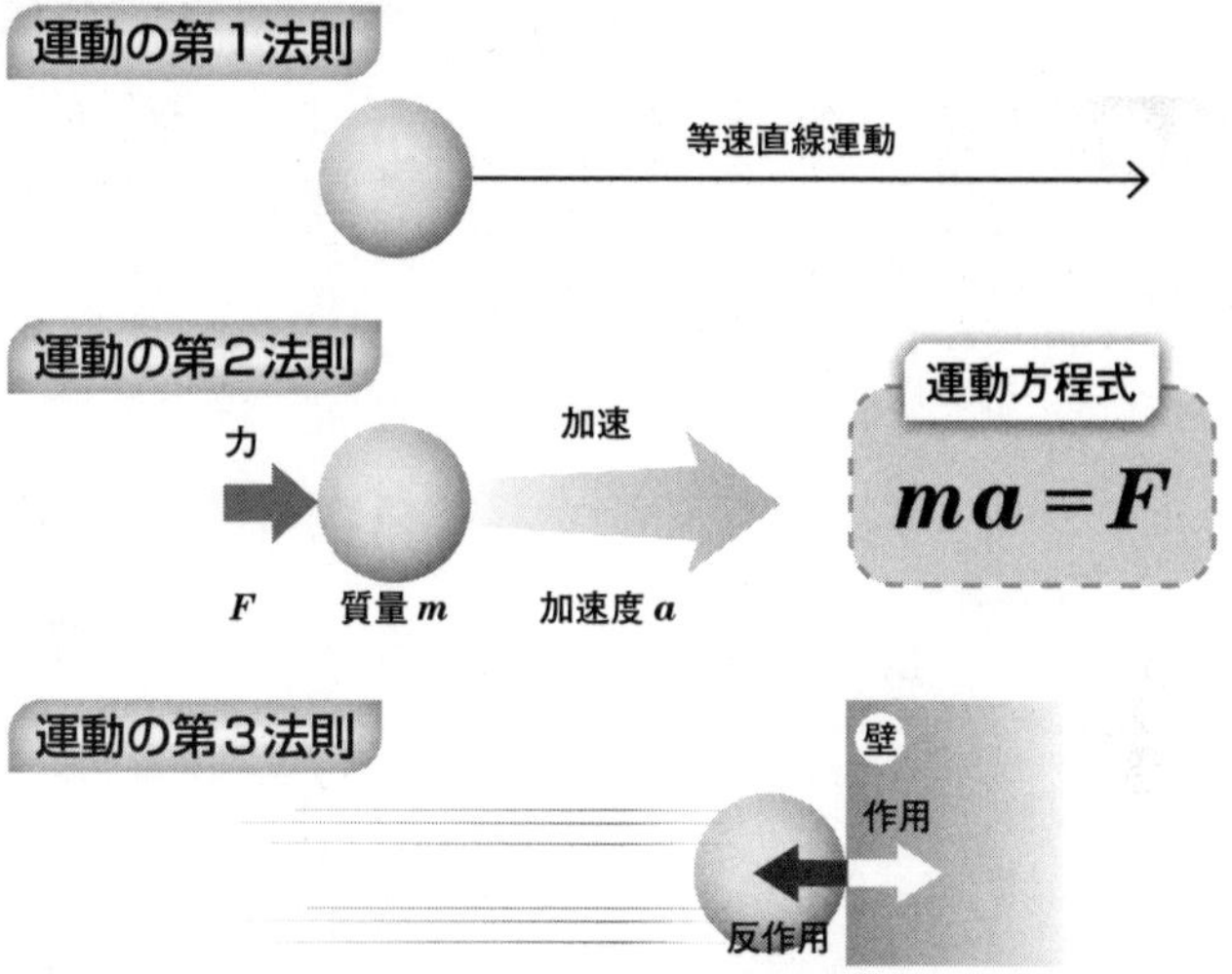

▲ニュートンの「運動の３法則」。ここに出てくる「力」とは、物体の状態（運動の仕方など）を変化させるはたらきのことである。

運動の第2法則と運動方程式

第1法則は等速（直線）運動に関するものでしたが、**運動の第2法則**は、**加速**（速度の変化、運動の仕方の変化）にかかわります。その内容は、次のようなものです。

物体に**力**がはたらくとき、その物体には、力と同じ向きの**加速度**が生じます。この加速度の大きさは、❶**加えられた力の大きさに比例**し、❷**物体の質量に反比例**します。

ツルツルの（できれば摩擦のない）床に置かれて、静止したボールをイメージしてください。外から力を加えない限り、このボールは静止状態を維持します（運動の第1法則）。

動かしたければ、力を加えて、「速度ゼロ

の状態」から「速度をもって動いている状態」へと、加速しなければいけません。そこで、ホッケーのスティックで叩いて力を加えます。このとき、❶叩く力が大きいほど、ボールの加速度は大きくなります。逆に、❷ボールの質量が大きい（とりあえず「重い」と考えてください）ほど、加速しにくいと考えられます。

この法則は、mを物体の質量、aを加速度、Fを力として、次のような数式で表せます。

$$ma = F$$

これを**運動《うんどう》方程式《ほうていしき》**といいます。宇宙を支配している普遍的な法則が、数学を用いて非常にシンプルな形で表現された、驚異の方程式です。この方程式は、現代の物理学でもつねに用いられています。

運動の第3法則（作用・反作用の法則）

運動の第3法則は「異なるふたつの物体が互いに力を及ぼし合うとき、それらの力は大きさは等しく、方向は逆向きである」という内容で、**作用《さよう》・反作用《はんさよう》の法則**とも呼ばれます。

たとえば、壁を手で押したとき（**作用**）、手のほうでも「壁から押されている」ような力を感じます（**反作用**）。

これらの法則は、ニュートン以前の科学者たち（ガリレイも含みます）の発見を統合しつつ、ニュートンが体系化したものです。この世界ではさまざまな物体が複雑な運動を見せますが、そのすべてを貫く原理がこれだけ簡潔にまとめられたのは、驚くべきことです。

▲「運動の第3法則」は、現代のロケットにも利用されている。ロケットは、燃焼ガスを高速で噴射し、その「反作用」で飛ぶのである。

ニュートン力学の強み

また、これらの法則は、私たちの日常的な感覚からも、十分に納得できるものです。このわかりやすさも、ニュートン力学の強みだといえるでしょう。

ニュートン力学について、「**相対性理論**や**量子論**によって乗り超えられた物理学」といったイメージをもち、「たいしたことのない理論だろう」と思っている人もいるかもしれません。しかし、それは間違いです。

ニュートン力学は、知れば知るほど奥深いものです。次に紹介する**重力**の理論も、**一般相対性理論**に比べてはるかに扱いが簡単であり、現代でも重宝《ちょうほう》されています。

03 万有引力の法則

すべての物体は互いに引き合う

すべてのものが引き合う力

ニュートンの代名詞ともいえるのが、**万有《ばんゆう》引力《いんりょく》の法則**です。「木からリンゴが落ちるのを見て着想を得た」という伝説もあります。

もちろん、ニュートン以前の人たちも、たとえば「リンゴが地面に落ちる」という物理法則は知っていました。しかし、宇宙の天体は、リンゴのように地球に落ちてくることなく、はるか頭上で回っています。そのことから人々は、「天界は、地上にはない**エーテル**という元素でできており、地上とは違う法則に支配されている」と考えていました。

それに対してニュートンは、信じがたいほどの鋭さで「リンゴが地面に落ちるのも、天体が宇宙で回るのも、**同じ力のはたらきだ**」と考えました。そして、リンゴと地球が**互いに引き合う**こと、宇宙の天体も引き合いながら運動していることを突き止めたのです。

すべての物体がもつ引き合う力が、**万有引力**です。ふたつの物体の間にはたらく万有引力は、**❶物体の質量に比例**し、**❷物体の間の距離の2乗に反比例**します。つまり、万有引力は、❶物体の質量が大きいほど大きくなり、❷離れているほど弱まります。

$$R_{\mu\nu} - \frac{1}{2} g_{\mu\nu} R = \frac{8\pi G}{c^4} T_{\mu\nu}$$

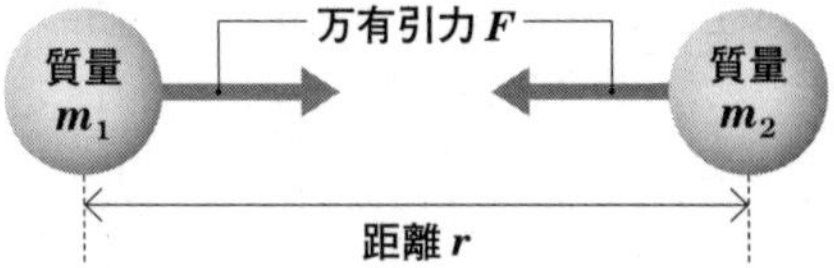

万有引力の法則

$$F = G\frac{m_1 m_2}{r^2}$$

質量が大きいほど万有引力 F は大きくなる

距離が遠いほど万有引力 F は小さくなる

万有引力定数

▲「万有引力の法則」。「万有引力」F は、m_1 と m_2 の大小にかかわらず、つねに同じ大きさで向かい合う。

万有引力と重力

ニュートンの理論によると、リンゴを地面に落とす**重力**の正体は、この万有引力です。厳密にいうと、地球の重力は、物体との間に生じる万有引力だけでなく、**地球の自転による遠心力**も考慮に入れた力ですが、実際はこの遠心力は無視できるほど小さいものです。

また面白いことに、**ふたつの物体は同じ大きさの力で引き合います**。地球がリンゴを引く力と、リンゴが地球を引く力は、大きさが同じなのです。リンゴが一方的に地球に引き寄せられているように見えるのは、質量が大きい地球よりも、質量が小さいリンゴのほうが動きやすいためです。

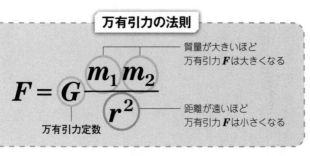

慣性質量と重力質量

では、**質量**とはいったい何でしょうか。

質量とは、ひと言でいうと「物質としての量」のことですが、じつはあらゆる物体は、2種類の質量をもっています。

ひとつは**Ⓐ慣性質量《かんせいしつりょう》**です。これは、**動かしにくさ**を意味します。**慣性の法則**（38ページ参照）によると、静止している物体を動かすには、力を加えなければなりません。このとき、大きな力を必要とするものほど、大きな慣性質量をもっています。

もうひとつは**Ⓑ重力質量《じゅうりょくしつりょう》**。万有引力を発生させ、「重さ」の原因となる質量です。重力質量が大きいほど、重力に強く引かれます。

Ⓐは**運動方程式**（40ページ参照）に出てくる質量であり、Ⓑは万有引力の方程式に出てくる質量です。まったく違う原理にもとづく物理量ですが、じつはあらゆる物体において、**ⒶとⒷは一致する**のです。

この事実を**等価原理《とうかげんり》**といいます。のちに**アインシュタイン**は、この等価原理に深くかかわるアイデア（そのアイデアも「等価原理」と呼ばれます）にもとづいて、**一般相対性理論**を作り上げることになります。

ここで、**重さ**と質量の違いも確認しておきましょう。ある物体の重さとは、**その物体にかかる重力の大きさ**のことです。ですから、同じ物体でも、重力の小さい場所（たとえば月面）に行けば重さは減少します。一方、質量はどんな場所でも一定です。

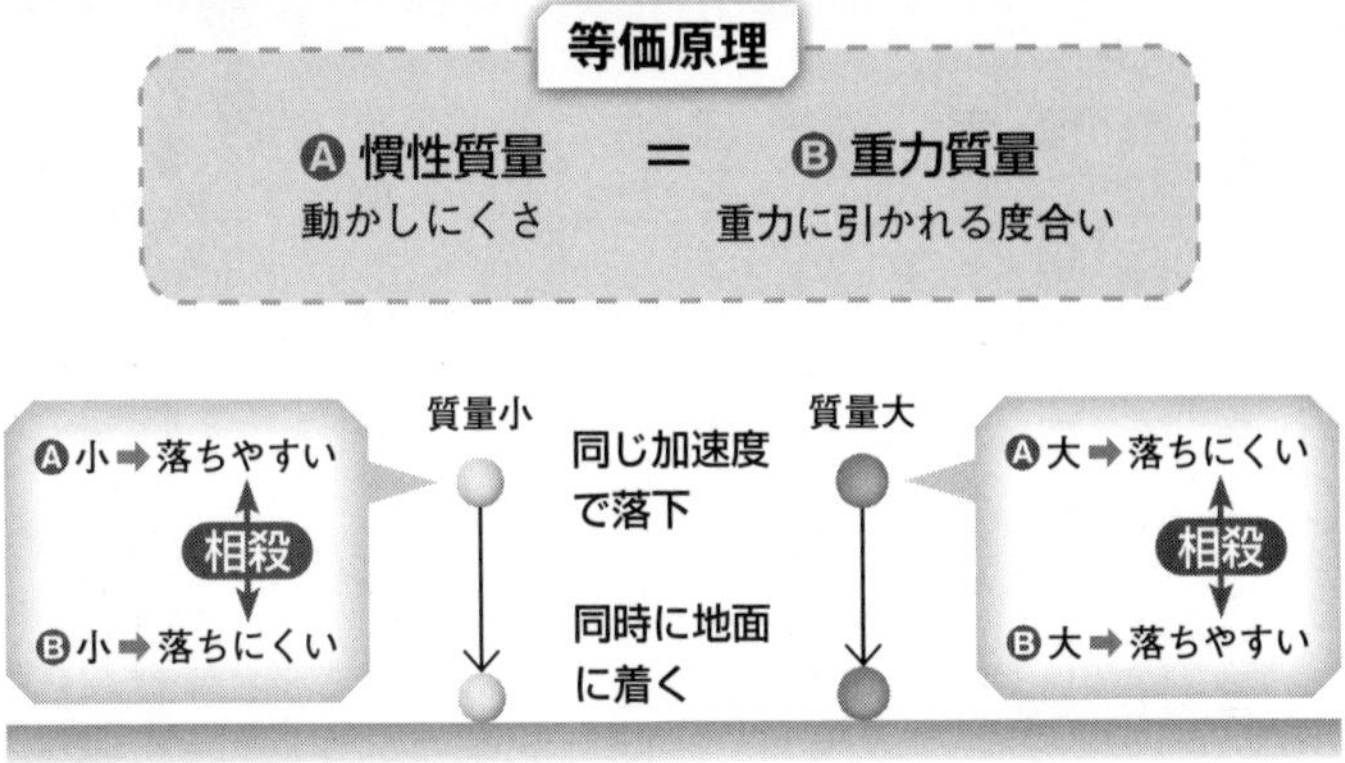

▲空気抵抗の違いを無視できる状況で、ふたつの物体を同じ高さから落としたとすると、もし質量が違っていたとしても、ふたつの物体はまったく同じ加速度で落下し、同時に地面に着く（このことはガリレイが実験によって確認していたとされる）。その理由は「等価原理」にある。あらゆる物体において、Ⓐ「慣性質量」（動かしにくさ、この場合は落ちにくさ）とⒷ「重力質量」（重力に引かれる度合い、この場合は落ちやすさ）は等しくなり、相殺するので、質量が違っても落ち方が同じになるのである。

速さが無限大の遠隔作用？

ニュートンは重力（万有引力）を、離れた物体どうしの間にはたらく「力」だと考えていました。そして「その力は、離れた物体どうしの間を、瞬時に伝わる」と主張しました。**時間ゼロで伝わる**ということは、**速さが無限大**であることを意味します。このような伝わり方をニュートンは**遠隔作用**《えんかくさよう》と呼びました。

このニュートンの考え方は、現在では、**特殊相対性理論**によって否定されています。この宇宙のどんなものも、**光の速さを超えない有限の速度**しかもてません（第3章参照）。そして、このニュートンの重力理論の欠点を克服するのが、一般相対性理論なのです。

04 絶対時間と絶対空間

ニュートンは時間と空間を別々に考えた

絶対時間

相対性理論との関係で、ぜひ押さえておかなければいけないのが、**時間**と**空間**についての**ニュートン**の考え方です。

ニュートンは、**絶対時間**というものを想定しました。この時間は、「ほかの何ものとも関係なく、均一に流れる」とされます。人間は、時間の流れを速く感じたり、遅く感じたりしますが、そういう時間とは別に、絶対的な「本当の時間」があって、それは宇宙のどこでも同じテンポで流れているというのです。

絶対空間

さらにニュートンは、そんな絶対時間が流れる宇宙に、**絶対空間**を想定しました。これは、「ほかの何ものとも関係なく、いつも同じまま静止している」とされます。

宇宙には無数の物体が存在し、それぞれ運動しますが、そのような「中身」の存在や運動から影響を受けない、いつも不変の「入れもの」が絶対空間です。この空間の広がり方は、宇宙のどこでも同じだと考えられました。

まずは「平面」として、方眼紙《ほうがんし》をイメージ

$$R_{\mu\nu}-\frac{1}{2}g_{\mu\nu}R=\frac{8\pi G}{c^4}T_{\mu\nu}$$

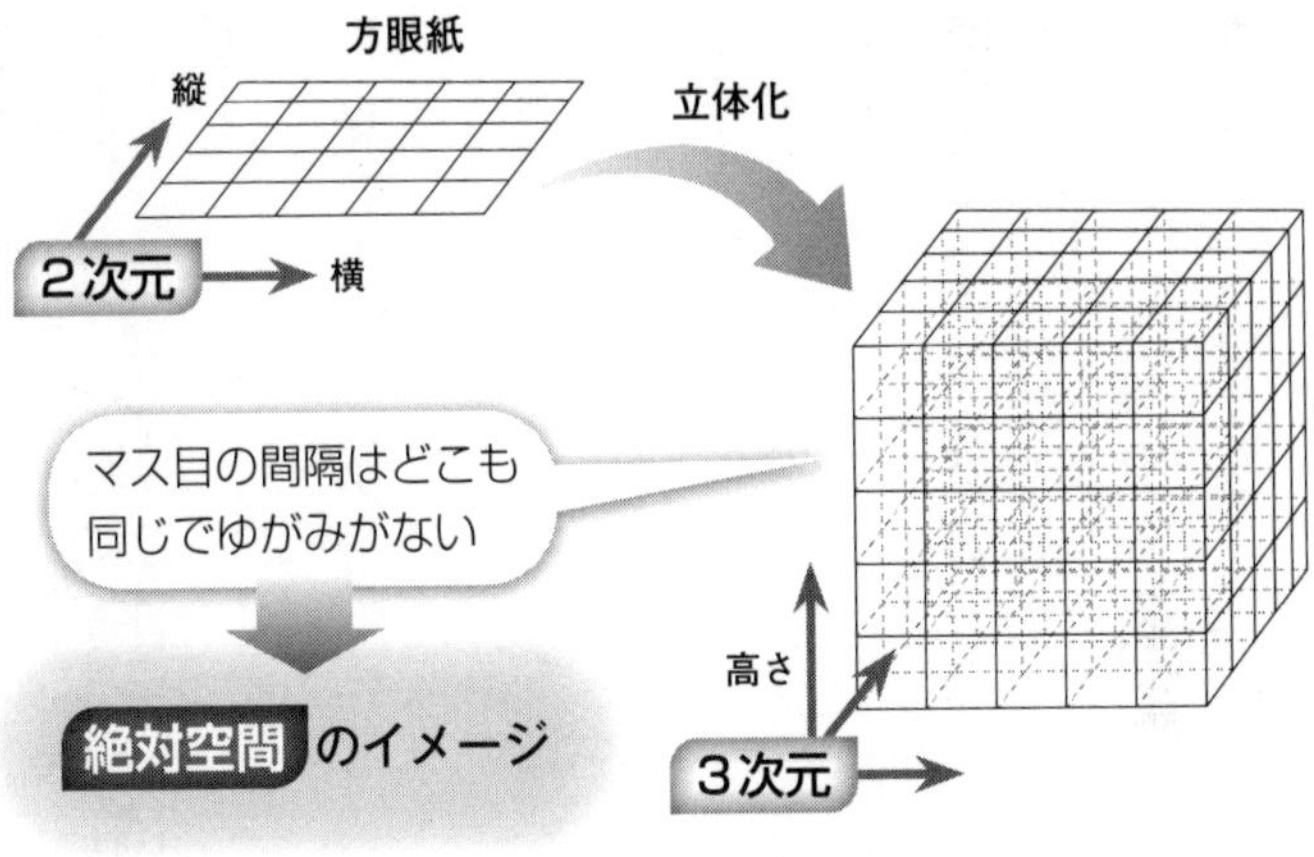

▲ニュートンの「絶対空間」は、整然としたマス目の入った方眼紙を立体化したような「ゆがみのない入れもの」としてイメージするとよい。相対性理論は、このような「空間」観を否定することになる。

してみてください。**縦方向**の線と**横方向**の線が、同じ間隔《かんかく》で並び、交わっています。

これを「空間」にするには、**高さ方向**が必要です。空間は、縦・横・高さの3つの「方向の広がり」をもちます。この「方向の広がり」を**次元**《じげん》といい、空間は**3次元**です。

透明な立方体に、縦・横・高さの3方向の立体的なマス目が、どこも同じ間隔でそれぞれまっすぐ、整然と入っているのを想像してください。それが絶対空間のイメージです。

ちなみに、この空間の中で「物体がどこにあるか」を示したければ、「縦方向の何目盛《めも》りめか」「横方向の何目盛りめか」「高さ方向の何目盛りめか」という3つの数値の組を指定する必要があります。この数値の組を、**座**《ざ》**標**《ひょう》といいます。

05

光の謎は科学者たちを悩ませた

光の粒子説と波動説

光の正体をめぐる論争

相対性理論の誕生には、**光**の研究が大きくかかわってきます。光の正体については、古くから論争がありました。

みなさんは、光の正体は、いったい何だと思いますか?

ニュートンは、**光の粒子《りゅうし》説《せつ》**を提唱しました。光の正体は、光源から発射される小さな粒子であり、この粒子が空間を飛んでいくというのです。そう考えれば、光のふるまいを力学によって、まるでボールの運動のように説明することができます。

一方、「光とは波である」とする**光の波動《はどう》説《せつ》**を唱える科学者もいました。代表格はオランダの数学者・物理学者**クリスティアーン・ホイヘンス**(1629~1695年)です。

波の性質

ここで、**波**(**波動**)とはどういうものなのかを、簡単に押さえておきましょう。

波とは、振動が伝わっていく現象です。進行方向と垂直に振動する**横波**と、進行方向に

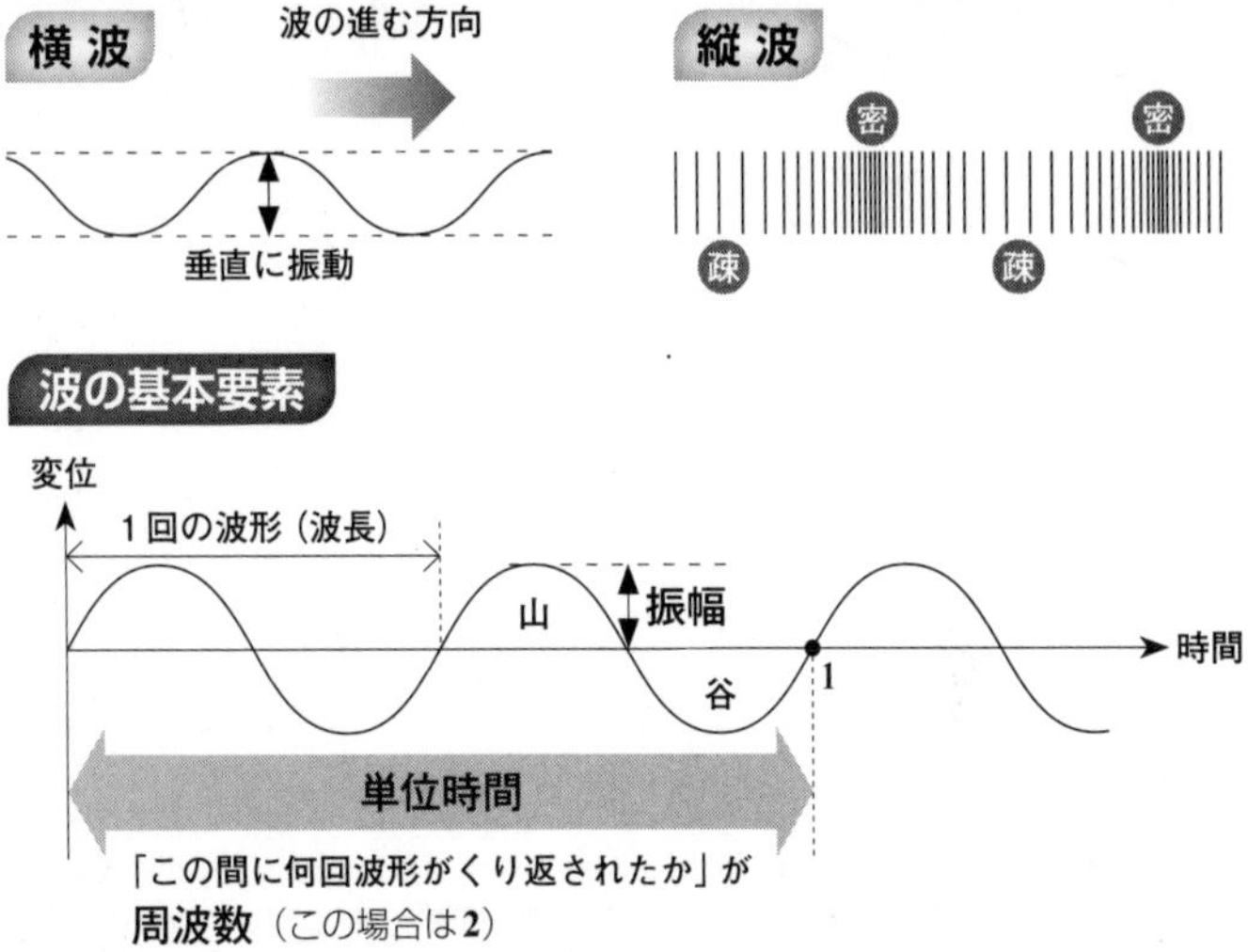

▲「横波」と「縦波」（上）、および、波の基本要素（下）。

振動する**縦波**があります。縦波でも、進行方向への振動を垂直方向に置き換え、**山**や**谷**がはっきり見える横波のような図に変換すると、考えやすくなります。

振動の大きさを**振幅**《しんぷく》といいます。1回の振動の間に進む距離は**波長**《はちょう》、単位時間あたりに振動する回数は**周波数**《しゅうはすう》（**振動数**《しんどうすう》）といいます。

空間の中で波を伝えるものは、**媒質**《ばいしつ》と呼ばれます。たとえば音は、空気を媒質にしても伝わりますし、水などの液体や、金属などの固体を媒質にしても伝わります。光の波動説では、光の媒質として、**エーテル**という物質が想定されました。

また、お風呂などで2か所で同時に水をまぜると、それぞれから波が広がり、ぶつかるところで複雑な波形《はけい》に変わります。このよう

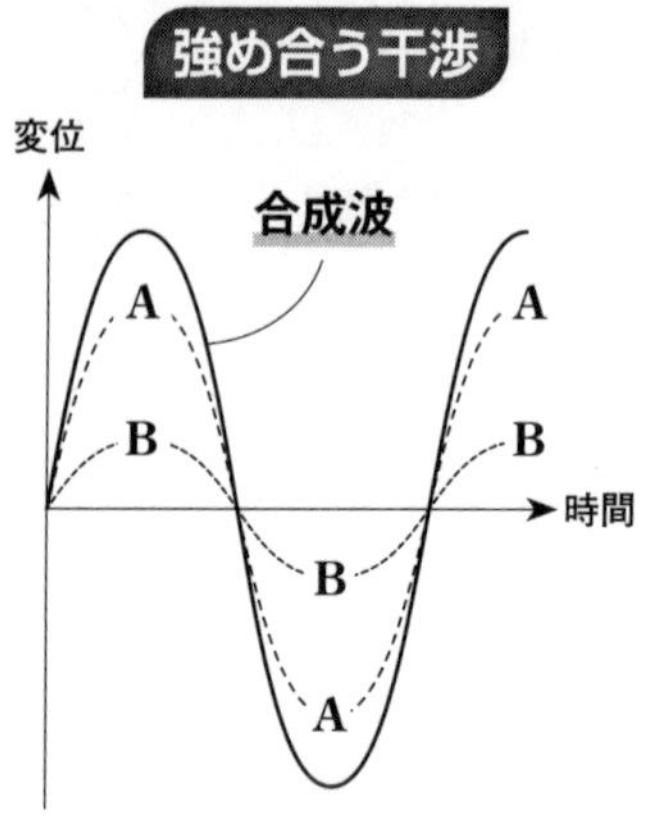

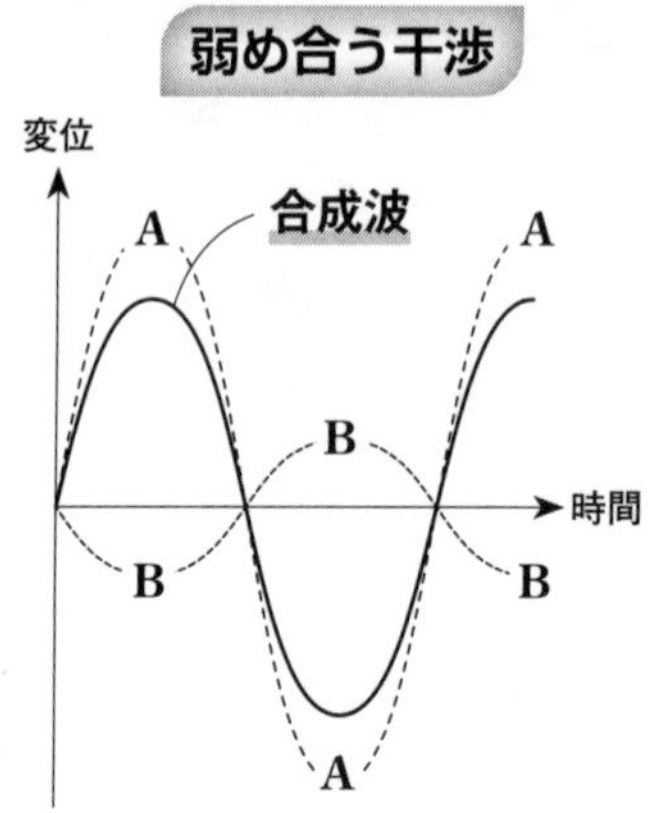

▲波の「干渉」。上がった部分どうし、下がった部分どうしが重なり合うような場合、合成された波の振幅は大きくなる（強め合う干渉）。逆に、上がった部分と下がった部分が重なり合うと、合成された波の振幅は小さくなる（弱め合う干渉）。上図は、周波数が同じ波どうしの干渉だが、周波数が異なる波の間で干渉が起こると、「合成波」の形はもっと複雑になる。

に、複数の波が重なり合い、新しい**合成波**《ごうせいは》が生じることを、波の**干渉**《かんしょう》といいます。

ヤングの実験

光の粒子説と波動説の論争に戻りましょう。18世紀には、ニュートンが権威をもち、粒子説が主流になりましたが、19世紀初頭、イギリスの物理学者**トマス・ヤング**（1773〜1823年）が、次のような実験を行います。

光源を用意して、すぐ近くに、❶1本のスリット（切れ込み）が入った遮光板《しゃこうばん》を立てます。その向

▲ヤング。

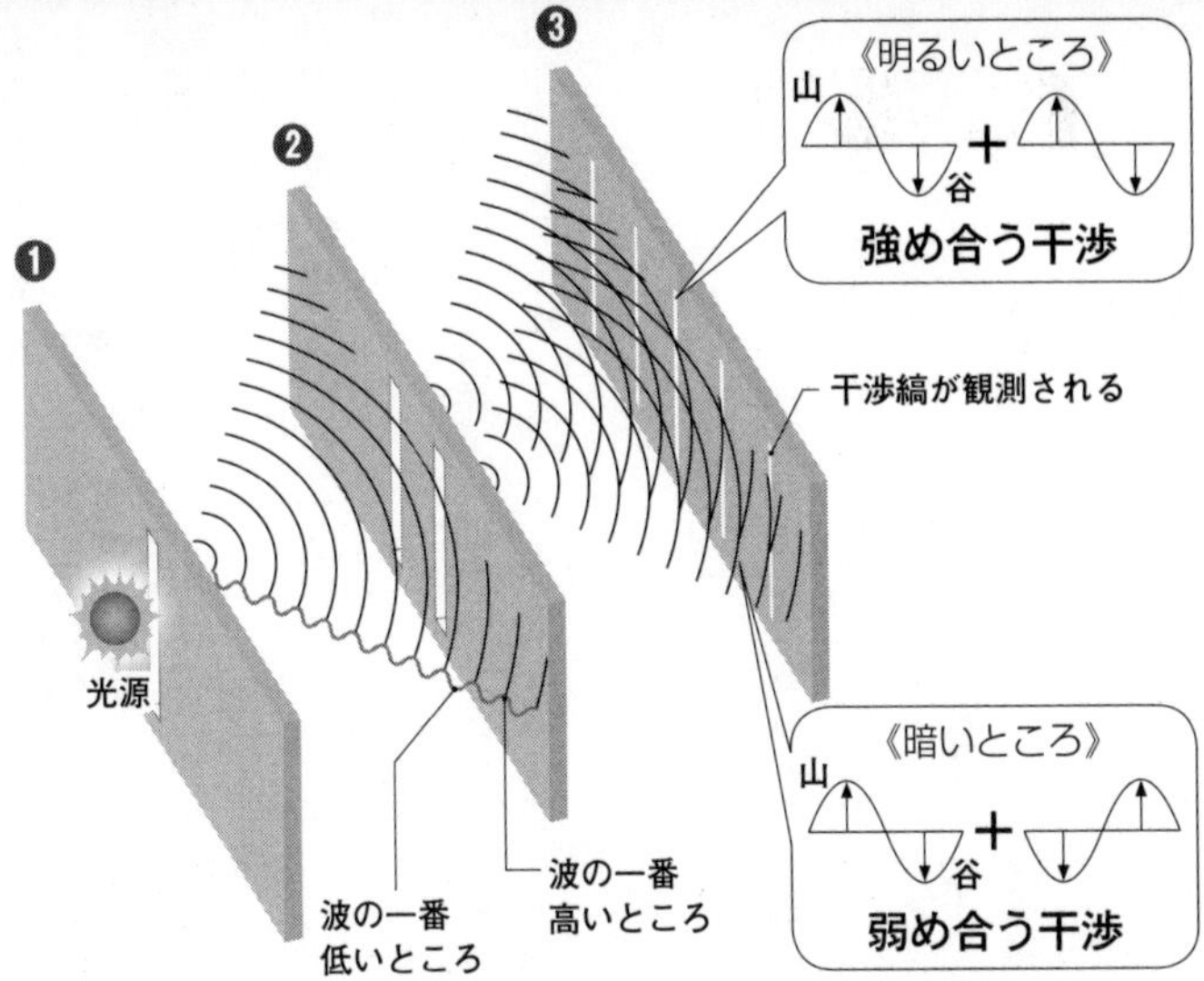

▲ヤングの実験は、光の「干渉」を通して、光に波の性質があることを示した。

こうに、❷2本のスリットが入った遮光板を立てます。そしてさらに奥に、❸光を映すスクリーンを設置します。光源から出た光は、❷の2本のスリットを通過して、❸に達することになるわけです。

もし光が、光源からまっすぐに飛ぶ粒子の群れなら、❷を抜けてきた光の粒子たちが、❸に明るい2本の線を描くはずです。

しかし実際は、驚くべきことに、❸には明るい線と暗い線が、交互に何本も観測されました。これは**干渉縞**《かんしょうじま》といって、複数の波が重なり合う干渉によって生じるものです。

この**ヤングの実験**は、光にたしかに波の性質があることを示しました。19世紀、光の波動説が優勢になります。光は粒子なのか波なのか——真相はあえて、まだ明かしません。

06 熱力学がもたらした新しい考え方

エネルギーとエントロピー

19世紀の熱力学

18世紀に**蒸気機関《じょうききかん》**が開発されて**産業革命《さんぎょうかくめい》**が始まると、蒸気機関の改良のために、熱に関する研究が行われるようになりました。

こうして19世紀、**熱力学《ねつりきがく》**が確立されます。その成果の中でも特に重要なのが、**熱力学の第1法則**と**熱力学の第2法則**です。

熱力学の第1法則は、**エネルギー保存則《ほぞんそく》**と呼ばれます。**エネルギー**は、**相対性理論**とも深くかかわるものです。日常会話でもよく使う言葉ですが、エネルギーとは何でしょうか。

熱力学の第1法則

物理学的にはエネルギーとは、**物体に変化を引き起こすことができる潜在《せんざい》能力**です。

たとえば、高い位置にある物体は、「重力に引かれて落下することができる」という**位置エネルギー**をもちます。これが実際に落下しはじめると、位置エネルギーは「ぶつかった相手に衝撃を与えることができる」という**運動エネルギー**に変わっていきます。位置エネルギーと運動エネルギーを足した量は**力学的エネルギー**と呼ばれ、いつも一定です。

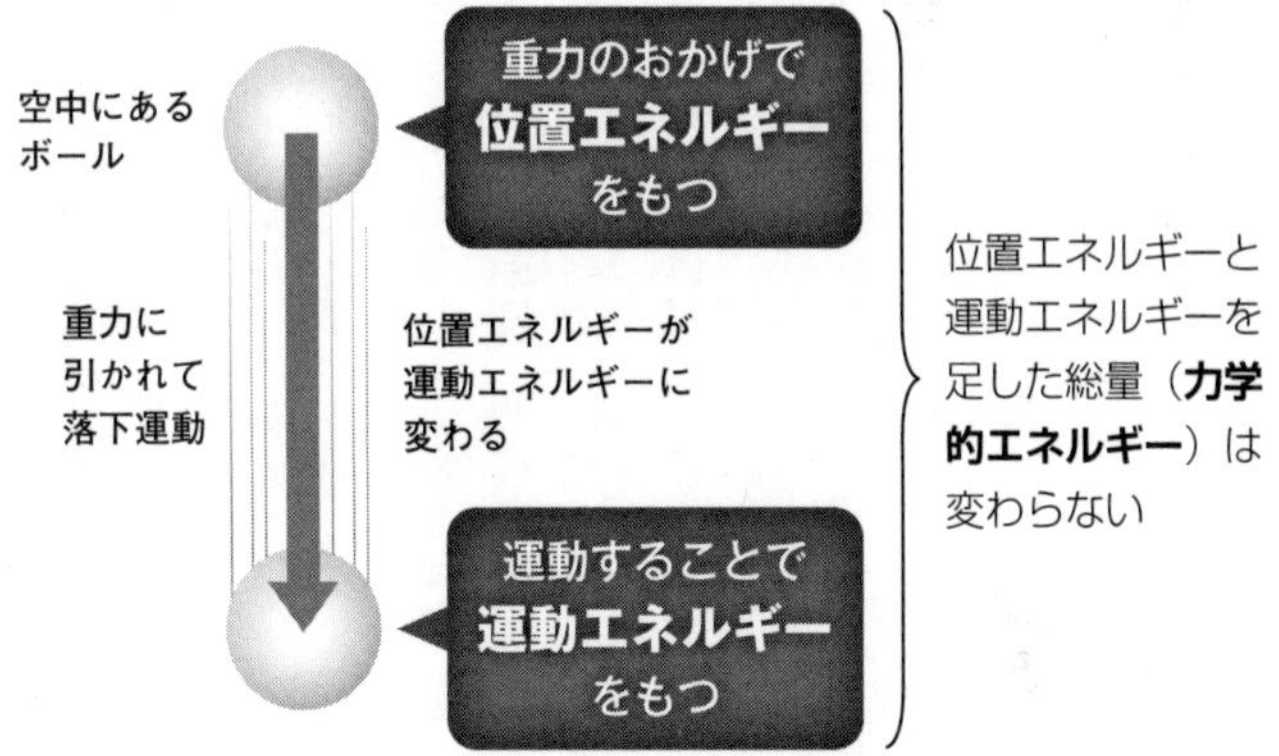
空中にあるボール
重力のおかげで位置エネルギーをもつ
重力に引かれて落下運動
位置エネルギーが運動エネルギーに変わる
運動することで運動エネルギーをもつ
位置エネルギーと運動エネルギーを足した総量（力学的エネルギー）は変わらない

▲高い位置（空中）にあるボールは、重力のおかげで大きな「位置エネルギー」をもつ。これが重力に引かれて落下運動すると、「位置エネルギー」は「運動エネルギー」に変わる。そして、「位置エネルギー」と「運動エネルギー」を足した量（力学的エネルギー）は、つねに一定である。

19世紀半ばには、力学的エネルギーが**熱エネルギー**に変換されることがわかりました。エネルギーには多くの種類があり、相互に形を変えられるのです。電流によって移動する**電気エネルギー**、化学反応で放出または吸収される**化学エネルギー**、原子核の内部に蓄《たくわ》えられた**原子エネルギー**などもあります。

さて、エネルギー保存則は、「**外部とのやり取りがない閉じた状況では、その中でどんな出来事があっても、エネルギーの総量は変化しない**」ということを意味します。

この法則によると、宇宙に存在するすべてのエネルギーの量も、宇宙の誕生以来、まったく増減していないことになります（それが本当なのかどうかは、相対性理論とのかかわりで問題になってきます）。

熱力学の第2法則

熱力学の第2法則は、**エントロピー増大則《ぞうだいそく》**とも呼ばれます。その内容は、「**外部とのやり取りがない閉じた状況では、エントロピーという物理量は、同じままか、増大する**」。

難しそうに見えますが、これは、**熱は高いところから低いところへ移る**という、私たちが日常的に知っている事実からきたものです。

エントロピーとは、ドイツの物理学者**ルドルフ・クラウジウス**（1822〜1888年）が定義した物理量です。その意味を理解するには、オーストリアの物理学者**ルートヴィヒ・ボルツマン**（1844〜1906年）による解釈を見るのがよいでしょう。

エントロピーの増大

ボルツマンは19世紀後半、当時の多くの人が信じていなかった**原子**や**分子**の存在を確信していました。**熱の正体とは、原子や分子の運動**です。熱いお湯を入れたコップの中では、分子が速く運動しており、冷たい水を入れたコップでは、分子が遅く運動しています。

お湯と水を、同じ容器に入れるとしましょう。それぞれの分子が運動し、お湯と水はだんだん混ざっていきます。分子が衝突すると、お湯の速い分子は少し遅く、水の遅い分子

▲ボルツマン。

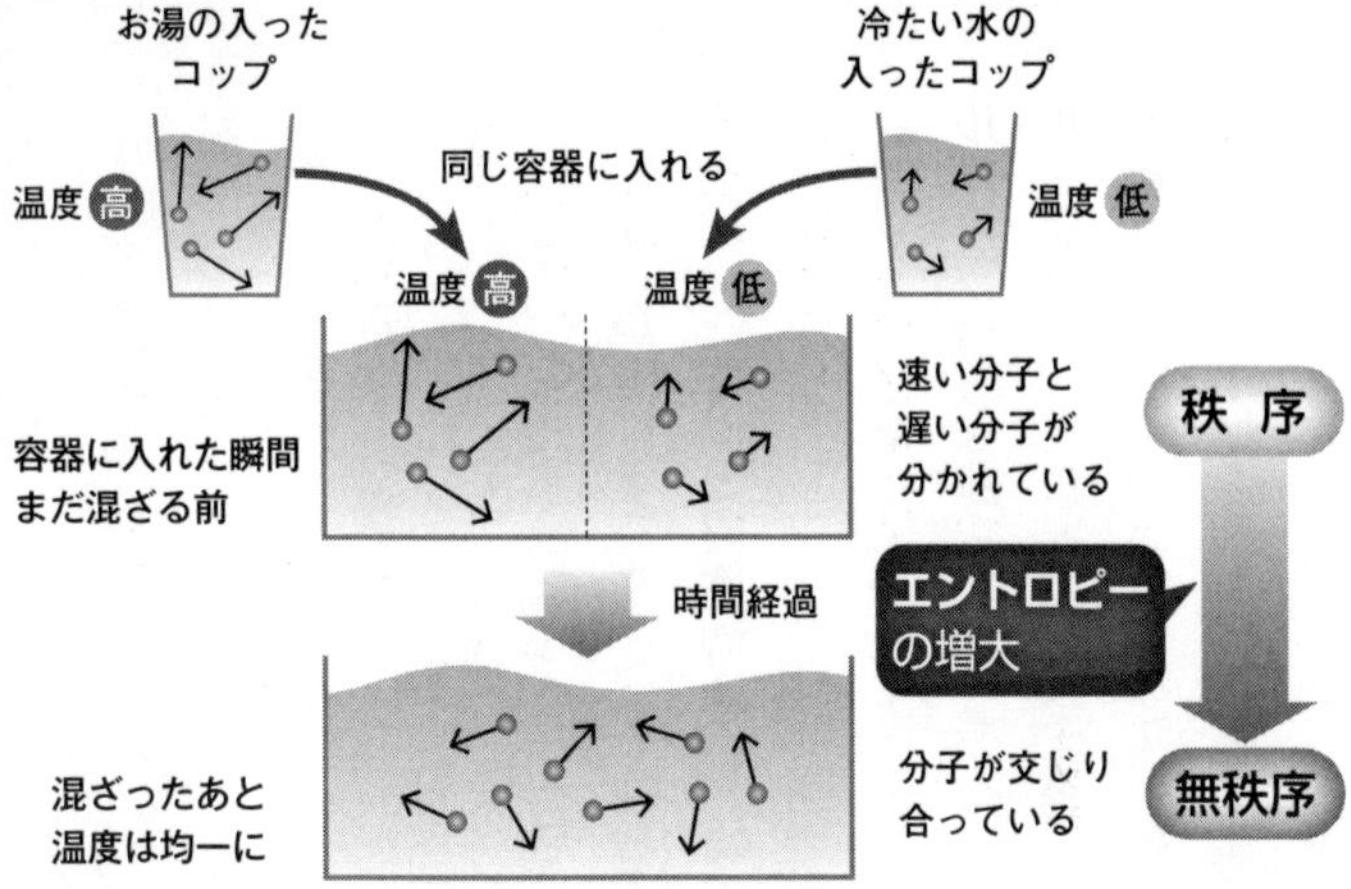

▲お湯と水を混ぜると、時間とともに熱は高いほうから低いほうへ移動し、平衡《へいこう》状態に至る。これは「乱雑さ」の増大としてもとらえられる。よく冗談で、「熱力学の第２法則」は「片づけない限り、時間とともに部屋は散らかっていく」という意味だといわれたりもする。

は少し速くなります。それが時間の経過とともにくり返され、全体の速さが均一になっていきます。つまり、全体に温度が同じ、ぬるま湯ができるのです。これこそが**エントロピーの増大**だと、ボルツマンは考えました。

同じ容器に入れられた瞬間には、お湯はお湯、水は水と、「秩序立って分かれた状態」だったはずです。そこから、分子が乱雑に交じり合っていきました。その過程がエントロピーの増大なのですから、エントロピーとは、「**無秩序さ**」「**乱雑さ**」のことだともいえます。

宇宙全体で見ても、エントロピーは時間とともに増大しつづけています。そしてじつは、熱力学の第2法則以外に、**時間の向き**を指定する物理学の法則はないのです。時間について物理学的に考えるときの、最重要事項です。

07

電気と磁気の現象が見事に統合された

マクスウェル電磁気学の確立

▽電磁気学の誕生

19世紀に**熱力学**と並んで顕著《けんちょ》な発展を見せたのが、**電磁気学**《でんじきがく》です。別々のものだと考えられていた**電気**と**磁気**の間に、深い関係があることがわかり、フランスの物理学者**アンドレ＝マリ・アンペール**（1775〜1836年）や、著名な数学者でもあるドイツの**カール・フリードリヒ・ガウス**（1777〜1855年）らが、さまざまな法則を発見します。

また、イギリスの実験科学者**マイケル・ファラデー**（1791〜1867年）は、「磁

▼＋の電荷を帯びた物体と－の電荷を帯びた物体が並んでいるとき、まわりの空間（場）も、電気的な性質を帯びる。その電気的な性質は、図のような「電気力線」によって表現される。

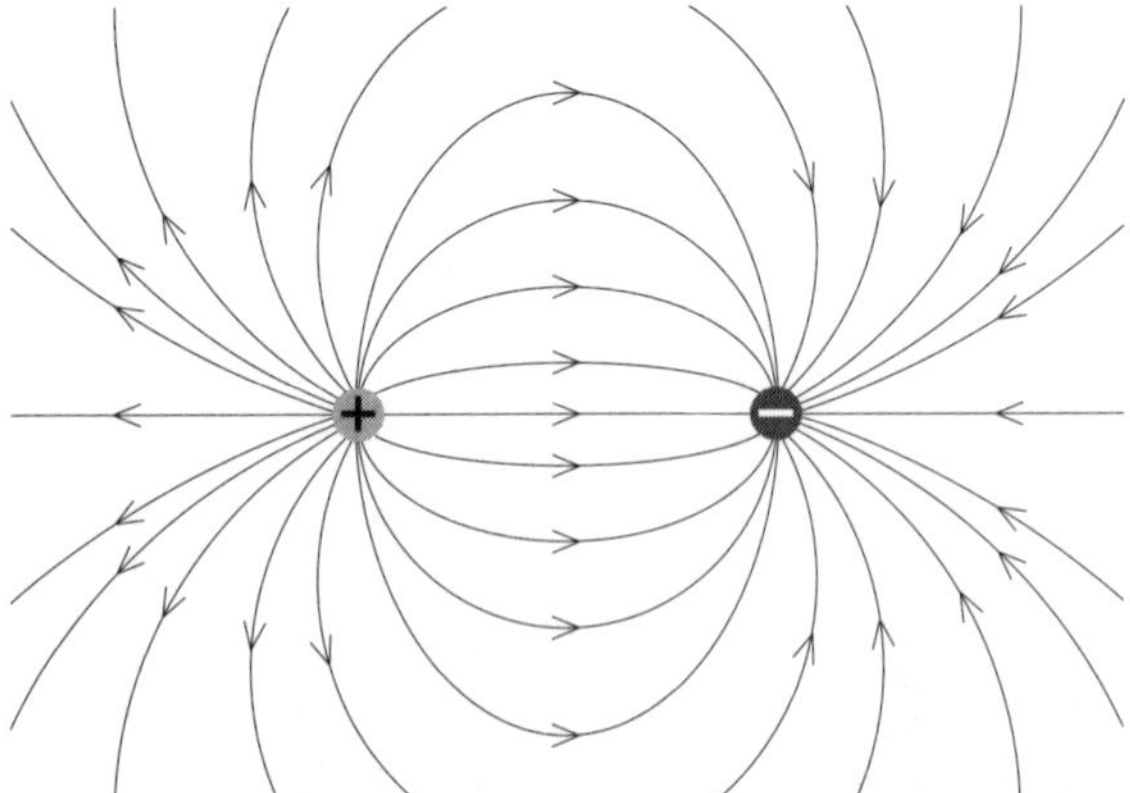

$$R_{\mu\nu} - \frac{1}{2} g_{\mu\nu} R = \frac{8\pi G}{c^4} T_{\mu\nu}$$

気の変化から電流が生まれる」という**電磁誘《でんじゆう》導《どう》**の現象を、実験で確認して理論化しました。

ファラデーの力線と「場の理論」

電気も磁気も、目に見えません。同じく目に見えない**重力**について、**ニュートン**は、離れた物体どうしの間を瞬時に伝わる**遠隔作用**だと考えていました（45ページ参照）。

しかしファラデーは、「電気や磁気の力は、離れたものに直接作用するのではなく、まわりの空間に徐々に広がっていく」と考え、その伝播《でんぱ》の仕方を、**力線《りきせん》**という仮想的な線の束として表現しました。電気の力線を**電気力線《でんきりきせん》**、磁気の力線を**磁力線《じりょくせん》**といいます。

▲ファラデー。

電荷《でんか》（電気のこと）をもつ物体Aが空間に置かれると、その空間は、右図のような電気力線で表現される「性質」をもちます。そして、その空間にある別の物体Bは、その「性質」から影響を受けます。Bは、離れたAからではなく、じかに接する空間から力を伝えられるのです。ファラデーは遠隔作用を否定し、じかに接するものから力が伝わる**近接作《きんせつさ》用《よう》**として、電気や磁気の力を説明しました。

これは、物理的な現象を空間（**場《ば》**）の性質から説明する、**場の理論**の先駆けだとされます。電気と磁気は、このような場を作るので、**電場《でんば》**、**磁場《じば》**と呼ばれるようになります。

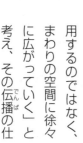

ファラデーの電磁誘導の法則

$$\mathrm{rot}\,\vec{E} = -\frac{\partial \vec{B}}{\partial t}$$

磁場が時間変化すると電場が生まれる

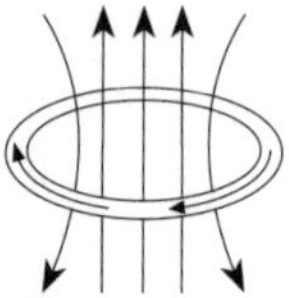

アンペール=マクスウェルの法則

$$\mathrm{rot}\,\vec{H} = \vec{j} - \frac{\partial \vec{D}}{\partial t}$$

電流のまわりに磁場ができる

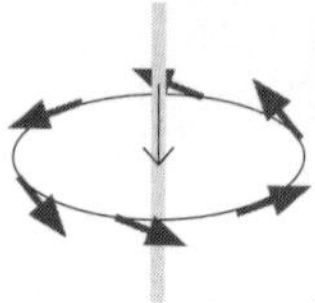

電場のガウスの法則

$$\mathrm{div}\,\vec{E} = \frac{\rho}{\varepsilon_0}$$

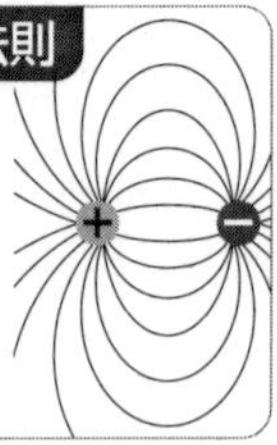

電場は＋電荷から出て－電荷に吸い込まれる

磁場のガウスの法則

$$\mathrm{div}\,\vec{B} = 0$$

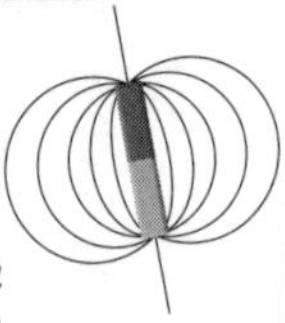

磁場は湧き出しも吸い込みも起こらない

▲「マクスウェル方程式」。「電場」と「磁場」が同じひとつのもの（電磁場）であることを示しただけでなく、「電磁波」の存在の予想にもつながった。

マクスウェル方程式

電磁気学で発見された数々の法則は、19世紀最高の物理学者ともいわれるイギリスの**ジェームズ・クラーク・マクスウェル**（1831〜1873年）によって、たった4つの美しい方程式にまとめあげられました。

1865年に発表されたこの**マクスウェル方程式**は、電場と磁場が**「同じひとつのもの」の異なる現れ方**にすぎないことを

▲マクスウェル。

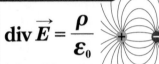

示しています。その「同じひとつのもの」を、電磁場《でんじば》と呼びます。これをもって、19世紀の電磁気学が、理論的完成に達しました。

電磁波の発見

マクスウェル方程式を数学的に操作していくと、「電場と磁場が振動する**波**」を表す式が得られます。

マクスウェル方程式には、「電場から磁場が生まれる」という**アンペール＝マクスウェルの法則**と、「磁場の変化から電場が生まれる」という**ファラデーの電磁誘導の法則**が入っています。ですから、振動する電場と磁場は、互いに生み出し合いながら、どこまでも進んでいくことになります。存在するであろうことが理論的に示されたその波は、**電磁波《でんじは》**と名づけられました。

この電磁波の進む速さを計算してみると、当時かなり正しく測定されていた**光の速度**に、非常に近い値が得られました。このことからマクスウェルは、「**光とは、電磁波の一種である**」と見抜きます。これは、**ヤングの実験**（50ページ参照）以降有力視されるようになっていた光の波動説の決定打とされました。

マクスウェルの死後の1887年、ドイツの物理学者**ハインリヒ・ヘルツ**（1857〜1894年）が、電磁波の存在を実験によって確かめました。正しさが実証されたマクスウェルの理論は、**ニュートン力学**に迫るほどの大きな権威をもつことになります。

08

マクスウェル方程式は「ガリレイ変換」できない!!

力学と電磁気学の不協和音

相対性原理をめぐって

19世紀末、科学者たちは「**ニュートン力学**と**マクスウェル電磁気学**、**熱力学**などにより、あらゆる物理現象が説明されうる。物理学は完成した」とさえ考えるようになりました。

ただ、同じ頃、ニュートン力学とマクスウェル電磁気学の間の、大きな溝《みぞ》も見えてきました。ポイントは、**相対性原理**です。

一般的にいって、相対性原理とは、「異なる**座標系**（36ページ参照）それぞれに、**同じ法則**が成り立つ」「どの座標系も**同列**であり、**絶対的な基準はない**」とする考え方です。

そして、その中の一種が、「すべての**慣性系**（**等速直線運動**をしているまとまり）において、同じ力学法則が成り立つ」という**ガリレイの相対性原理**（36ページ参照）です。ニュートン力学は、これを満たします。しかし、**マクスウェル電磁気学は**、**ガリレイの相対性原理を満たさなかった**のです。

相対速度とガリレイ変換

ニュートン力学のほうから説明します。

$$R_{\mu\nu} - \frac{1}{2} g_{\mu\nu} R = \frac{8\pi G}{c^4} T_{\mu\nu}$$

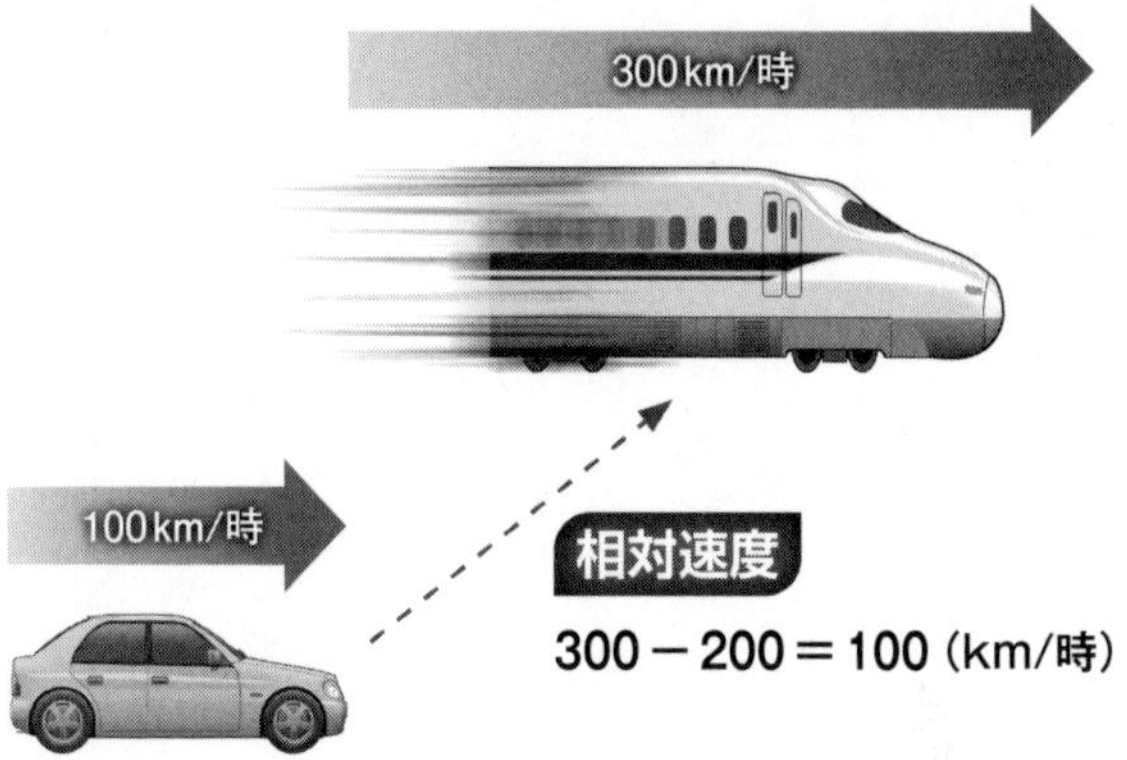

▲ニュートン力学では、それぞれ等速直線運動しているふたつの物体があったとき、「一方を基準に見たもう一方の速度」（相対速度）を、簡単な計算で求めることができる。この「速度の合成」は、ひとつの「慣性系」から別の「慣性系」に視点を移す「座標変換」と同じ意味をもつ。ニュートン力学での座標変換は、「ガリレイ変換」と呼ばれる。

東に向けて時速３００キロで等速直線運動している新幹線が、同じく東に向けて時速１００キロで等速直線運動している自動車を追い抜いたとします。このとき、「自動車の視点から見た新幹線の速度」が知りたければ、私たちは普通、次のように計算します。

300 − 100 = 200（km/時）

ここで計算されたような、「ある運動をしている物体の視点から見た、別の物体が運動する速度」を**相対速度**《そうたいそくど》といい、これを計算することは、**速度の合成**と呼ばれます。

次に、時速50キロで等速直線運動する電車内で、電車の進行方向に向けて、野球のピッチャーが時速１６０キロの直球を投げるのをイメージしてみてください。そしてそのボールを、電車の外から見ている人がいます。

もし電車が止まっていたならば、外から見る人の視点にとっても、ボールは時速160キロですが、電車自体が進んでいますから、その分さらに速く見えるはずです。この場合、外の人から見たボールの相対速度は普通、次のように計算されます。

50 + 160 = 210（km/時）

この計算は、ボールの運動を、「電車の中」という座標系から、外の人を視点とする別の座標系に移してとらえ直しています。このように、座標系を移すこと、つまり別の視点から運動をとらえることを、一般に**座標変換**《ざひょうへんかん》といいます。

そして、ある慣性系から別の慣性系へ、ここで計算したような簡単な考え方で視点を移す座標変換は、**ガリレイ変換**と呼ばれます。

ガリレイ変換と相対性原理

ニュートン力学において、「ガリレイ変換によって、ある慣性系から別の慣性系に座標変換できること」と、「すべての慣性系において、同じ力学法則が成り立つ」というガリレイの相対性原理は、表裏一体です。

たとえば、ある慣性系での物体の運動を、ニュートン力学の**運動方程式**（40ページ参照）で表したとします。これを、ガリレイ変換によって別の慣性系に座標変換しても、数値が変化するだけで、運動方程式の形は変わりません。これは、「どちらの慣性系にも、運動方程式によって表現される**運動の第2法則**が成り立つこと」を意味します。

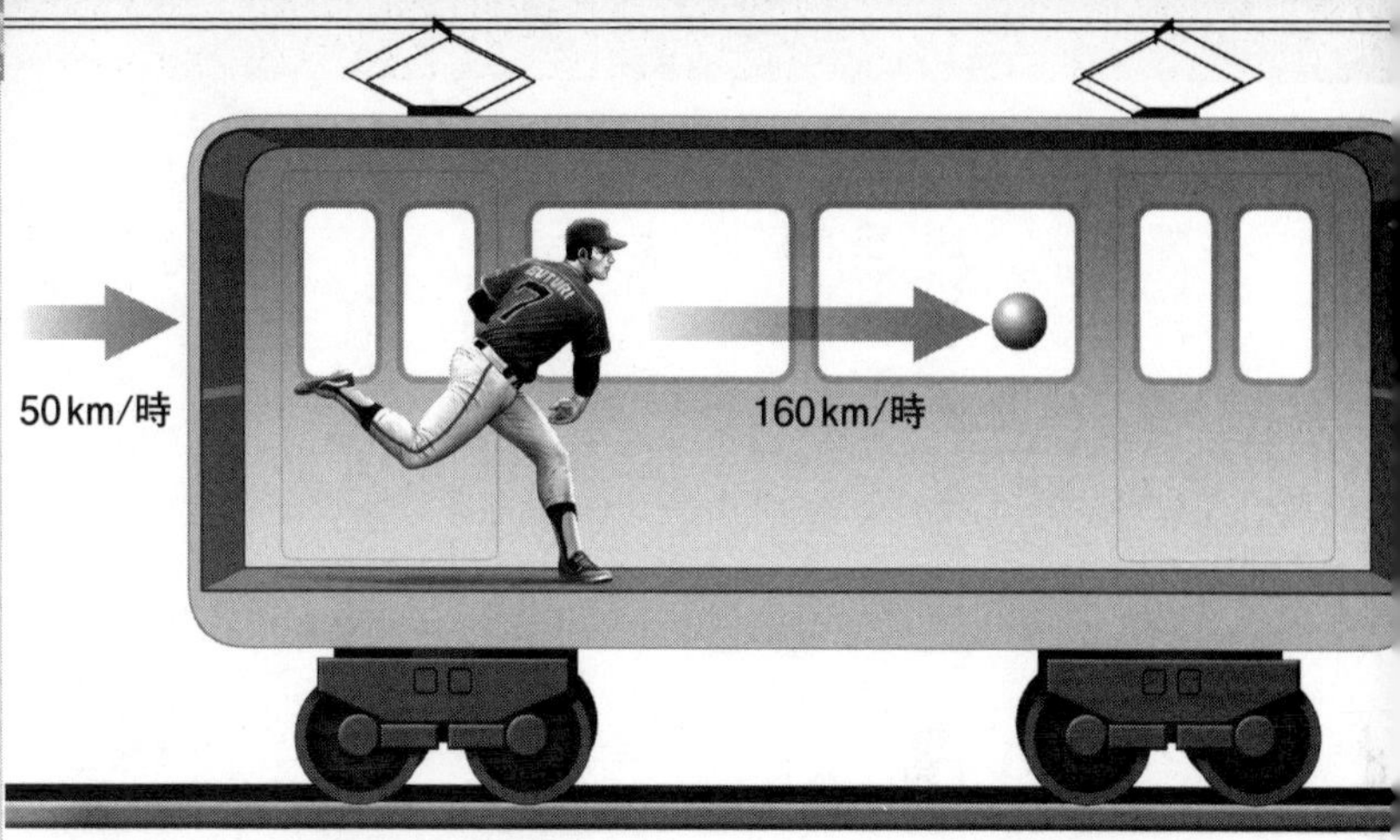

▲50km/時で等速直線運動している電車内で、進行方向に160km/時でボールが投げられたとき、電車の外の視点からボールを見ると、50＋160で「210km/時」に見える。この計算は、電車内の視点から見た「慣性系」での運動を、電車の外の視点から見た「慣性系」（と近似的にみなす）の中に、単純な足し算によって位置づけ直す操作だといえる。この操作も、「ガリレイ変換」と同じ意味をもつ。

少し見方を変えると、ガリレイの相対性原理とは、「**物理法則を表現する方程式が、ガリレイ変換されても同じ形を保つこと**」だと考えてもよいでしょう。

だとすると、せっかく電磁気学の法則を表現するマクスウェル方程式がまとめられたのですから、これをガリレイ変換してみたくなります。その結果、形が変わらなかったら、「ガリレイの相対性原理は、電磁気学まで拡張された」といえるわけです。

しかし残念なことに、マクスウェル方程式をガリレイ変換すると、形が壊れてしまいました（その数式は、ここでは割愛します）。そのため、「マクスウェル電磁気学は、ニュートン力学とは違い、相対性原理を満たさない」と考えられるようになったのです。

09

光の速さとエーテル

「秒速30万キロ」は何に対する速さなのか？

光の速さの「基準」は？

電磁気学の**マクスウェル方程式**は、19世紀後半の科学者たちに、もうひとつの難題を投げかけていました。それは、**光の速さ**です。

マクスウェル方程式から、**電磁波**の速さが導かれ、それが光の速さと一致したことは、すでに紹介しました（59ページ参照）。その速さは、およそ**秒速30万キロ**です。

しかし、「光（電磁波）の速さは秒速30万キロ」というのは、どんな視点から見たときの速さなのでしょうか。

ニュートン力学の**速度の合成**（61ページ参照）で考えると、たとえば、走っている電車に乗っている人が、同じ方向に進む光の速さを測定したとき、測定された値は、「本当の光の速さ」よりも少し遅く出るはずです。

「本当の光の速さ」を知りたいということで、電車を降りて地面に立ち、光の速さを測定したとします。それでも、じつは地球がものすごい速さで動いているので、測定値が「本当の光の速さ」だとはいえなさそうです。

マクスウェル方程式から導かれた、秒速30万キロという値は、**何を基準としたときの光の速さなのか**、謎でした。

$$R_{\mu\nu}-\frac{1}{2}g_{\mu\nu}R=\frac{8\pi G}{c^4}T_{\mu\nu}$$

▲19世紀後半の科学者たちの多くは、宇宙の「絶対空間」を満たす「エーテル」(光の媒質)の存在を信じていた。水槽を満たす水のようなものとしてイメージするとよいだろう。ただし、水と違い、エーテルはつねに静止していると考えられた。

エーテルを探せ

この問題について、多くの科学者は、「マクスウェル方程式から得られる光の速さは、**エーテルに対する速さである**」と考えました。

エーテルとは、**光の波動説**で想定された、光の波を伝える**媒質**です（49ページ参照）。人々は、「**透明なエーテルが、動くことなく宇宙を満たしている**」と信じていました。

つねに静止しているエーテルがあるなら、「いつも秒速30万キロ」という光の速さを説明する基準として、打ってつけです。19世紀末の科学者たちは「秒速30万キロとは、エーテルから見た光の速さである」とみなし、その光の媒質の存在を確かめたいと望みました。

10 マイケルソン＝モーリーの実験

エーテルの影響は観測されなかった!!

地球の「絶対運動」は？

ところでみなさんは、地球はどのような運動をしていると思いますか？

地球が自転しながら、太陽のまわりを公転していることはよく知られていますが、それだけではありません。太陽は地球を引き連れて、銀河系の中心のまわりを回っています。さらに、銀河系も宇宙の中を動いています。

そう考えると、「地球はどう動いているのか」という問いには、答えられそうもありません。**動きを測定する基準**がわからないからです。

しかし、**宇宙に充満し**、**つねに静止しているというエーテル**が、もし存在するならどうでしょうか。「**エーテル**に対して地球がどう運動するか」を調べれば、地球の「本当の運動」がわかるのではないでしょうか。

アメリカの物理学者**アルバート・マイケルソン**（1852〜1931年）は、そのような地球の**絶対運動**を調べる装置を考案し、1881年から実験をくり返しました。そして1887年、万全の準備のうえで、同じくアメリカの物理学者**エドワード・モーリー**（1838〜1923年）と協力して、名高い**マイケルソン＝モーリーの実験**を行ったのです。

$$R_{\mu\nu}-\frac{1}{2}g_{\mu\nu}R=\frac{8\pi G}{c^4}T_{\mu\nu}$$

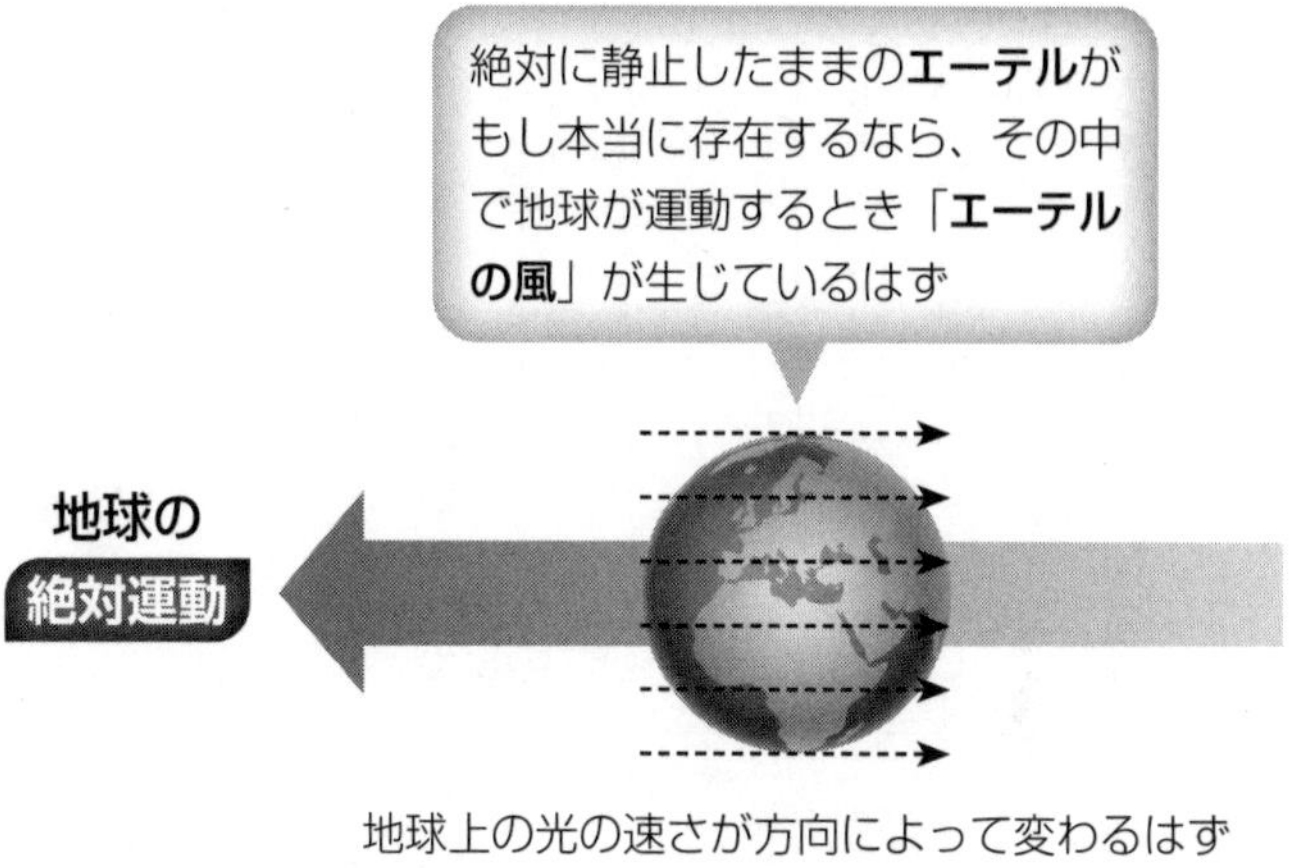
絶対に静止したままのエーテルがもし本当に存在するなら、その中で地球が運動するとき「エーテルの風」が生じているはず
地球の
絶対運動
地球上の光の速さが方向によって変わるはず

▲マイケルソンの考え。彼は、「エーテルの風」が光の速さに及ぼす影響を観測することで、地球の「絶対運動」を測定しようとした。

「エーテルの風」は吹いているか

空気の中を自転車で走るとき、私たちは風を感じます。空気自体は動いていないとしても、その中で私たちが運動することで、風を受けるのです。

それと同じように、静止したエーテルが充満する宇宙の中で、地球が何らかの絶対運動を行っているとすると、地球はいわば「エーテルの風」を受けているはずです。

そして、エーテルは**光の媒質**なので、「エーテルの風」は**光の速さ**に影響すると考えられます。つまり、**「エーテルの風」が吹いている方向と、そうでない方向で、光の速さに差が出るだろう**と、マイケルソンは考えたのです。

▼ マイケルソン干渉計

「方向によって、光の速さが異なること」を確かめるために、マイケルソンが考案した装置が、左図のような**マイケルソン干渉計**《かんしょうけい》です。

Ⓐ**光源**から光を発し、その光線に対して斜めに置かれたⒷ**ハーフミラー**に当てます。ハーフミラーは、入ってきた光の半分を斜めに反射してⒸの**反射鏡**に送り、もう半分をまっすぐ透過させてⒹの反射鏡に送ります。

Ⓒではね返った光と、Ⓓではね返った光は、Ⓑのハーフミラーに戻ってきて合流します。

つまり、ひとつの光が、互いに垂直な2方向に分けられ、またひとつに混ざるわけです。ふたつの光が合流すると、波としての性質から、**干渉**（50ページ参照）を起こします。

そのとき発生する**干渉縞**（51ページ参照）を、Ⓔの**測定器**で観測します。どういう干渉縞ができるかは「**ふたつの光の波がどんなタイミングで合流するか**」によって決まります。

そして、マイケルソン干渉計は、回転できるようになっています。回転すると、「エーテルの風」の方向に対する装置の角度が変わるはずです。それによって、光が「エーテルの風」から受ける影響が変化し、装置の上を走る光の速さが変わるだろうと考えられます。

光の速さが変化するとしたら、ふたつの光の合流するタイミングが変わります。そして、合流するタイミングの変化は、**干渉縞の変化として観測されるはずだ**と、マイケルソンは考えました。

$$R_{\mu\nu} - \frac{1}{2} g_{\mu\nu} R = \frac{8\pi G}{c^4} T_{\mu\nu}$$

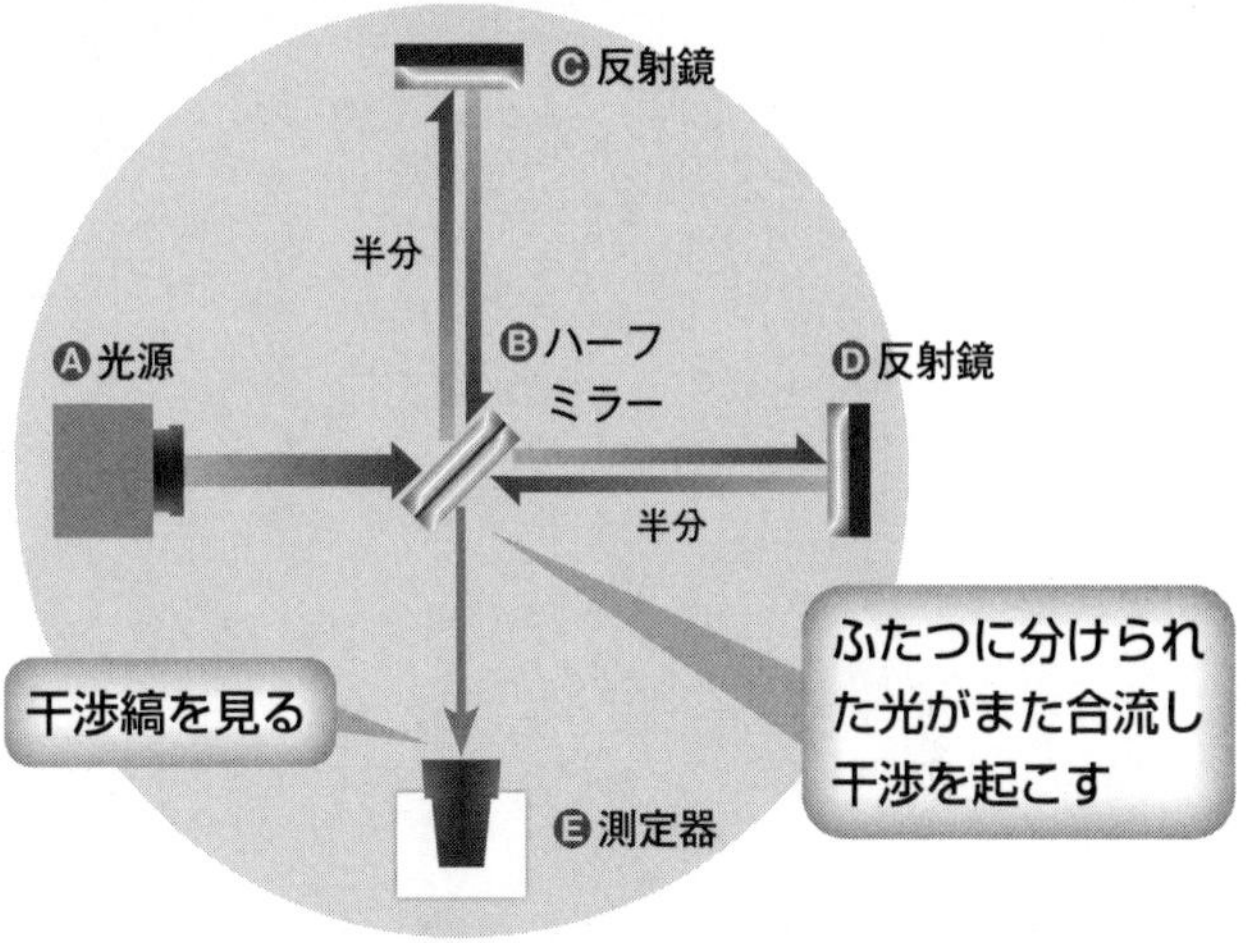

▲「マイケルソン＝モーリーの実験」に用いられた「マイケルソン干渉計」。非常によく考えられた実験だったが、「光の速さに対するエーテルの影響」を検出することはできなかった。この「失敗」は、物理学的に大きな意味をもつ。

衝撃の実験結果

要するに、**装置の向きによって干渉縞が変化してくれれば、「地球がエーテルに対して運動していること」が確認できる**のです。

しかし、実験結果に、マイケルソンたちだけでなく、世界中の科学者たちが驚愕することになりました。装置がどの向きになっても、**干渉縞に変化はなかった**のです。

事前の予想では、「エーテルの風」の影響を受けて、光の速さが変わり、合流するタイミングが変わるはずだったのですが、実際は、**光が合流するタイミングはいつも同じだった**、ということです。この結果の意味は、どう考えればよいのでしょうか。

11

実験結果の説明のために生まれた奇妙な理論

ローレンツ収縮とローレンツ変換

▼実験結果の解釈

マイケルソン＝モーリーの実験の結果には、いくつかの解釈が考えられます。

まず、❶「**ガリレイ**の船の話（35ページ参照）と同じように、実験装置のまわりの**エーテル**も含めて、ひとつの**慣性系**の中のできごとだった」ととらえるのが、日常的な感覚には合うかもしれません。

「エーテルによって伝わる**光**が、地球に引きずられて、地球の絶対運動と同じ**慣性**（勢い）をもっていた」と考えるのです。

等速で進む船の上で石を落とし、それを同じ船上の視点から見るとき、石は船の運動の影響を受けず、真下に落ちるように見えます。同様に、地球上の実験装置を走る光を、同じ地球上の視点から観測するとき、光の運動が地球の**絶対運動**の影響を受けていないように見えるのは、当然であるような気もします。

しかし、この考え方では、地球のまわりのエーテルが地球に引きずられるわけですから、「エーテルはいつも静止している」という大前提が壊れてしまいます。この解釈は、**絶対的な基準としてのエーテル**を、否定することになるのです。

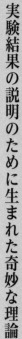

マイケルソン＝モーリーの実験

ふたつの光の方向を変えても合流するタイミングは同じだった

↓ どう解釈するか

❶ 地球のまわりのエーテルは地球とともに動いている？ → エーテルが絶対的な基準ではなくなってしまう

❷ 光の速さは何があっても不変？ → ニュートン力学の相対速度の考え方が崩れてしまう

❸ エーテルは存在しない？ → 光の媒質がないことになってしまう

▲「マイケルソン＝モーリーの実験」をどのように解釈するかは、相対性理論の意味づけにも大きく関係する。アインシュタイン自身は、この実験にさほど大きな関心をもたなかったといっているが、その言葉が本当だとしても、マイケルソン＝モーリーの実験の意義は薄れない。

光の速さとエーテルの存在

実験結果を、ただありのままに受け止めると、❷「**光の速さは、何があっても変わらない**」という解釈が出てきます。

これを採用すると、**ニュートン力学の相対速度**の考え方（61ページ参照）が崩れてしまうでしょう。地球がどんな方向にどんな速度で絶対運動していても、地球から見た光はつねに、同じ速さだということになるのですから。そしてこの解釈は、光の速さに影響すると考えられた「エーテルの風」（67ページ参照）をも否定しています。

ではいっそ、❸「**エーテルは存在しない**」と解釈してはどうでしょうか。

そうすると、「光には**媒質**がない」ということになります。当時の人々は、「媒質のない波などありえない」と考えていました。

ローレンツ収縮

オランダの物理学者**ヘンドリック・ローレンツ**（1853〜1928年）は、「エーテルの存在を否定せずにすむ解釈はないか」と考えた末に、1892年、奇妙な仮説を発表しました。

それは「**運動する物体は、運動方向に縮む**」というものです。

▲ローレンツ。

ローレンツの考えによると、マイケルソン＝モーリーの実験では、たしかに地球の絶対運動と逆向きに「エーテルの風」が吹いており、地球の絶対運動と同じ方向に進む光の速さを遅くしていました。しかし同時に、実験装置がすべて、地球の絶対運動の方向に縮みます。すると、「遅くなった光が進まなければならない距離」が短くなり、結局、ふたつの光が合流するタイミングが同じになった、というのです。

この「運動する物体の縮み」を、**ローレンツ収縮**《しゅうしゅく》といいます。同様のアイデアを独自に考えていたアイルランドの物理学者**ジョージ・フィッツジェラルド**（1851〜1901年）の名前を入れて、**ローレンツ＝フィッツジェラルド収縮**と呼ぶこともあります。

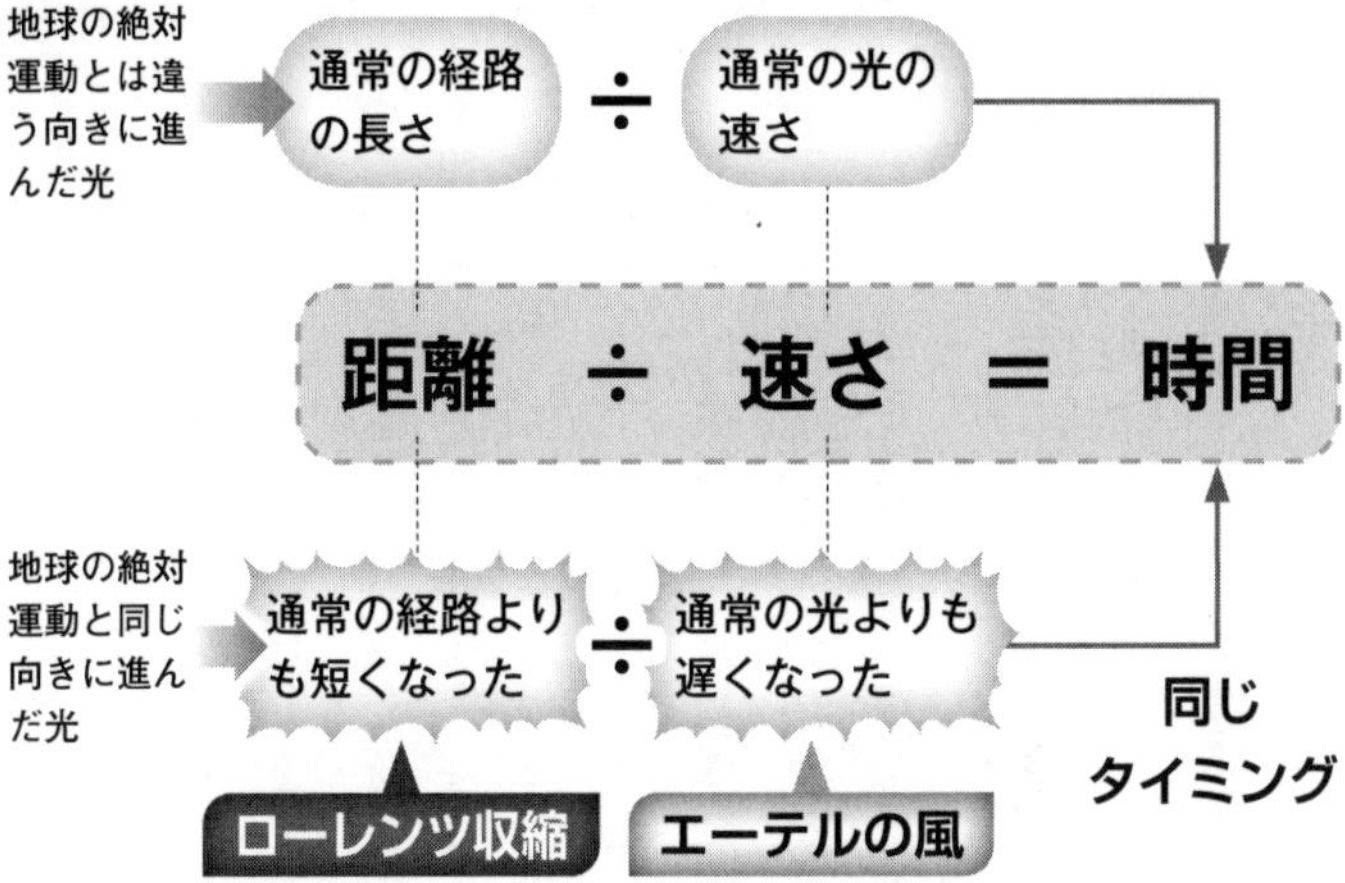

▲「ローレンツ収縮」のアイデアは、私たちが小学校で習う「距離÷速さ＝時間」という単純な式にもとづいている。「ローレンツ収縮」（数式は 101 ページ参照）も、そこから生まれた「ローレンツ変換」（数式は割愛）も、特殊相対性理論に吸収されることになる。

ローレンツ変換の誕生

ローレンツ収縮は、マイケルソン＝モーリーの実験の結果を説明するために考案された奇策でしたが、ローレンツはここから、より一般性のある理論を構築しようとしました。

そうして、試行錯誤の中で作られていったのが、**ガリレイ変換**に代わる、新しい**座標変換**の理論です。ローレンツは、ローレンツ収縮と**マクスウェル方程式**との関係について考えることで、**マクスウェル方程式の形を変えない座標変換の数式**を見つけ出したのです。

ニュートン力学とマクスウェル電磁気学の溝を埋めるこの**ローレンツ変換**は、**特殊相対性理論**の中心に置かれることになります。

マッハとポアンカレ

第2章では、**相対性理論**の誕生のために必要な理論や議論を見てきましたが、重要な人物をあとふたり、紹介しましょう。

19世紀末、オーストリアの物理学者**エルンスト・マッハ**（1838～1916年）は、**ニュートン**の**絶対時間・絶対空間**の概念を批判しました。その考え方は、**アインシュタイン**にも大きな影響を与え、相対性理論の発見に貢献《こうけん》しています。ただし、アインシュタインが相対性理論を発表すると、マッハはこれに対して否定的な立場を取りました。

アインシュタインが**特殊相対性理論**を発表したのは1905年ですが、その時点で相対性理論のすぐ近くにまで迫っていたのが、数学者としても名高いフランスの**アンリ・ポアンカレ**（1854～1912年）です。**ローレンツ**が考案した座標変換の重要性を認め、「ローレンツ変換」と名づけたのは、このポアンカレです。

ポアンカレは、**マクスウェル方程式**が**ローレンツ変換**されても同じ形を保つことから、「マクスウェル電磁気学は、**ガリレイの相対性原理**は満たさないが、別の相対性原理を満たしている」と考えました。これは、アインシュタインが特殊相対性理論の軸とした、**特殊相対性原理**《とくしゅそうたいせいげんり》（86ページ参照）という発想と同等です。アインシュタインによる発表がもう少し遅れていたら、ポアンカレが特殊相対性理論の発見者になっていたかもしれません。

第3章

特殊相対性理論の世界

01

その原点には「光をめぐる夢想」があった！

アインシュタインの無名時代

天才の生い立ち

この章では、**特殊相対性理論**について、丁寧にわかりやすく説明していきます。

まずは、本書の主役ともいえる人物に、本格的に登場してもらいましょう。**アルベルト・アインシュタイン**は1879年、ドイツに誕生しました。

▲アインシュタイン。

学校では、興味のある科目以外はあまり勉強せず、いまいちパッとしない成績でしたが、12歳で**ユークリッド幾何学**の本を独自に読みこなすなど、科学や数学では才能の片鱗《へんりん》を見せていたようです。ちなみに、ユークリッド幾何学とは、古代ギリシアの数学者**エウクレイデス**（前3世紀頃）が体系化した、おもに図形を扱う数学です。

16歳の夢想

アインシュタインは少年時代から、**光の不思議さ**に興味をもっていたようです。彼は16歳のとき、「もし、光と同じ速度で並んで走

$$R_{\mu\nu} - \frac{1}{2} g_{\mu\nu} R = \frac{8\pi G}{c^4} T_{\mu\nu}$$

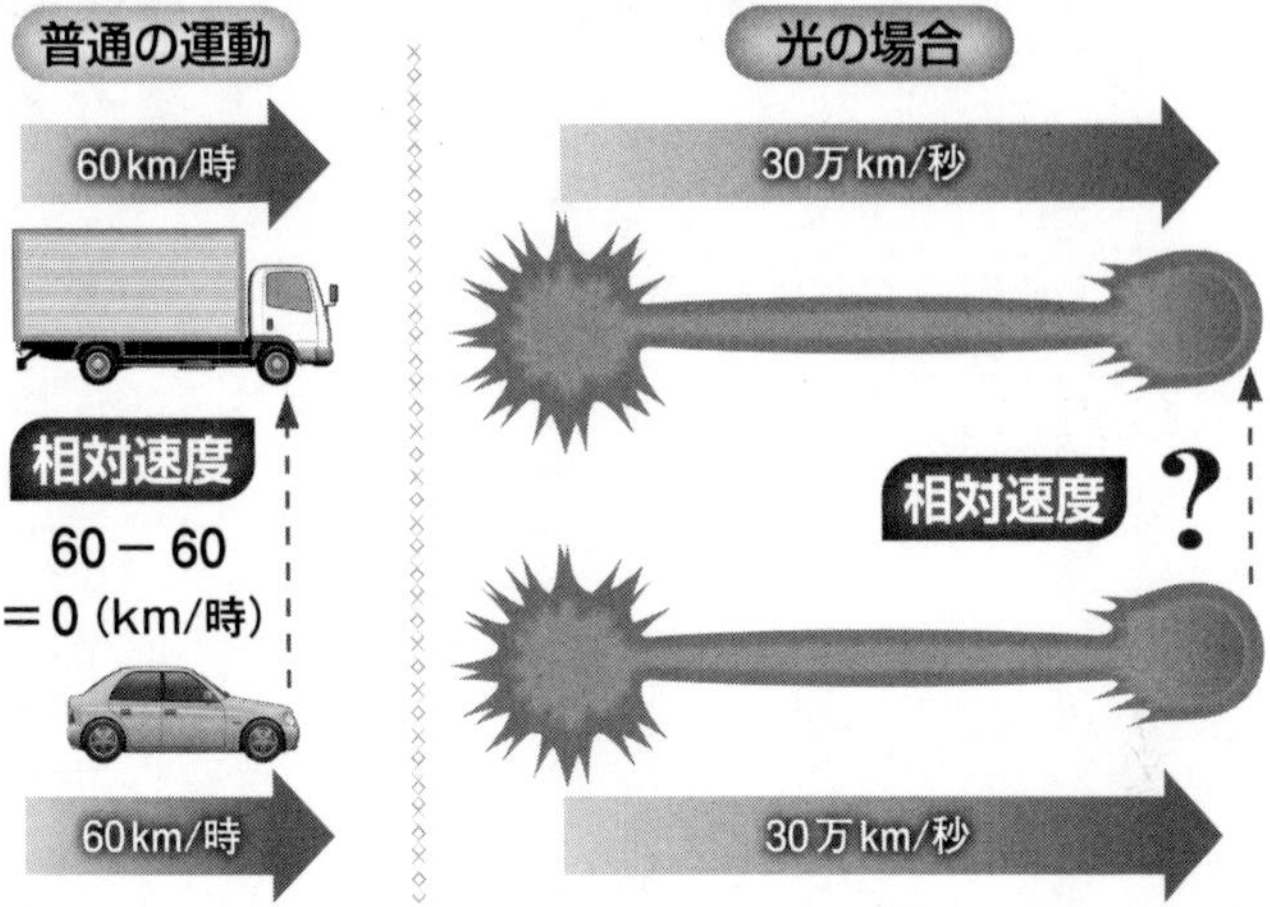

▲16歳のアインシュタインは、「光と同じ速さで運動しながら光を見たら、光はどう見えるのか？」と夢想したという。つまり、光の「相対速度」について考えたのだ。その疑問への答えは、彼が10年後に築き上げる特殊相対性理論が出すことになる。

ったら、光はどう見えるだろうか?」と想像したといいます。

たとえば、時速60キロで走るトラックと並んで、あなたも同じ速度で自動車を走らせたとしたら、あなたから見たトラックの**相対速度**（61ページ参照）は、時速0キロ。つまりあなたには、トラックが止まって見えます。

これと同じように、もしも光と並んで走れたとしたら、光は止まって見えるのでしょうか？——このきわめて特殊相対性理論的な問題には、84ページで答えます。

さてアインシュタインは、スイスの**チューリッヒ**にある**スイス連邦工科大学**を卒業します。研究者の職は得られませんでしたが、ベルンのスイス特許庁で発明の審査官をしながら、コツコツと自分の研究を続けました。

02

1905年 奇跡の年

ノーベル賞級の論文を次々に発表!!

▼光電効果の説明

1905年、無名だった「在野《ざいや》研究者」**アインシュタイン**は、5本もの論文を発表します。それらの論文はどれも斬新な内容で、現在でも高く評価されており、1905年はアインシュタインの「**奇跡の年**」と呼ばれます。まず3月に発表されたのは、**光電効果**《こうでんこうか》を説明した論文です。

光電効果とは、「金属の表面に**電磁波**（**光**）を照射すると、金属から**電子**が飛び出す」という現象です。アインシュタインはこの現象

▼「光電効果」の模式図。ここからアインシュタインは、「電磁波（光）の正体は粒子である」とする「光量子論」を唱えた。光が波なのか粒子なのかについては、光量子論をもとに発展した量子論が答えを出すことになる（第５章参照）。

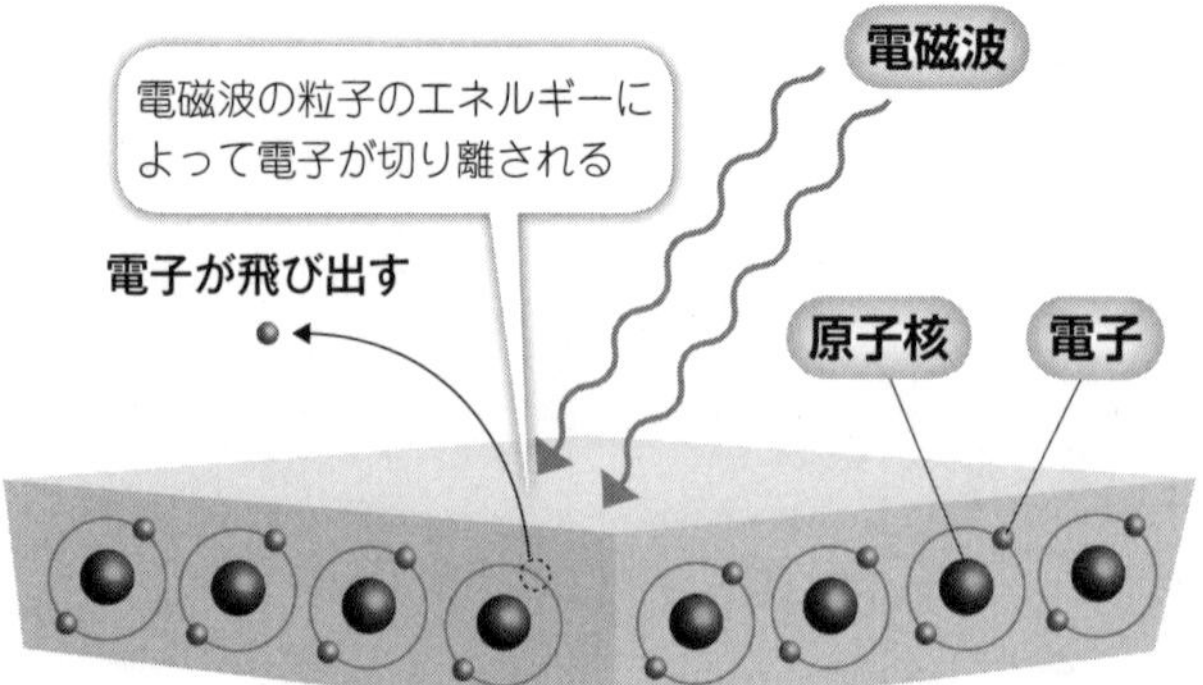

のメカニズムを、「**電磁波**（**光**）**の正体は、じつは小さな粒子**で、その粒子が、金属から電子を叩き出すのだ」と説明しました。

この説は、**光の正体をめぐる論争**（第2章参照）に、大きな波紋《はもん》を生じさせます。

光量子論

光の正体をめぐる論争では、「光は電磁波である」という**マクスウェル**の発見（59ページ参照）により、**光の波動説**が決定的に勝利したように思われていました。

しかしアインシュタインは、「光が粒子でなければ、光電効果は説明がつかない」と主張し、**光の粒子説**を復活させたのです。

「光は（波だけれど）粒子である」とするこの説を、**光量子論**《こうりょうしろん》といいます。もう少し正確にいうなら、「電磁波は、**粒子のような最小単位**からできている」という内容です。

光量子論は当初、黙殺されました。しかし1916年、アメリカの物理学者**ロバート・ミリカン**（1868〜1953年）が、光量子論を否定しようとして光電効果を精密に測定したところ、アインシュタインが予測していたとおりの結果が出てしまいます。科学者たちは、光量子論を受け入れざるをえなくなり、光量子論は**量子論**（152ページ参照）の基礎となりました。

この研究は、アインシュタインが1921年度のノーベル物理学賞を受賞する際の授賞理由にも挙げられています。

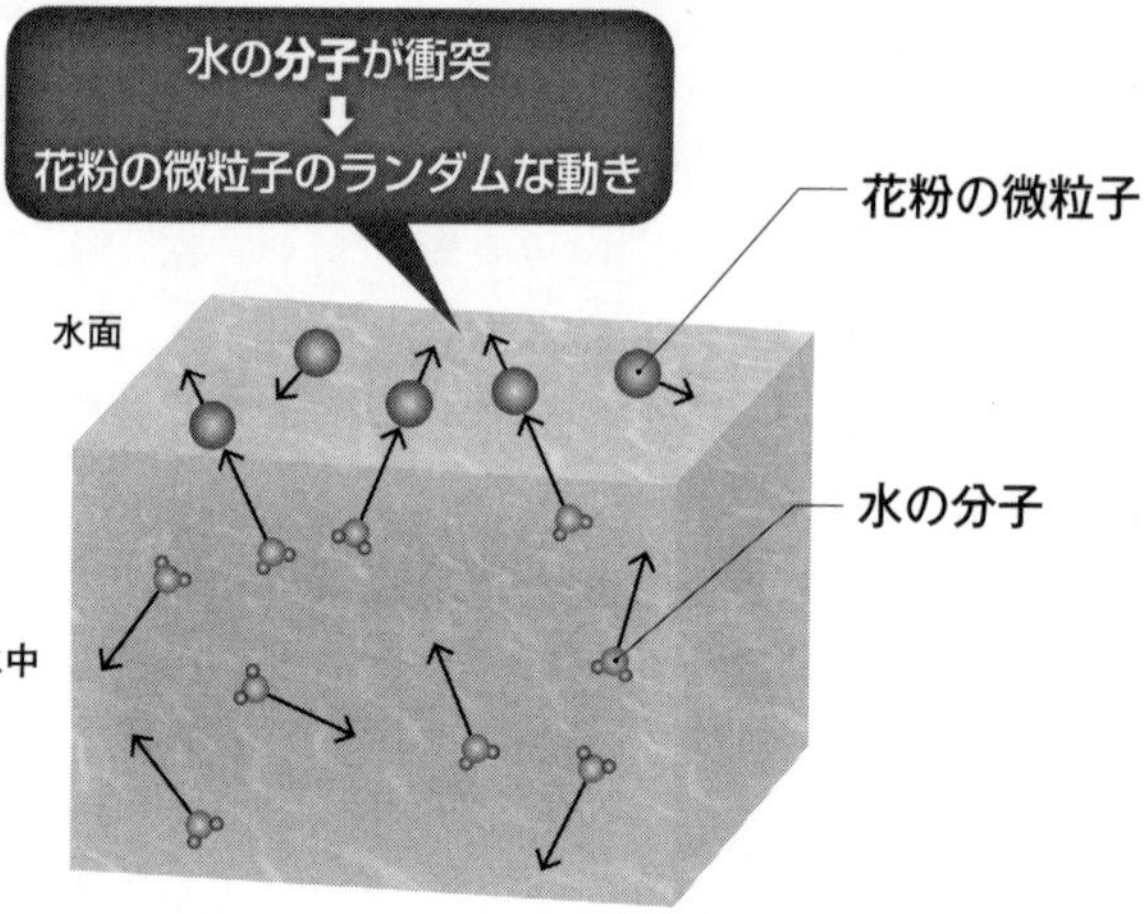

▲「ブラウン運動」の模式図。目に見えない「分子」の運動の影響を受けて、花粉の微粒子がランダムに動く。アインシュタインはこのメカニズムを洞察し、数式で表現した。

ブラウン運動の理論

4月、博士論文「分子の大きさの新しい決定法」が発表されます（アインシュタインは無事、博士号を取得）。そしてその内容を発展させて、アインシュタインは5月、**ブラウン運動**に関する論文を発表しました。

ブラウン運動とは、花粉の中の微粒子が、水中でランダムに動く現象です。1827年にスコットランドの植物学者**ロバート・ブラウン**（1773〜1858年）によって発見されていました。

アインシュタインはブラウン運動を、「**分子**の衝突によって生じるもの」とみなし、それを表現する数式を作りました。

$$R_{\mu\nu}-\frac{1}{2}g_{\mu\nu}R=\frac{8\pi G}{c^4}T_{\mu\nu}$$

分子とは、物質を形作る小さな粒子です（27ページ参照）。当時、分子が存在することは予想されてはいたものの、実証されてはいませんでした。アインシュタインは、**分子の存在を理論的に示した**といえます。

このアインシュタインの理論は1908年、フランスの物理学者**ジャン・ペラン**（1870〜1942年）の実験によって確かめられました。そしてそれ以降、**分子や原子の存在が認められるようになった**のです。

特殊相対性理論の発表

そして1905年6月、「運動物体の電気力学について」という論文が発表されます。

これこそが、**特殊相対性理論**を論じた最初の論文です。さらに9月、アインシュタインは特殊相対性理論をつきつめて、**エネルギー**と**質量**についての「$E=mc^2$」という重要な式（後述します）を導く論文を発表しています。

光量子論の論文、ブラウン運動の論文、そして特殊相対性理論は、「奇跡の年」の**三大業績**と呼ばれており、どれかひとつだけでも、科学史に名前が遺《のこ》せるほどだといわれます。

1年のうちに、量子論の誕生にかかわり、分子や原子の存在を示し、まったく新しい物理理論を生み出したのですから、この年のアインシュタインは、本当に「奇跡」のように冴《さ》えわたっていたといえます。では、26歳のアインシュタインが発見した特殊相対性理論を、じっくりと見ていくことにしましょう。

03 光速度不変の原理

「光の速さ」こそが「絶対」である

▼エーテルは不要

アインシュタインが**特殊相対性理論**を導き出すにあたって足場にしたのは、**たったふたつの原理**でした。

　そのうちのひとつは、**光速《こうそく》度《ど》不《ふ》変《へん》の原理**と呼ばれます。それがどこから出てきた、どういうものなのか、説明していきます。

　まずはおさらいですが、19世紀後半、**光の波動説**が圧倒的に優勢となっており、「光は波だ」と考える科学者たちは、「光には、**エーテル**という**媒質**があるはずだ」「そのエー

▼電磁波の伝わり方。電磁波が X 軸方向に進むとき、電場は E 軸方向に振動する波になり、磁場は H 軸方向に振動する波になる。電場と磁場は、互いを生み出し合いながら、媒質のないところでも、どこまでも進んでいく。そして、光とは電磁波の一種なので、光の媒質「エーテル」が必要ないことは、マクスウェル電磁気学によって理論的には示されていたといえる。しかし、20 世紀初頭まで、科学者たちは「光（電磁波）は波である以上、媒質を必要とするはずだ」と考えていた。

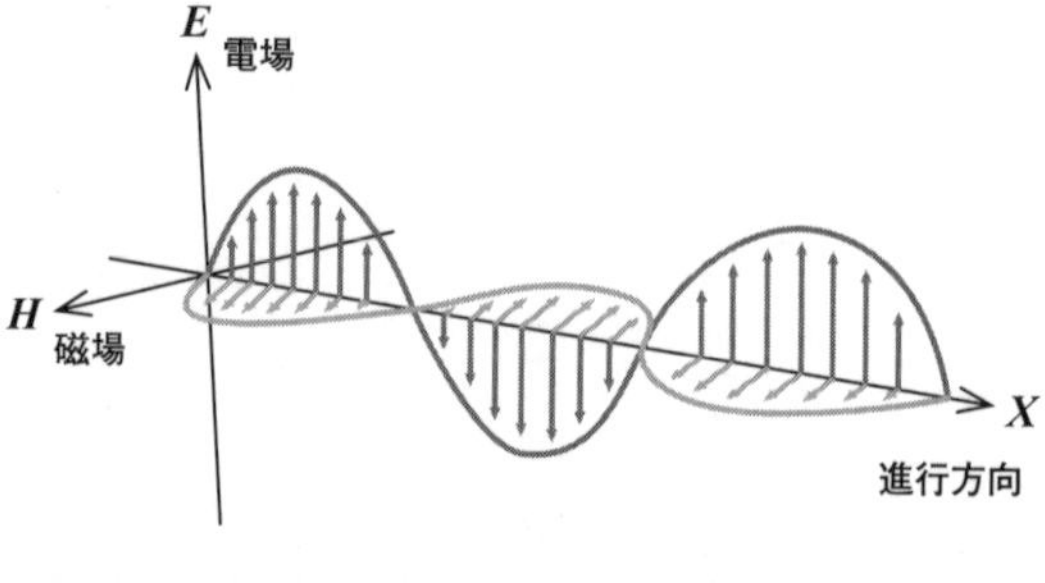

テルは、宇宙に満ちていて、絶対に静止しているはずだ」と信じていました。

ところが、**マイケルソン＝モーリーの実験**（66ページ参照）により、エーテルの存在には疑問符がつきます。「それでもエーテルはある」と考えるために、**ローレンツ**（72ページ参照）は苦心して、**ローレンツ収縮**のアイデアを生み出しました。

しかしアインシュタインは、「**そもそもエーテルは不要だ**」と考えました。「エーテルを存在させるために、無理して理屈を考える必要はない」というのが、彼の立場です。

そして実際のところ、光つまり**電磁波**は、**電場**と**磁場**が互いを生み出し合って進む波です（59ページおよび右下図を参照）。理論的な観点からしても、媒質は必要ありません。

何に対しても光の速さは一定

さて、**秒速30万キロ**という**光の速さ**は従来、「エーテルに対する速さ」だと考えられていました（65ページ参照）。ですから、「エーテルはなくていい」ということは、「光の運動の基準となる媒質など、なくていい」ということを意味します。それでは、**光の秒速30万キロとは、何に対する速さなのでしょうか。**

答えは、「すべてのもの」です。

どんな速さで運動している視点から見ても、真空中を進む光の速さは、絶対に秒速30万キロになります。また、**光源がどんな速さで運動していても、そこから発せられた光の相対速度が変わることはありません。**

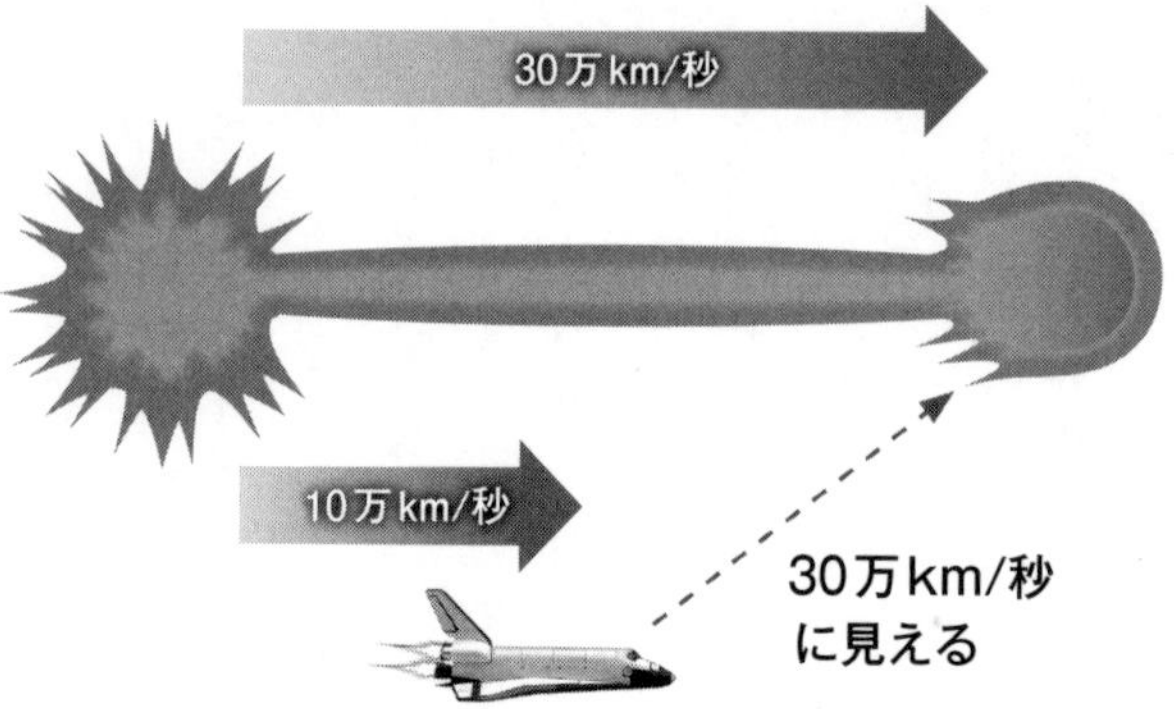

▲どんな運動をしている視点から見ても、光の速さは同じ。また、光源がどんな速さで運動していても、その慣性（勢い）の分だけ光の速さが変わるということはない。厳密にいうと、アインシュタインが論文中に明記しているのは後者（光の速さは光源の運動に影響されない）だが、前者（光の速さは観測者の運動に影響されない）も含めて、「光の速さはいつも同じ」とするのが、「光速度不変の原理」だと考えてよい。

速度の合成ができない!?

普通は、運動の**相対速度**が、ごく簡単な計算で求められます（61ページ参照）。「時速100キロの自動車から、同じ方向に時速300キロで走る新幹線を見たときの相対速度」は、時速200キロです。また、「時速50キロで走る電車の中で、電車の進行方向に時速160キロで投げられたボールの相対速度」は、時速210キロです。しかし、「そのような**速度の合成は、光の速さの場合はできない**」とアインシュタインはいうのです。

だから、77ページの問いの答えは「**もし光と同じ速さで走れたとしても、光は秒速30万キロで前方に遠ざかって見える**」となります。

「光速度不変」を「原理」とする

ある意味、相対性理論の中で、感覚的な違和感が最も大きく、納得が難しいのはここかもしれません。

「光の速さは、絶対に同じ」といわれて、私たちが奇妙に思うのは、「速さは足し算・引き算できる」というわかりやすい**速度の合成**の考え方を、小学校の頃から叩き込まれているからです。しかしじつは、そのような速度の合成は、光よりもずっと遅いものにしか通用しないのです（106ページ参照）。

マイケルソン＝モーリーの実験以降も、多くの実験で「光の速さは、絶対に同じ」という結果が出ていました。それならば、これを**科学的な事実として受け入れる**ところから始めようと、アインシュタインは考えました。「なぜそうなのか」はいったん棚上げして、思考の出発点に置いたのです。

これが、光速度不変の原理です。**光の速度は、何に対しても変わらない、絶対的なものだ**というわけです。

普通、物体が運動する**速さ**は、移動した**空間的距離**を、かかった**時間**で割ることで算出します。小学校で習う「**速さ＝距離÷時間**」です。空間（距離）や時間が「確かなもの」として先に測定され、速さは、空間（距離）や時間次第で相対的に値を変えます。

しかしアインシュタインは、光の速さを絶対としました。そのため特殊相対性理論では、**時間や空間のほうが変動する**ことになります。

04 特殊相対性原理

アインシュタインは宇宙共通の法則を信じた

すべての慣性系に同じ物理法則

アインシュタインが**特殊相対性理論**を導き出すときに、前提としたふたつの原理のうち、もうひとつは**特殊相対性原理**です。

内容は「すべての**慣性系**（**等速直線運動**をしているまとまり）において、**同じ物理法則**が成り立つ」というものです。「力学的にも電磁気学的にも、等速直線運動と静止を区別する絶対的な基準はない」とも表現できます。

これは、**ガリレイの相対性原理**（36ページ参照）を拡張した考え方です。

「すべての慣性系において、同じ**力学法則**（**ニュートン力学**の法則）が成り立つ」とするガリレイの相対性原理は、そのまま拡張しようとしても、**マクスウェル電磁気学**まで統合することはできませんでした（63ページ参照）。このことは一見、「電磁気学では、視点が変わると、同じ法則が成り立たなくなる」ということを意味しているように思われます。

しかしアインシュタインは、「**宇宙のすべては、同じ物理法則に支えられている**」との**信念**をもっていました。力学と電磁気学の両方を含む、大きな相対性原理が、宇宙を支配していると信じていたのです。

$$R_{\mu\nu}-\frac{1}{2}g_{\mu\nu}R=\frac{8\pi G}{c^4}T_{\mu\nu}$$

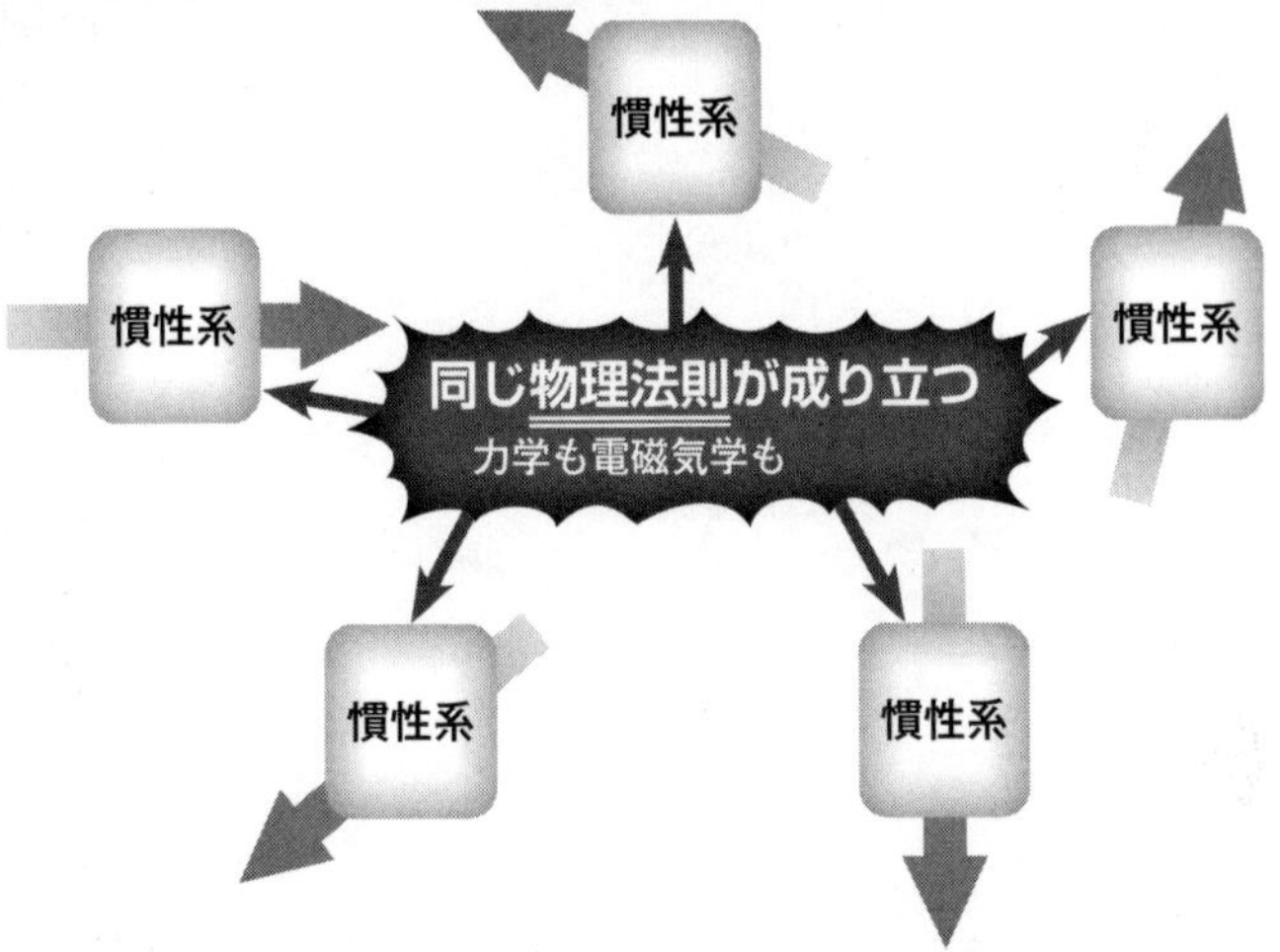

▲「特殊相対性原理」とは、「すべての慣性系において、同じ物理法則が成り立つ」というもの。これは「ニュートン力学もマクスウェル電磁気学も、ある慣性系の視点から別の慣性系の視点に、座標変換できる」ことを意味する。

補足的に述べますと、特殊相対性原理は、「異なる**座標系**それぞれに、同じ法則が成り立つ」「どの座標系も同列であり、絶対的な基準はない」と考える**相対性原理**（60ページ参照）の一種です。ここでの「特殊」という言葉は、「想定する座標系を、慣性系、つまり等速直線運動（静止も含む）しているものだけに限定すること」を意味します（21ページで説明した「特殊」の意味と同じです）。

ローレンツ変換が必要になる

さて、特殊相対性原理の内容をいいかえると、「力学的な現象（物体の運動）だろうと電磁気学的な現象（電場や磁場、電磁波）だ

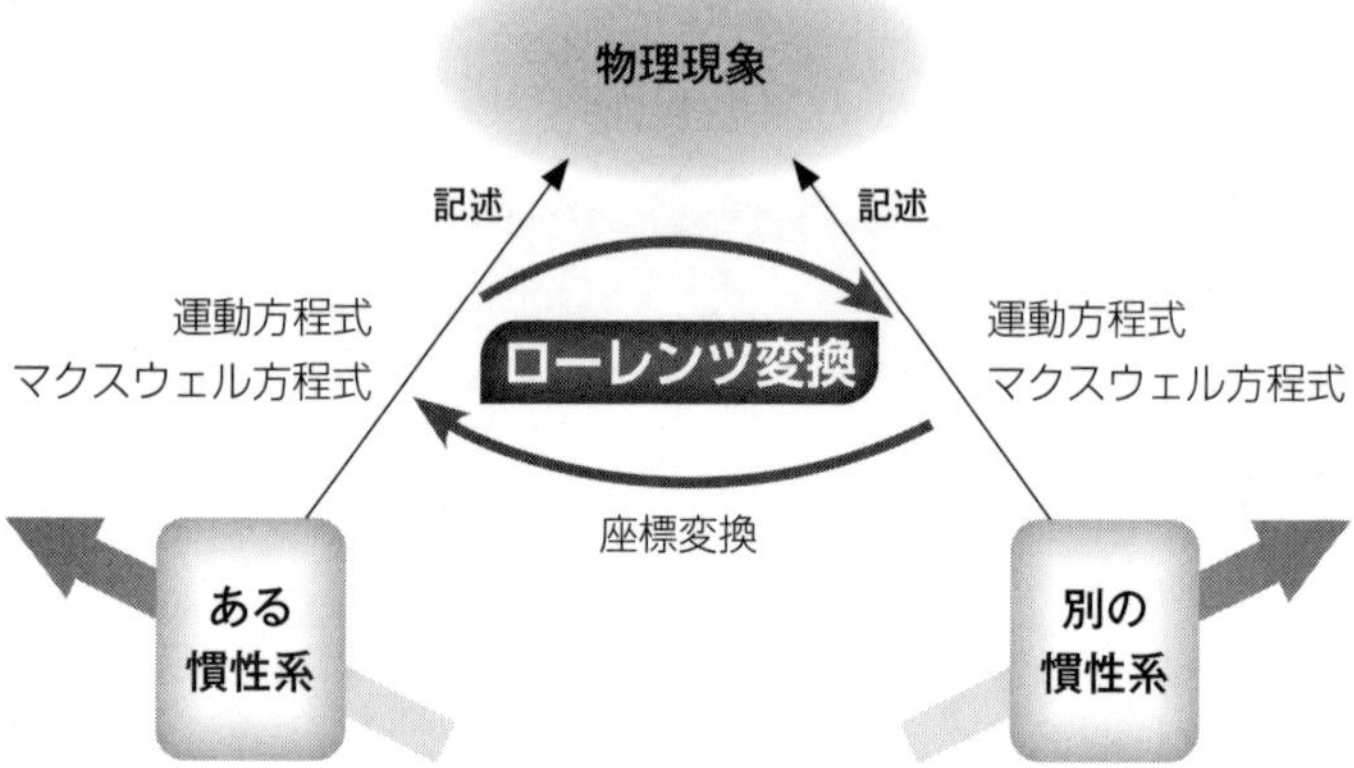

▲ニュートン力学とマクスウェル電磁気学を統合する「特殊相対性原理」（ひいては特殊相対性理論）は、「運動方程式」も「マクスウェル方程式」も形を壊さずに保つ「ローレンツ変換」に支えられている。

ろうと、ひとつの慣性系から別の慣性系に移しても、**同じ方程式が通用する**」となります。

つまり、「ニュートン力学の**運動方程式**も、電磁気学の**マクスウェル方程式**も、ひとつの慣性系から別の慣性系へと**座標変換**（視点の変更）ができるはずだ」ということです。

しかし、すでに見たように、マクスウェル方程式を**ガリレイ変換**すると、式の形が壊れてしまいます。特殊相対性原理が成り立つためには、**マクスウェル方程式の形を保つ座標変換**が必要です。

そしてちょうど、19世紀末から20世紀初めにかけて、そんな座標変換が考案されていました。**ローレンツ変換**（73ページ参照）です。これは、力学にも電磁気学にも通用します。

ですから、特殊相対性原理は、「ガリレイ

変換ではなくローレンツ変換を使えば、力学も電磁気学も、ひとつの慣性系から別の慣性系へと視点を変えられますよ」ということをも意味することになります。

特殊相対性理論の成立

こうして成立する特殊相対性理論は、「ひとつの慣性系から別の慣性系に視点を移すときは、力学にも電磁気学にも、ガリレイ変換ではなく、ローレンツ変換を使いましょう」という理論だといえます（22ページ参照）。この理論は、**ニュートン力学とマクスウェル電磁気学を、ひとつに統合**しました。

ローレンツ変換自体を考案したのは**ローレンツ**ですが、この座標変換のもつ意味を正しく理解し、これをもとに革命的な理論体系を作ったのは、ローレンツより26歳も若いアインシュタインです（ローレンツは当初、特殊相対性理論に強硬に反対していました）。

光速度不変の原理と、特殊相対性原理のふたつを設定すれば、自然に特殊相対性理論が導かれます。その結論を大きくまとめると、

❶時間の相対性
❷空間の相対性
❸質量とエネルギーの等価性

の3つです。これらのトピックには、相対性理論の奇妙さと面白さが詰まっています。ひとつずつ見ていきましょう。

05

特殊相対性理論は時間の常識を打ち壊した

この宇宙に「同時」はない

思考実験の準備

特殊相対性理論の結論❶**時間の相対性**については、ふたつのトピックを紹介します。

そのひとつめは、**同時性の不一致**と呼ばれるものです。有名な**思考実験**（想像だけで行う実験）を通して、驚くべき事実をお伝えします。頭の体操になり、とても面白いので、ぜひご一緒にじっくり考えてみてください。

まずは、「ガラス張りで透明な電車の車両」を想像してください。その長さは60メートルで、まん中には「前方と後方に向けて、まったく同時に、同じ速さでボールを発射できるピッチングマシン」があります（マシンの大きさは無視してよいものとします）。この車両内にAさんが乗り、電車の外からBさんが見ているものとします。

この電車を、秒速10メートルで**等速直線運動**させ、さらにピッチングマシンから、秒速30メートルで、❶電車の進行方向に向かうボールと、❷逆方向に向かうボールを、同時に打ち出します。このボール❶❷が、電車の前端と後端にぶつかるまでの運動について、動いている車両内のAさんと、外に立つBさんの、それぞれの視点から考えましょう。

$$R_{\mu\nu}-\frac{1}{2}g_{\mu\nu}R=\frac{8\pi G}{c^4}T_{\mu\nu}$$

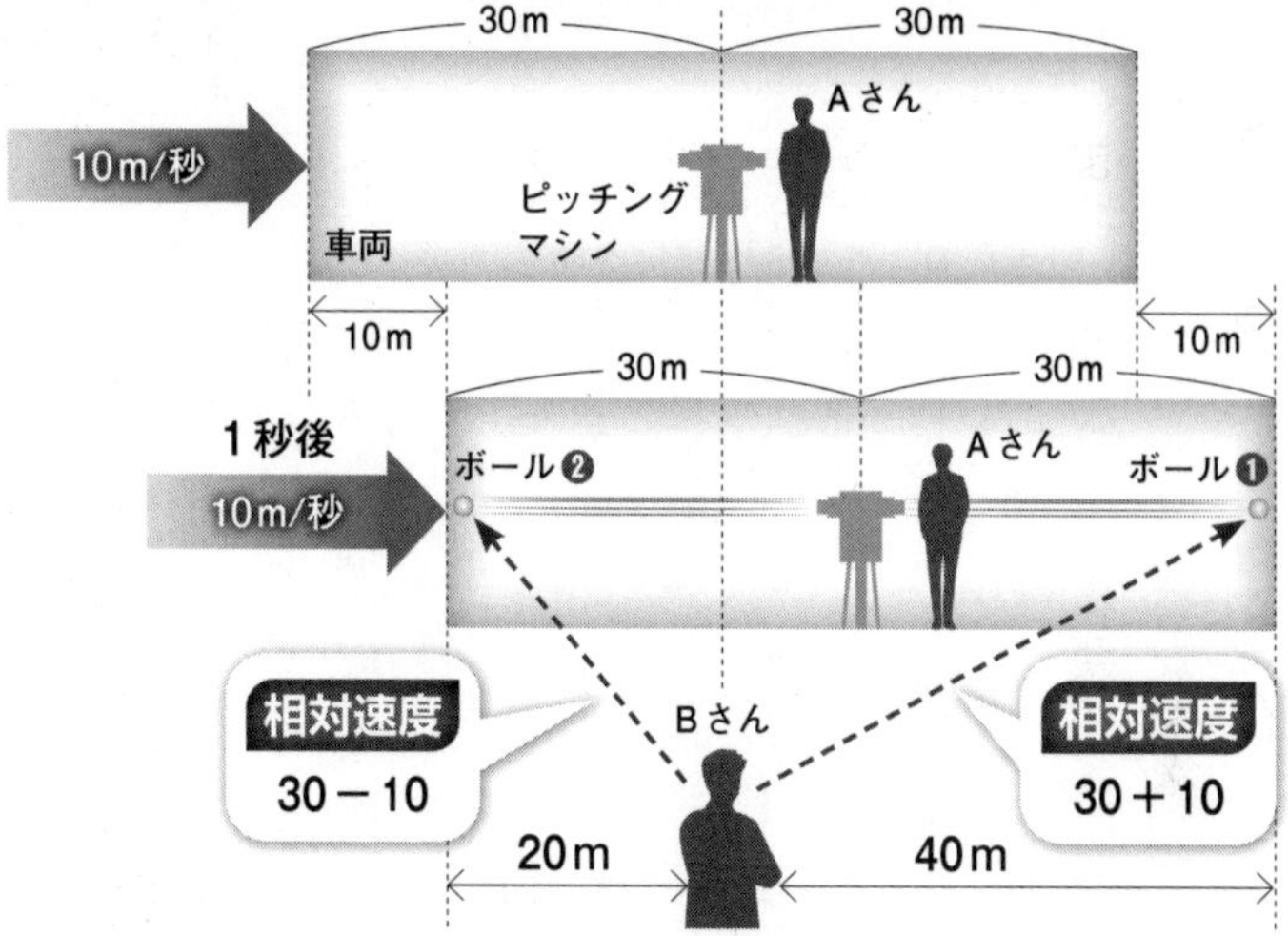

▲ニュートン力学の「速度の合成」で考えると、この場合、Aさんから見てもBさんから見ても「ふたつのボールが両端に同時に衝突した」ように見える。

ふたつの「同時」の一致

Aさんから見ると、自分の足もとは止まっていて、外の景色が動くわけですから、「電車の中は静止し、電車の外が動いている」ように見えます（**ガリレイの相対性原理**）。

Aさんの視点からすると、ボール❶は、30メートルの距離を1秒で進み、前端にぶつかります。またボール❷も、同じく1秒後に後端にぶつかります。ですから、電車の中のAさんから見たふたつのボールは、「同時」に電車の両端に衝突するといえます。

次に、Bさんの視点から見ると、電車は秒速10メートルで動いており、ボールが発射された1秒後には、前端も後端も10メートル分だけ、電車の進行方向にズレています。

ですから、1秒後の前端の位置は「ボールが発射された位置から、電車の進行方向に40メートル進んだところ」です。ところで、Bさんから見たボール❶の**相対速度**は、電車の秒速10メートルとボールの秒速30メートルを足した、秒速40メートルになります。とするとボール❶は、40メートルの距離を1秒で進んで、1秒後に前端にぶつかります。

同じ要領で、Bさんから見たボール❷は、20メートルの距離を秒速20メートルの相対速度で進み、1秒後に後端にぶつかります。

つまり、Bさんから見たふたつのボールも、「同時」に電車の両端に衝突します。このような**ニュートン力学**の範囲では、**AさんとBさんの「同時」が一致する**のです。

「同時」がズレる

さて、じつはここからが思考実験の本番です。今度は、長さ60万キロの超巨大宇宙船が、秒速10万キロ（光速の3分の1）で等速直線運動しているのを想像してください。そしてまん中に「前方と後方に向けて、同時に光を発射するマシン」を置き、光を出させます。

この光は、宇宙船内のAさんと、宇宙船の外のBさんに、それぞれどう見えるでしょうか。こんなに大きくて速いものが実際に「見える」かどうかはさておき、「理屈として、それぞれの視点（**座標系**）で考えるとどうなるはずか」を考察してみましょう。

Aさんから見た場合は、電車のときと同じ

$$R_{\mu\nu}-\frac{1}{2}g_{\mu\nu}R=\frac{8\pi G}{c^4}T_{\mu\nu}$$

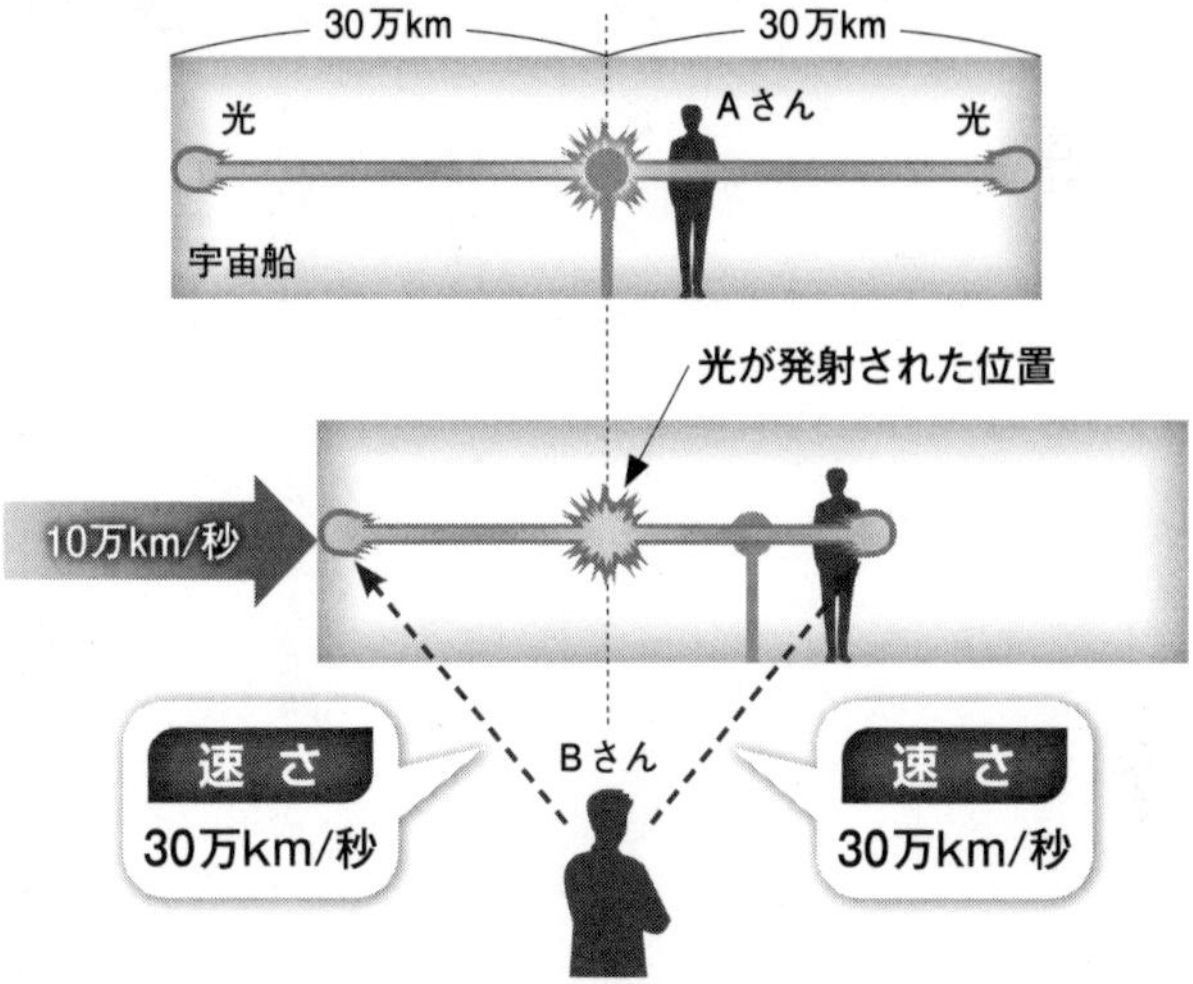

▲相対性理論によると、光の速さは「速度の合成」ができない。そのため、91ページの実験とほぼ同じ設定であるにもかかわらず、ここでは「同時」が崩れる。

です。前方の光も後方の光も、秒速30万キロで1秒進み、同時に両端にぶつかります。

問題はBさんです。光の発射の1秒後、Bさんから見た宇宙船の前端は「光の発射地点から、進行方向に40万キロ進んだところ」、後端は「光の発射地点から、進行方向と逆向きに20万キロ進んだところ」にあります。そして**光は速度の合成ができず、いつも秒速30万キロ**ですから、1秒後、前端にはまだ光が届いておらず、後端にはすでに光が届いているはずです。**「同時」が崩れてしまいました。**

この思考実験の結果は、**離れた場所で起こる出来事には、本当は「同時」がいえない**ことを示しています。あるふたつの出来事について、**「同時」に見える視点**もあれば、**「同時」に見えない視点**もあるのです。

06

動く物体に流れる時間は遅れる

あなたと私の「時間の流れ」は違っている!?

時間に関する不思議

同時性の不一致の話で驚いて、狐につままれたような気分になった方も多いのではないでしょうか。私たちの日常生活で、「同時」は疑いようもないことだと思われていますから、「同時」がズレるというのは、呑み込みづらい話です。

しかし、よく考えてみると、私たちは離れた場所の「同時」をうまく確認できません。

たとえば地球の裏側の人と交信するとき、どんな通信手段を使っても、タイムラグが生じます。そのタイムラグは、離れれば離れるほど（たとえば地球と月）大きくなります。

そう考えると、**宇宙のすべての場所に、「同時」になれないそれぞれの「現在」がある**のではないかという気がしてきます。

というわけで、**特殊相対性理論**の結論❶**時間の相対性**の、ふたつめのトピックに進みましょう。**時間の遅れ**です。

「光時計」の思考実験

ここでも面白い思考実験を紹介します。左

$$R_{\mu\nu} - \frac{1}{2} g_{\mu\nu} R = \frac{8\pi G}{c^4} T_{\mu\nu}$$

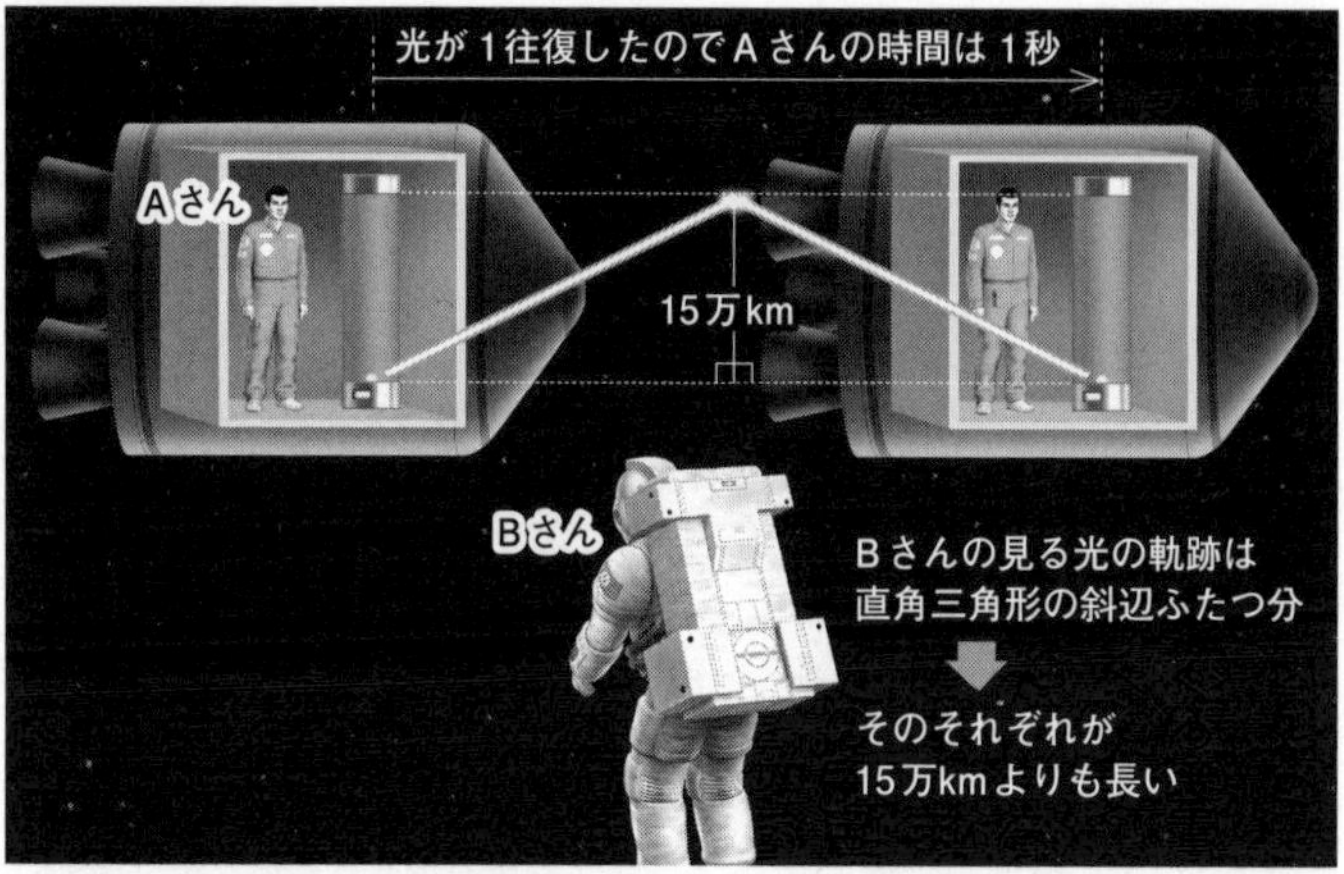
光が1往復したのでAさんの時間は1秒
Aさん
15万km
Bさん
Bさんの見る光の軌跡は
直角三角形の斜辺ふたつ分
そのそれぞれが
15万kmよりも長い

▲宇宙船の中に置かれた「光時計」の1サイクル。宇宙船の中のAさんから見れば、光が30万kmを移動するので1秒だが、宇宙船の外のBさんから見れば、光が30万kmより長い距離を移動するので、1秒より長いはずである（この図では、わかりやすいように各所の長さの比率を変えている）。

▼「光時計」の装置。光が底面から放たれ、上面の鏡に反射して、また底面に戻ると、距離は30万kmになる。光は1秒でこの光時計を1往復する。

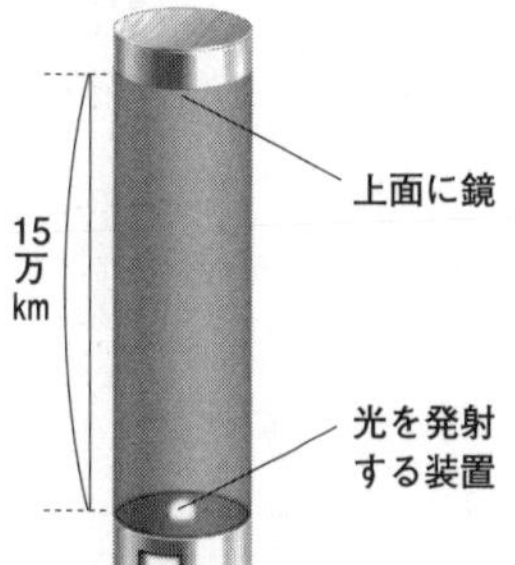
上面に鏡
15万km
光を発射する装置

図のような、光源から上に放たれた光が上面の鏡ではね返って戻ってくる装置を想像してください。全長15万キロ（プラスアルファ）で、光（**秒速30万キロ**）の1往復で「1秒」が測れるので、**光時計**と呼ばれます。

これを宇宙船に乗せ、その宇宙船を、横方向（光時計の上下方向と垂直の方向）に等速直線運動させましょう。そして、光時計と一緒に宇宙船に乗っているAさんと、宇宙船の外のBさんが、それぞれ光時計を観測します。

Aさんから見ると、光は1本のルートを往復します。その30万キロの移動にかかる時間は、いうまでもなく、**1秒**です。

しかし、Bさんから見た光は、光時計の内部を上下方向に往復するだけではなく、宇宙船の動きによって横方向にも移動します。そのため、Bさんから見た光は、光時計の内部を1往復する間に、**30万キロよりも長い距離**を進んでいます。そして、Bさんから見た光の速さは、当然秒速30万キロなので、Bさんから見た光時計の光の1往復には、**1秒よりも長い時間**がかかっています。

つまり、驚くべきことに、Aさんにとっての「1秒」は、Bさんから見ると「1秒よりも長い時間」なのです。

時間の遅れとその相対性

宇宙船の外のBさんは、光時計の仕組みも知っているので、次のように思うでしょう。

——自分が「1秒より長い時間」をすごしている間に、宇宙船に乗って動くAさんには、「1秒」しか経過していない。

そうなのです。止まっている人の視点から見ると、**動いているものに流れる時間は、ゆっくりになる**のです。

しかし、ここで**特殊相対性原理**を思い出してください。特殊相対性原理は、「力学的にも電磁気学的にも、等速直線運動と静止を区別する絶対的な基準はない」とも表現されます（86ページ残照）。

$$R_{\mu\nu}-\frac{1}{2}g_{\mu\nu}R=\frac{8\pi G}{c^4}T_{\mu\nu}$$

動いているものの速さ

動いているものの時間の進み方

$$\Delta t' = \sqrt{1-\left(\frac{v}{c}\right)^2}\;\Delta t$$

止まっているものの時間の進み方

光速（一定）30万km/秒

これが小さくなるほど
動いているものの時間の進み方がゆっくりになる

動いているものの速さ v が大きくなるほど
$\sqrt{\ }$ の全体が小さくなるので
動いているものの時間の進み方がゆっくりになる

▲「時間の遅れ」は、上のような式によって表される。この式からは、「私たちの日常生活に関係するようなスピードでは、時間の遅れを感じないこと」の理由もわかる（速さ「v」が光速「c」に対して遅すぎるから）。数式が苦手な方には、言葉で説明した結論だけ押さえてもらえば十分である。

これを前提にすると、「Aさんの宇宙船が動いていて、外のBさんが止まっている」と判断できる絶対的な基準は、ありません。Aさんの視点からは、「宇宙船は止まっていて、外のBさんが動いている」というふうに見えます。だとしたら、Aさんから見たとき、ゆっくりになっているのはBさんの時間なのではないでしょうか。

じつはそうなのです。**特殊相対性理論では、時間の遅れも相対的**であり、もしも時間を観測し合えるなら、互いに「相手のほうが時間が遅れている」と思うことになるのです。

この不思議な時間の遅れは、第7章であらためて扱いますが、とにかく相対性理論によると、**全宇宙に共通の時間は存在せず、それぞれに固有の時間だけがある**ことになります。

07 動く物体は縮む

「空間の相対性」を表すローレンツ収縮

時間と空間の関係

さて次は、**特殊相対性理論**の結論❷**空間の相対性**です。

私たちが小学校で習う式のひとつに、「**距離＝速さ×時間**」があります（「**速さ＝距離÷時間**」の変形）。距離とは**空間**的なものですから、この式は、**空間と時間の間の深い関係**を示しています。

とすると、時間に奇妙な変動（「同時」のズレや遅れ）が起こるなら、空間にも何か不思議なことが起こるのではないでしょうか。

看板の長さの思考実験

実際、不思議なことが起こるのです。ここでもひとつ、思考実験をしてみます。

等速直線運動している電車を想像してください。この電車が、線路に沿って立っている横長の看板のわきを通過します。このときの、横長の看板の長さを、「距離＝速さ×時間」の式を使って考えてみましょう。

ここでの「速さ」は、電車の速さです。「時間」としては、「電車の先端が、看板の一方の端を通過する瞬間」から、「電車の先端

$$R_{\mu\nu} - \frac{1}{2} g_{\mu\nu} R = \frac{8\pi G}{c^4} T_{\mu\nu}$$

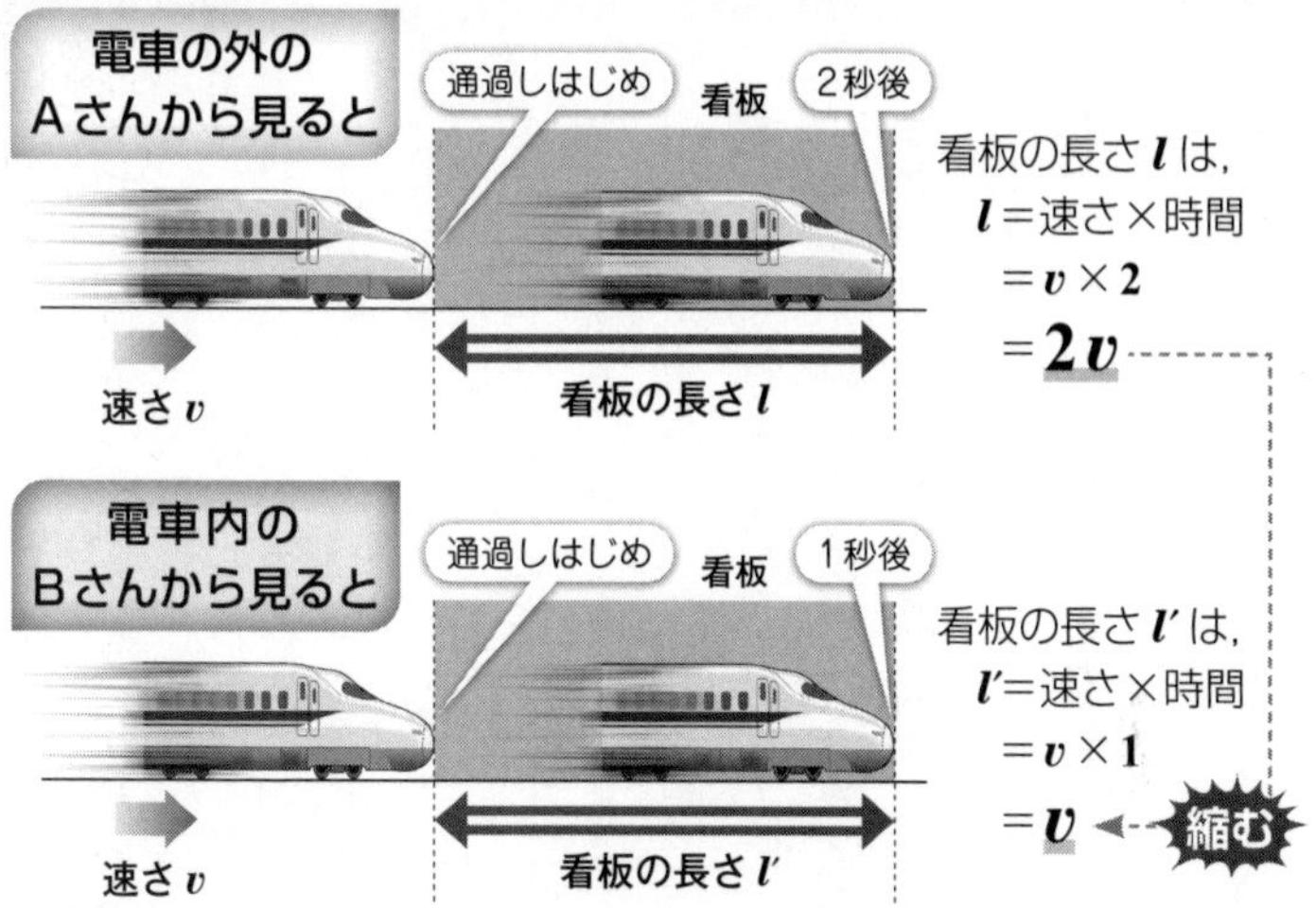

▲同じ看板の長さが、電車の外から見ているAさんの座標系（視点）での計算（上）と、電車内のBさんの座標系（視点）での計算（下）で違ってくる（なお、わかりやすくするため、上図のイラストには空間的な縮みを反映させていない）。

が、看板のもう一方の端を通過する瞬間」まで、何秒かかったかを測ります。

この「速さ」と「時間」をかけると、電車が進んだ「距離」がわかりますが、その「距離」は、看板の長さと同じになるはずです。

そしてここでは、電車の速さは「電車の外のAさんから見ると、電車内のBさんの時間の進み方が、外と比べて半分になるくらい」だとします。たとえば外のAさんから見て、Aさんが2分をすごす間に、電車内のBさんには1分しか時間が流れません。

時間の流れ方の遅れは、運動のスピードが大きいほど大きくなるのですが（97ページ参照）、「時間の進み方が外の半分」とは、相当な速さで走っていることになります。その速さを、vと文字で表してみましょう。

視点によって「長さ」が変わる

さて、電車の外のAさんから見たとき、この電車の先端が看板の横を通過するのに、2秒かかったとします。とすると、Aさんの座標系における看板の長さ（距離）は、「速さv」×「時間2」で、$2v$になります。

一方、電車内のBさんから見たときは、電車の先端が看板の横を通過するのに、1秒しかかかっていません（Aさんの時間の進み方の半分）。ですので、Bさんの座標系における看板の長さ（距離）は、「速さv」×「時間1」で、vになります（普通、「$1v$」の「1」は省きます）。

さあ、おかしなことになりました。この看板の長さは、Aさんから見ると$2v$なのに、Bさんから見るとvに縮んでしまうのです。

さらに確認しなければならないのは、電車の外のAさんの座標系では「電車は運動していて、看板は静止している」けれども、電車内のBさんの座標系では「電車は静止していて、看板は運動している」ということです。**特殊相対性原理**（86ページ参照）からいうと、これらの見方はどちらも間違っていません。静止と等速直線運動を区別する、絶対的な基準は存在しないのです。

とすると、「看板の長さは、静止状態では$2v$だが、動くとvに縮む」ということになります。この思考実験の奇妙な結果は、特殊相対性理論の結論のひとつでもあります。**動く物体は縮む**のです。

動いている速さ

$$l' = \sqrt{1-\left(\frac{v}{c}\right)^2}\, l$$

動いているときの長さ（l'）　止まっているときの長さ（l）

光速（一定）30万km/秒

これが小さくなるほど
動いているときの長さが短くなる

動いている速さ v が大きくなるほど
$\sqrt{\ }$ の全体が小さくなるので
動いているときの長さが短くなる（縮む）

▲「ローレンツ収縮」は、上のような式によって表される。この式からは、「私たちの日常生活に関係するようなスピードでは、空間的な縮みを感じないこと」の理由もわかる（速さ「v」が光速「c」に対して遅すぎるから）。数式が苦手な方には、言葉で説明した結論だけ押さえてもらえば十分である。

固有のものさし

そして、じつはこの「空間的な縮み」こそ、**ローレンツがマイケルソン＝モーリーの実験**の説明のために考案した**ローレンツ収縮**（72ページ参照）です。**アインシュタイン**の理論に組み込まれたローレンツ収縮が意味するのは、「**それぞれの慣性系が、互いに異なる固有のものさしをもっている**」ということです。全宇宙に共通のものさしはないのです。

ちなみに、イギリスの数学者・物理学者**ロジャー・ペンローズ**（206ページ参照）らの計算によると、ローレンツ収縮が実際に見えたとしたら、「縮む」というよりは「回転」として見えるようです。

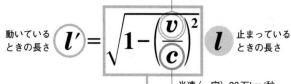

08 質量とエネルギーの等価性

「E = mc²」に込められた意味とは？

「世界一有名な数式」

特殊相対性理論の結論❸は、**質量とエネルギーの等価性**です。これは、特殊相対性理論の中で自然に導き出された、「$E = mc^2$」というきわめてシンプルな数式によって表現されます。

「$E = mc^2$」は、「世界一有名な数式」とも評されるほどで、この数式自体を知っている、見たことがあるという人は多いと思います。

しかし、この式の非常に深く面白い意味は、だれもが理解しているわけではないようです。

それぞれの文字の意味

この式の、Eは物質の**エネルギー**（52ページ参照）、mは物質の**質量**（44ページ参照）、cは**光速**（**秒速30万キロ**）です。エネルギーと質量の値は、物質によって変わる**変数**《へんすう》です。

一方、光速cは、つねに一定の**定数**《ていすう》です。その2乗であるc^2も、決まった値の定数です。

この式は、「質量の値に、決まった値（光速の2乗）をかけると、エネルギーの値になる」というふうに読めます。逆にいうと、「エネルギーの値を、決まった値（光速の2

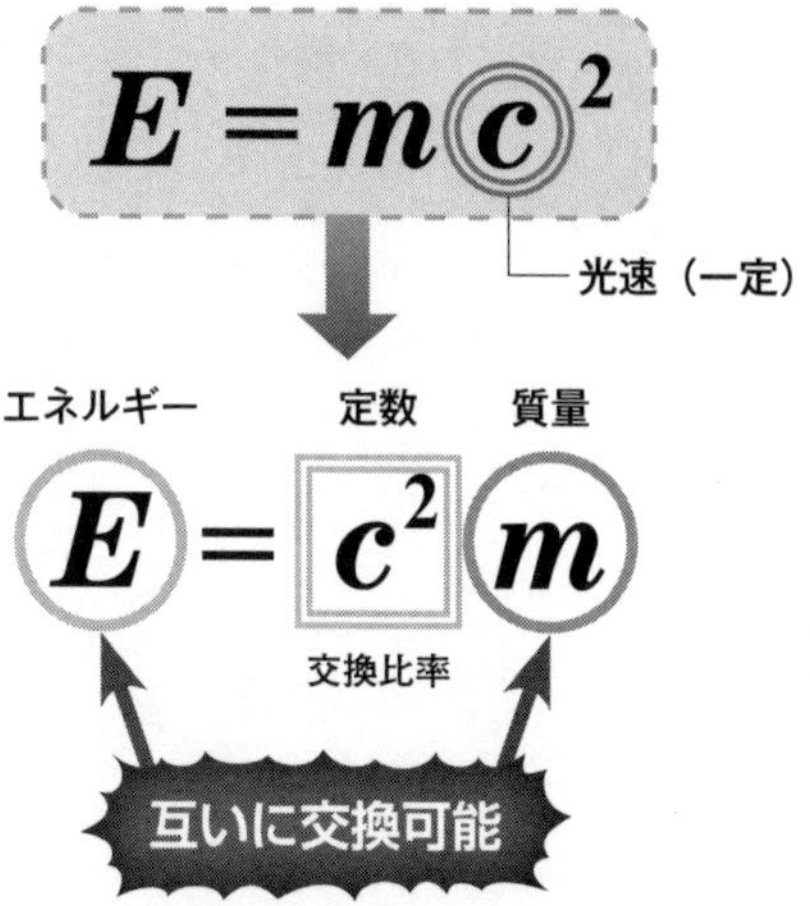

▲有名な「$E=mc^2$」の式は、特殊相対性理論から自然に導かれた。この式は、「エネルギーと質量が、互いに交換可能であること」を示している。

乗）で割ると、質量の値になる」です。

これはどういう意味でしょうか。「お金」にたとえて説明しましょう。

日本の通貨は「円」、アメリカの通貨は「ドル」で、互いに両替できます。昔は「固定相場制」といって、交換比率は「1ドル＝360円」に設定されていました（今は「変動相場制」で、交換比率は随時変わります）。

この交換比率について、yとdという変数の記号を使って、「日本のy円が、アメリカのdドルとつり合う」とします。すると、「1ドル＝360円」は、「$y=360d$」と表せます。たとえば、1ドル（$d=1$）とつり合うのは360円、2ドル（$d=2$）とつり合うのは720円、と計算できますね。

さて、「$E=mc^2$」は、「$E=c^2m$」と変形で

きます。こうすると、「$y=360d$」と同じ形なのがわかります。**エネルギーの値Eと、質量の値mは、固定された交換比率c^2を介して交換できる**のです。

互いに交換できるのは、同列の価値をもつからです（ドルと円は、「通貨である」という意味で同列です）。これが**等価性**です。質量とエネルギーを交換できることは、「質量とエネルギーの等価性」と呼ばれます。

「物質」の正体

私たちは普通、物質の質量とエネルギーを、まったくの別物だと思い込んでいます。

しかし、質量とエネルギーの等価性から物質を見ると、**物質の質量とは、膨大なエネルギーが姿を変えたものだ**といえます。

たとえば、たった1グラムの物質の質量を、すべて変換することができたら、23万リットルもの石油を燃やしたときと同じ量のエネルギーが得られるといいます。

じつは、質量がエネルギーに変わる現象は、いつも起こっています。

太陽などの**恒星**《こうせい》のエネルギーは、**核融合**《かくゆうごう》という現象によって、質量から変換されたものです。

また、**核分裂**《かくぶんれつ》という現象を利用して質量からエネルギーを取り出す**原子爆弾**や**原子力発電**も、質量とエネルギーの等価性の理論から（アインシュタインの予想や意図を超えて）考案されました。

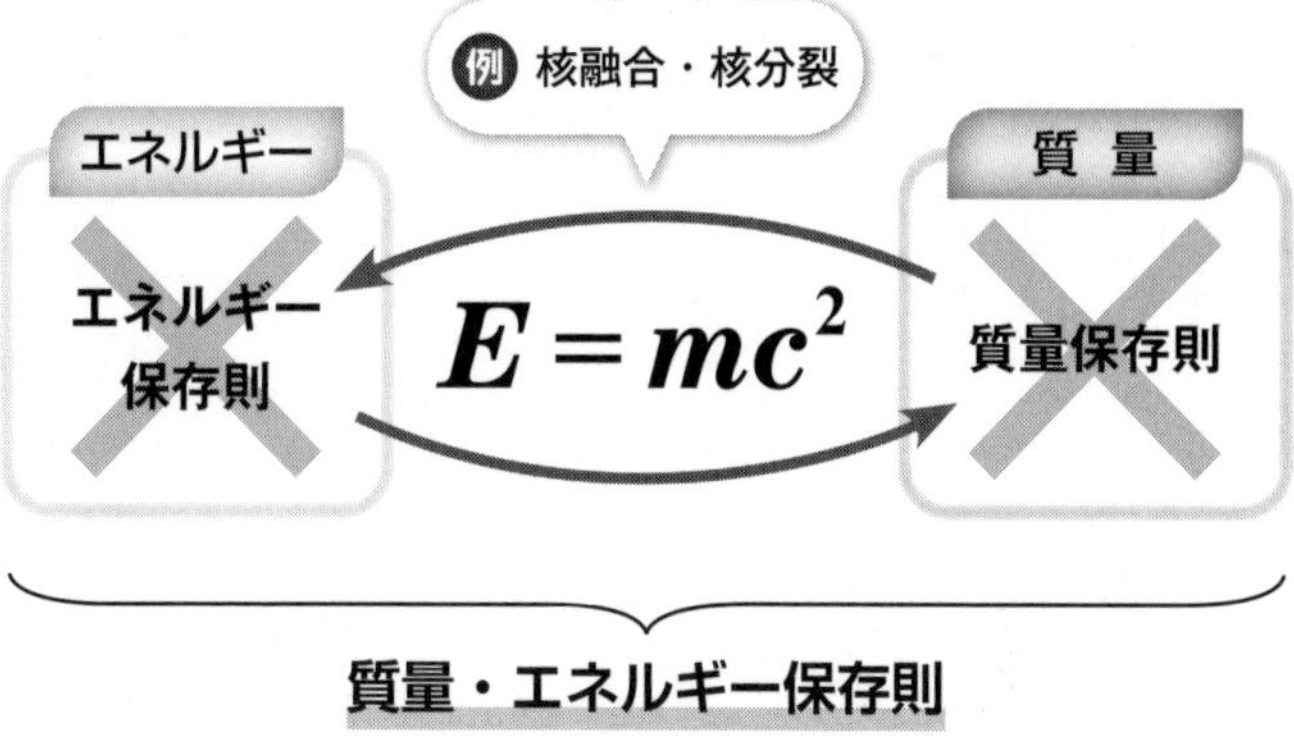

▲質量がエネルギーに変わる現象は、実際に存在する。つまり、「エネルギー保存則」と「質量保存則」は破れているのである。不変なのは、質量とエネルギーを合わせた総量であり、「質量・エネルギー保存則」を考えなければならないことがわかった。

質量・エネルギー保存則

20世紀初頭までは、「何かの出来事の前後で、エネルギーの総量が変わることはない」という**エネルギー保存則**（52ページ参照）と、同じように「何かの出来事の前後で、質量の総量が変わることはない」とする**質量保存則**が信じられていました（実際、**近似**としてはそれで十分な場合がほとんどです）。

しかし、質量とエネルギーの等価性の発見により、このふたつの保存則が破れていることがわかったのです。変わらないのは、質量とエネルギーそれぞれの総量ではなく、質量とエネルギーを合わせた総量です。新たに、**質量・エネルギー保存則**が作られました。

09

単なる「足し算・引き算」ではなかった!!

速度の合成は本当はこうなる

光速度不変と相対速度の不思議

ここまで、**特殊相対性理論**から導かれる不思議な結論をいろいろと紹介してきました。

それにしても一番不思議なのは、「光の速さは足し算・引き算できない」という**光速度不変の原理**（82ページ参照）ではないでしょうか。「自動車や新幹線なら、足し算・引き算で**相対速度**を出せるのに、光だけそれができない」なんて、やっぱり腑《ふ》に落ちない人も多いと思います。そして、さまざまな奇妙さは、この前提から出てきています。

より厳密な相対速度

じつは、**ニュートン力学**で、相対速度を**ガリレイ変換**的な単純な足し算・引き算で求めるのは、**近似**にすぎないのです。

特殊相対性理論には、**ローレンツ変換**にもとづく**厳密な相対速度の求め方**があります。それを使えば、「運動が遅いときには、足し算・引き算で十分であること」が、比較的簡単な計算でわかります。

数式が苦手でない方は、左図で確認してみてください。

$$R_{\mu\nu} - \frac{1}{2} g_{\mu\nu} R = \frac{8\pi G}{c^4} T_{\mu\nu}$$

公式❶ ニュートン力学での速度の合成

相対速度　$V=v_1+v_2$ ← ガリレイ変換

↓ より厳密に

公式❷ 特殊相対性理論での速度の合成

相対速度　$V=\dfrac{v_1+v_2}{1+\dfrac{v_1 v_2}{c^2}}$ ← ローレンツ変換

運動する物体の速さ v_1, v_2 が,
光速 c と比べてとても小さいとき,

$$V=\frac{v_1+v_2}{1+\boxed{\dfrac{v_1 v_2}{c^2}}}$$

→ これがとても小さくなる　ほぼ0と考える

$$\fallingdotseq\frac{v_1+v_2}{1+0}$$

$$=\frac{v_1+v_2}{1}$$

$$=v_1+v_2$$

← ニュートン力学と同じ

▲特殊相対性理論には、ニュートン力学の「ガリレイ変換」にもとづく相対速度の求め方よりも厳密な「速度の合成」がある。

10

質量ゼロのものだけがその速さに達する

光速は宇宙の最高速度

合成された速度は光速を超えない

前の項目で紹介した、**特殊相対性理論**での**速度の合成**の公式❷は、「光の速さは、絶対に同じ」という**光速度不変の原理**を満たすように作られています。ですから、「どんな速さvで運動する視点から見ても、光の（相対）速度は**光速** c（秒速30万キロ）になる」ことも、計算で確かめられます。これも、数式が苦手でない方は、左図で確認してみてください。公式❷では、たとえ光速と光速を合成しても、相対速度は光速を超えません。

では、速度の合成とは別の話として、ある程度の速さで運動している物体に、力を加えて加速していくと、光速を超えられるでしょうか。

光速とは何か

じつは、これも不可能です。

特殊相対性理論によると、速く動く物体ほど、時間の流れがゆっくりになります。そのせいで、加速するのにも時間がかかります。

そしてどんなに**時間をかけても、光速に達す**

公式❷ 特殊相対性理論での速度の合成

相対速度 $$V=\frac{v_1+v_2}{1+\frac{v_1 v_2}{c^2}}$$

速さ v で運動する視点から光を見たとき，
その光の（相対）速度は，ちゃんと c になるか？

$$V=\frac{v+c}{1+\frac{vc}{c^2}}$$

← 上の公式❷で $v_1=v,\ v_2=c$

約分

$$=\frac{v+c}{1+\frac{v}{c}}$$

分母子に c をかける

$$=\frac{c(v+c)}{c+v}$$

$v+c=c+v$ なので約分できる

$$=c$$

どんな速さの視点から見ても光の速さは c

▲特殊相対性理論の「速度の合成」は、「光速度不変の原理」を満たしている。何らかの速度を光速と合成しても、相対速度が光速を超えることはない。そして、光速はこの宇宙の最高速度であり、光速を超える運動や情報伝達は存在しえない。ちなみに、運動や情報伝達以外の速度は、光速を超えてもよい。

るまでの加速はできないのです。

ここから、**「この宇宙における運動（情報伝達も含む）の最高速度は、光速 c である」**という、非常に重要な結論が得られます。

これは「偶然、光が宇宙で最も速いもので、その速さが秒速30万キロだった」ということではありません。この宇宙は、「物体が運動するとき、実現しうる最高速度は c（秒速30万キロ）」という仕様になっているようなのです。

「最も速い」とは、**「動かしにくさ」がゼロ**であることを意味します。つまり、**質量がゼロの物体は、光速 c で運動します**。光も、質量がゼロなので、秒速30万キロで進むのです。

11 「時空」の概念

時間と空間を切り離して考えることはできない

▼時間と空間の連動

ニュートン力学では、**時間**と**空間**はそれぞれ独立した、絶対的なものだとされていました。しかし、その**絶対時間**と**絶対空間**の概念は、**特殊相対性理論**によってゆるがされます。

98ページから紹介した思考実験を、もう一度見てください。**時間の遅れ**と**空間的な縮み**は、連動しています。じつは特殊相対性理論は、「**時間と空間を切り離して考えることはできない**」ということを教えてくれるのです。

そのことに気づいたのは、ドイツの数学者**ヘルマン・ミンコフスキー**（1864～1909年）でした。彼はかつて、学生時代の**アインシュタイン**に数学を教えたこともありました。

▲ミンコフスキー。

学生時代はあまり真面目ではなかったアインシュタインが、革新的な理論を発表したと聞いたミンコフスキーは、特殊相対性理論にふれて驚きます。そして、特殊相対性理論を独自に検討した結果、時間と空間を同列に扱う**時空**《じくう》という概念を、数学的に見いだすことになったのです。

$$R_{\mu\nu}-\frac{1}{2}g_{\mu\nu}R=\frac{8\pi G}{c^4}T_{\mu\nu}$$

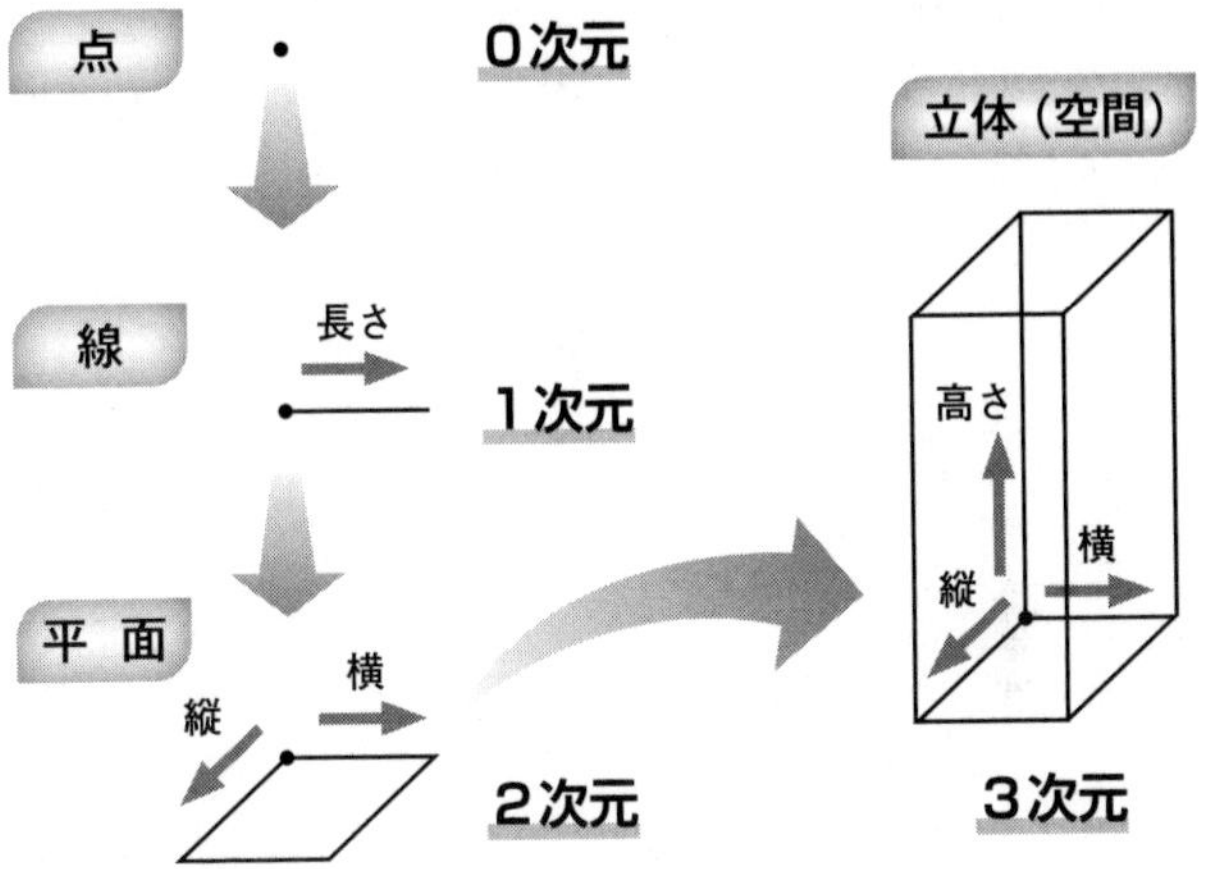

▲空間の1～3次元。これをさらに、時間の方向に1次元分広げたものが、「4次元時空」である。

4次元とは何か

47ページで、空間が**3次元**であること、**次元**とは「方向の広がり」であることにふれました。ここで少し見方を変えると、次元とは、**もののありかを表現するのに必要な要素の数**だということもできます。

じつは、私たちが現実に生きているこの世界では、空間的位置だけでは、もののありかは表現できません。たとえば「会議室の鍵を、このフックにかけておいて」と指示すれば、鍵の空間的位置は指定できたことになりますが、あなたがいざ会議室を開けようと思ってフックを見たとき、そこに鍵があるとは限りません。時間を指定していないからです。

私たちがもののありかを間違いなく指定するには、3次元分の空間に、1次元分の時間を加えた、**4次元**で表現する必要があるのです。私たちは、4次元の時空を自然に認識しながら生きているといえます。

時空図の考え方

ミンコフスキーは、時間を空間の一方向と同じように扱う**4次元時空**の考え方を生み出しました。これを視覚的に表現するのが、時間座標を空間的に表す**時空図**《じくうず》です。

4次元時空そのものは4方向への広がりをもちますが、わかりやすいように次元を落として表現します。まずは2次元（縦と横の2方向への広がり）の時空図を見てみましょう。

縦軸で時間1次元分の広がりを表し、横軸で空間3次元分の広がりをまとめて表します。

縦の**時間軸**と横の**空間軸**が交わる**原点**《げんてん》は、**座標系**（36ページ参照）の視点です。たとえばあなたの「**今・ここ**」だと思ってください。

時間は、下から上に流れます。原点より下が**過去**、原点のところが**現在**で、そこから上に行くほど**未来**です。空間は、原点から水平方向に離れるほど「遠く」になります。

物体は時間方向に伸びる

この時空図で、時間軸に垂直（空間軸に平行）に引いた直線は、**同時刻**を表します。た

$$R_{\mu\nu}-\frac{1}{2}g_{\mu\nu}R=\frac{8\pi G}{c^4}T_{\mu\nu}$$

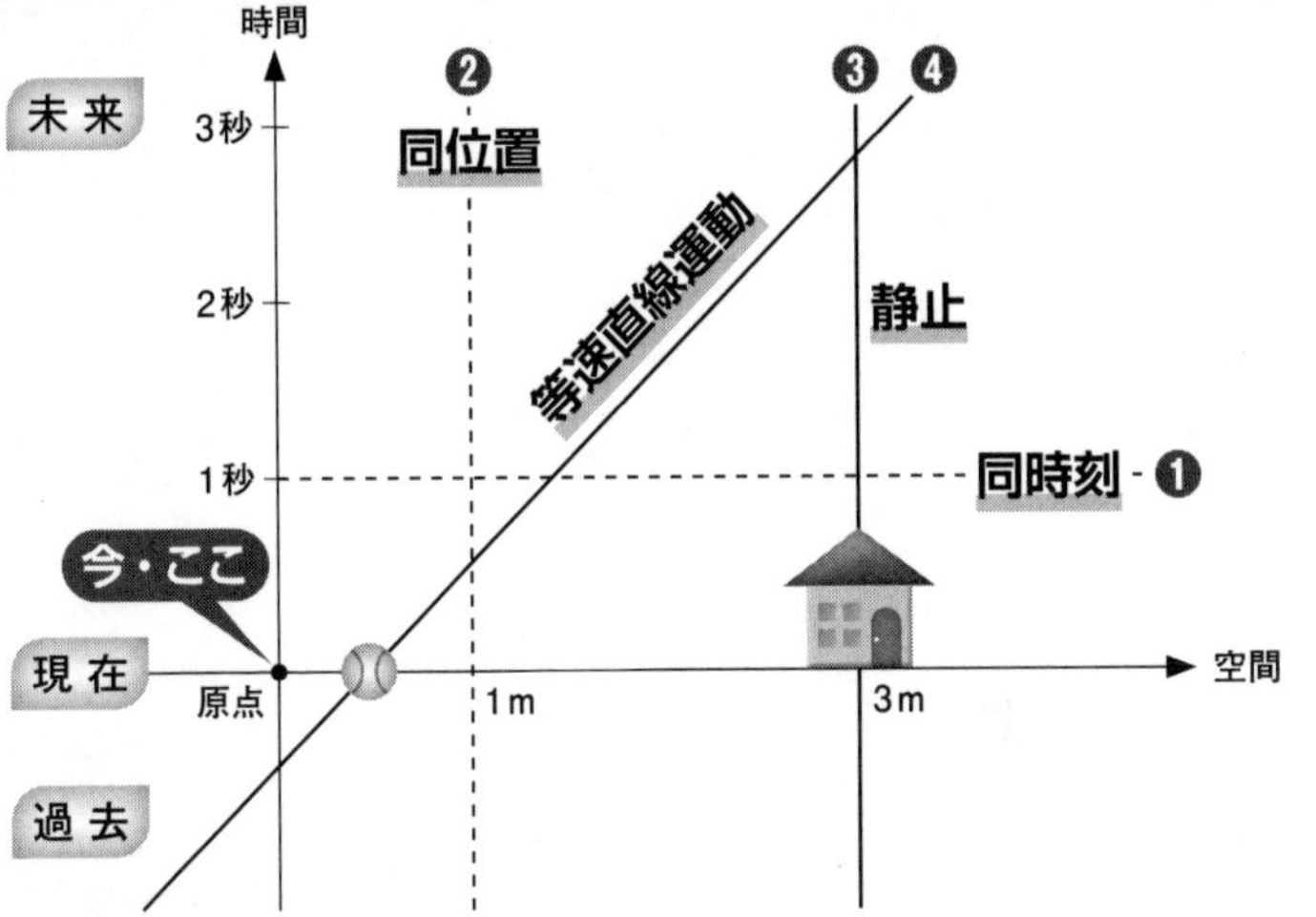

▲2次元で表現した「時空図」。物体は時間軸方向に伸びた線として表現される。私たちは、時間軸方向に伸びる存在を、瞬間ごとに「同時刻」の横線で切って、その断面を「現在」として認識しているといえる。

とえば、時間軸上の「1秒」の目盛りから、横に点線❶を引くと、❶はこの座標系での「1秒（後）」のラインです。

また、空間軸に垂直（時間軸に平行）に引いた直線は、**同位置**を表します。空間軸上の「1メートル」の目盛りから、縦に点線❷を引くと、❷はこの座標系での「1メートル（離れた場所）」のラインになります。

今、原点（視点）から3メートル離れたところに家が建っていたとしたら、その家は直線❸のように表現されます。ある空間的位置で止まって動かない（同位置にある）物体も、**時間方向に伸びる線**として表されるのです。

また、等速で運動する物体は、時間方向に伸びながら空間方向（横）にズレるので、**斜めの傾きをもつ直線**として表されます（❹）。

12 ミンコフスキーの光円錐

「時空」の中の因果関係を図形的にとらえる

ミンコフスキー・ダイアグラム

特に、**光の速さ**を基準にした**時空図**を、**ミンコフスキー・ダイアグラム**といいます。

光の速さが基準とはどういうことかというと、**秒速30万キロという光速 c が、45度の傾きとして表される**ように、時間軸と空間軸の目盛りを設定するのです。つまり、光は1秒に30万キロ進むわけですから、時間軸（縦軸）の「1秒」の幅と、空間軸（横軸）の「30万キロ」の幅が同じになるようにするのです。また、光が1年に進む距離を**1光年**《こうねん》といいますので、時間軸の「1年」の幅と、空間軸の「1光年」の幅は同じになります。

世界線

今、**原点**（あなたの視点）から、宇宙の全方向に向けて光を放ったとします。縦軸と横軸だけのミンコフスキー・ダイアグラムでは、「宇宙の全方向」は、「空間方向の右か左か」でしか表現できません。ですからこの光の運動は、右方向に45度の傾きの直線❶と、左方向に45度の傾きの直線❷だけで表されます。

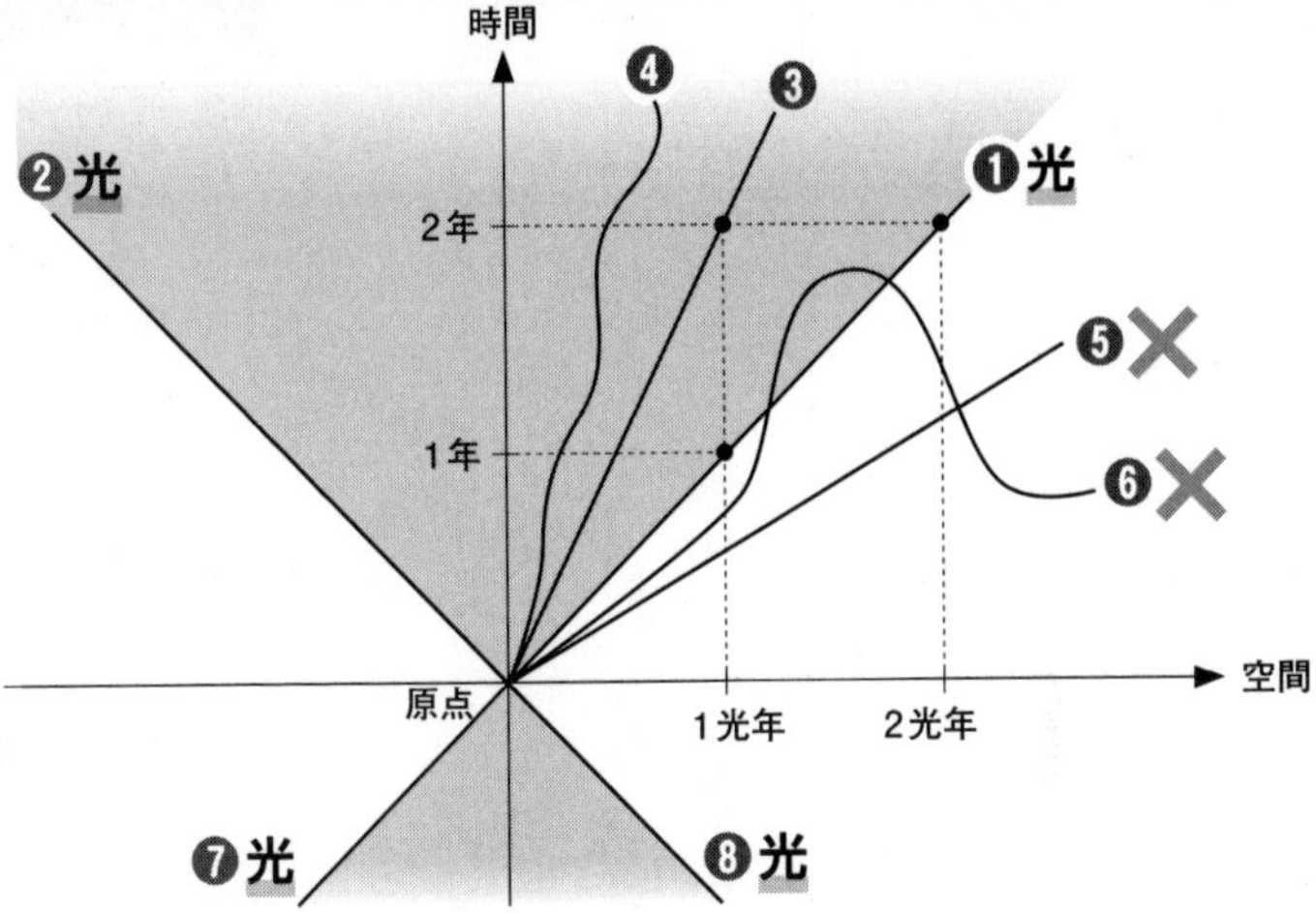

▲2次元で表現した「ミンコフスキー・ダイアグラム」上の、さまざまな「世界線」。光の「世界線」である❶❷❼❽が基準となっている。「原点」に存在するものは、時空の中のアミカケされていない領域と、因果関係を結べない。

このように、何かの運動をミンコフスキー・ダイアグラム上に表した線（軌跡《きせき》）を、**世界線**《せかいせん》といいます。

もし、この光が放たれるのと同時に、光速の半分の速さで飛べる宇宙船が、原点から右側に等速で飛んでいったら、その世界線は、光の世界線❶の倍の傾きをもつ、縦方向に立った線❸になります（30万キロに2秒、1光年に2年かかるので）。速さを変えながら運動する物体の世界線は、たとえば❹のようになるでしょう。

また、光より速く運動できる物体があったら、たとえば❺や❻のように、より空間軸に近い世界線で表されるはずですが、**特殊相対性理論**からすると、このような世界線はありえません。**光速は宇宙の最高速度**だからです。

因果関係の限界

さて、原点にいるあなたが、「宇宙人に届けたい」と思い、宇宙にメッセージを送るとします。その通信手段として、光（電磁波）より速いものは存在しません。ですから、どんな通信手段を用いたとしても、あなたのメッセージは、前ページの図の❶と❷（光の世界線）ではさまれた領域にしか届きません。

空間的な限界の話ではありません。たとえば1光年先の宇宙人にも、最速で1年で届く可能性がありますが、1光年先の宇宙人に半年で届けることはできない、ということです。

この**光の世界線**ではさまれた上側の領域は、**原点で起こった事象が、影響を及ぼしうる範囲**です。たとえば、原点で爆発が起こったとします。どんなに大規模な爆発でも、10光年先には、10年以上たたないと情報すら伝わりません。「10光年先・9年後の宇宙人」には、何の影響も与えられないのです。❶と❷は、**未来方向の因果関係の限界**だといえます。

同じように、前ページの図の下側について考えてみましょう。原点にいるあなたに、宇宙のいろいろな方向から光が届いているとします。その光は「過去の遠く」からやってきたものなので、❼と❽のような世界線になります。そして、❼と❽ではさまれた下側の領域は、原点に影響を及ぼしうる範囲であり、❼と❽は、**過去方向の因果関係の限界**です。

ここで、少しだけ複雑になりますが、空間の広がりの軸を、2本に増やしてみましょう。

$$R_{\mu\nu}-\frac{1}{2}g_{\mu\nu}R=\frac{8\pi G}{c^4}T_{\mu\nu}$$

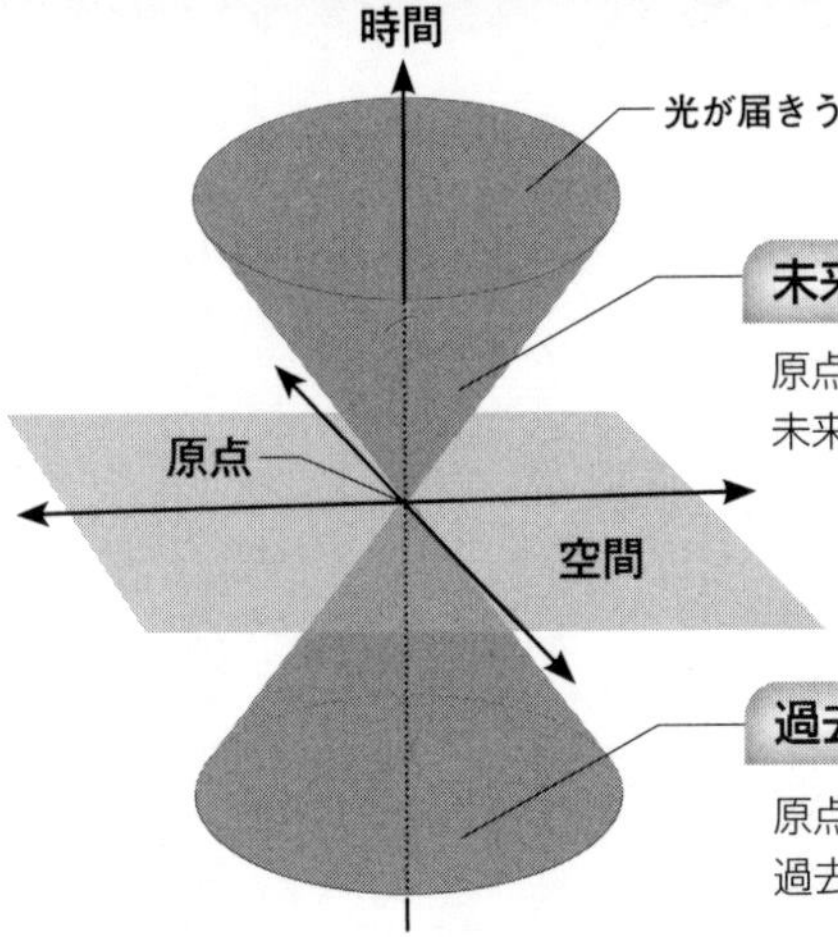

▲3次元で表現した「ミンコフスキー・ダイアグラム」。「原点」（今・ここ）で起こる事象から影響を受ける可能性のある事象は、すべて「未来光円錐」に含まれる。また、「原点」で起こる事象に影響を与える可能性のある事象は、すべて「過去光円錐」に含まれる。

光円錐

上図を見てください。横軸1本だけで表現されていた空間が、2本の軸で面的な広がりをもちました。

この図では、**光の世界線で囲まれた領域**が、ふたつの円錐《えんすい》となっています。これらを**光円《こうえん》錐《すい》**といいます。上側の、未来の因果関係の範囲は、**未来光円錐**と呼ばれ、下側の、過去の因果関係の領域は、**過去光円錐**と呼ばれます。

ミンコフスキーが1908年に考案したこの方法により、**4次元の幾何学**として相対性理論を扱えるようになりました。この図形的な発想は、**アインシュタイン**が**一般相対性理論**を構築する際にも役立つことになります。

ミューオンの寿命

この第3章では、**特殊相対性理論**の面白さを、たっぷりとお伝えしてきました。しかし、ちょっと信じられないような話が次々に出てくるので、まだ「本当なの?」と思っている人も多いのではないでしょうか。

一般的にいって科学とは、「絶対的な真理」ではありません。科学とは、**一定の手続きによって、「正しい」と、現在のところ認められているもの**にすぎません。そのとても大事な手続きが、**実験**や**観察**です。そして、特殊相対性理論は現在のところ、実験・観察によって、正しいと認められています。

「光よりもずっと遅い運動だと、特殊相対性理論的な現象はほとんどわからない」という話も何度もしてきましたので、実験や観察といってもピンとこないかもしれませんが、たとえば有名なのが、**ミクロの粒子の寿命**です。

宇宙空間から地球に降り注ぐ**宇宙線**《うちゅうせん》が、地球の大気と衝突すると、**ミューオン**という極小の粒子が生じます。この粒子は不安定で、100万分の2・2秒で崩壊します。そんな短い時間では、光速でも660メートルしか進めないはずなのですが、実際は20キロほど進み、地上でも観測されるのです。

これは、地上から見ると、**高速で進むミューオンに流れる時間が遅くなっているから**です。ミューオンから見ると、地球が大気ごと高速で迫ってきており、その分、進むべき空間が**ローレンツ収縮**しているのです。

第4章

一般相対性理論の世界

01 特殊相対性理論の問題点

加速度系と重力を扱うにはどうすればよいのか

問題点❶ 慣性系にしか使えない

アインシュタインが1905年に発表した**特殊相対性理論**は、**ニュートン力学**と**マクスウェル電磁気学**の矛盾を解消する画期的な理論であり、偉大な達成です。しかし、この理論には、ふたつの大きな問題点がありました。

ひとつは、**特殊相対性原理**による制約です。特殊相対性理論の前提とされた特殊相対性原理は、「すべての**慣性系**において、同じ物理法則が成り立つ」というものでした（86ページ参照）。つまり、特殊相対性理論は、**等速直線運動する座標系**にしか使えないのです（20ページも参照）。運動の速さや方向の変化する**加**《か》**速**《そく》**度**《ど》**系**《けい》は、理論に含まれていません。これではまだ、万能の理論とはいえません。

問題点❷ 重力の理論がない

もうひとつの問題点は、**ニュートン**の**万有引力**の理論（42ページ参照）との矛盾です。

ニュートンの理論では万有引力（**重力**）は、離れた場所に時間ゼロで伝わる、**速さが無限大**の**遠隔作用**だとされました（45ページ参

$$R_{\mu\nu} - \frac{1}{2} g_{\mu\nu} R = \frac{8\pi G}{c^4} T_{\mu\nu}$$

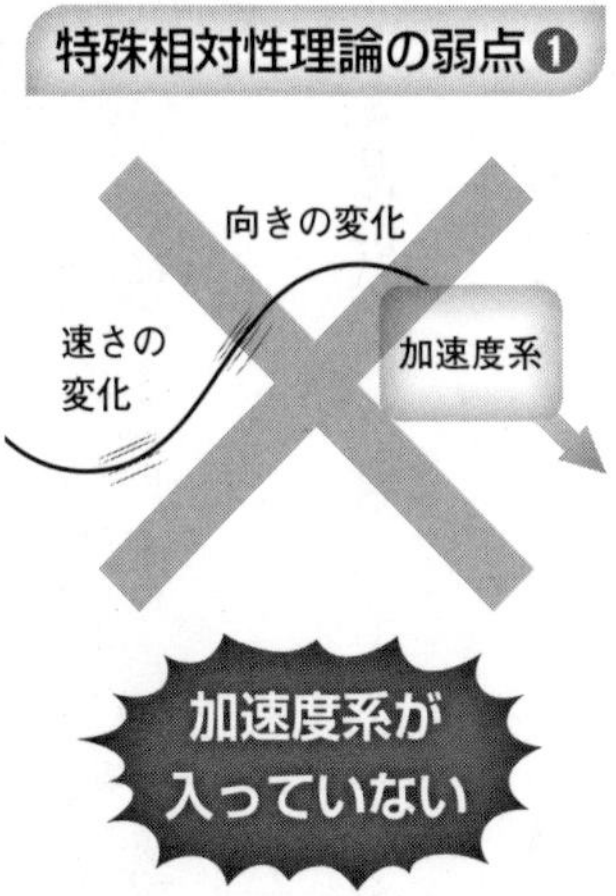
特殊相対性理論の弱点❶
向きの変化
速さの変化
加速度系
加速度系が入っていない

特殊相対性理論の弱点❷
重力が入っていない

▲特殊相対性理論には、ふたつの「弱点」があった。これらを解消することで、「一般相対性理論」が生まれる。

照）。これは、「光速を超える情報伝達はありえない」という特殊相対性理論の主張（１０８ページ参照）に矛盾します。

ニュートン理論において重力の速さが無限大だとされたのは、**場の理論**（５７ページ参照）が確立されていなかったからだといえます。つまり、重力が**近接作用**として空間（場）を伝わっていくメカニズムが理論化されなかったせいで、「離れていても一瞬で伝わる」ということにされたのです。

そこでアインシュタインは、特殊相対性理論に、重力が光速を超えないスピードで場を伝わるメカニズムを組み込もうと試行錯誤しました。しかし、なかなかうまくいきません。

そんなアインシュタインが突破口を見つけたのは、１９０７年のことでした。

02 最高のひらめき 等価原理

慣性力と重力は原理的に区別できない

突然の思いつき

アインシュタイン自身が、1922年に京都で行われた講演で語ったところによると、彼は1907年、ベルンの特許庁でイスに座っているとき突然、「**自由落下**する人は、自分の重さを感じないに違いない」という考えに打たれたそうです。

これを、わかりやすいイメージにしてみましょう。エレベーターに乗っている人を思い浮かべてください。今、このエレベーターのワイヤーが切れたとします。するとエレベーターは**重力**に引かれて自由落下しますが、中の人は、まるで無重力になったかのように、エレベーター内で浮くはずです。

重力と慣性力

中の人にも重力ははたらいているはずなのに、なぜふわふわと浮くのでしょうか?

それは、下向きに**加速**させる重力と、上向きの**慣性力**《かんせいりょく》が、打ち消し合うからです。

ニュートン力学では、加速（速度変化）したときに感じられる力が、慣性力と呼ばれま

$$R_{\mu\nu} - \frac{1}{2} g_{\mu\nu} R = \frac{8\pi G}{c^4} T_{\mu\nu}$$

す。電車が急発進（加速）すると、乗っている人は電車の進行方向と逆向きによろけますが、あれが慣性力の例です。加速の方向と逆向きに、「これまでの状態を保とうとする力」がはたらいているように感じられます。

「等速直線運動（静止も含む）をしている物体は、外から力を加えられない限り、その状態を維持する」という**慣性の法則**（38ページ参照）を思い出してください。**慣性**とは「加速（速度変化）するまいと抵抗するはたらき」であり、その現れが慣性力だといえるでしょう。

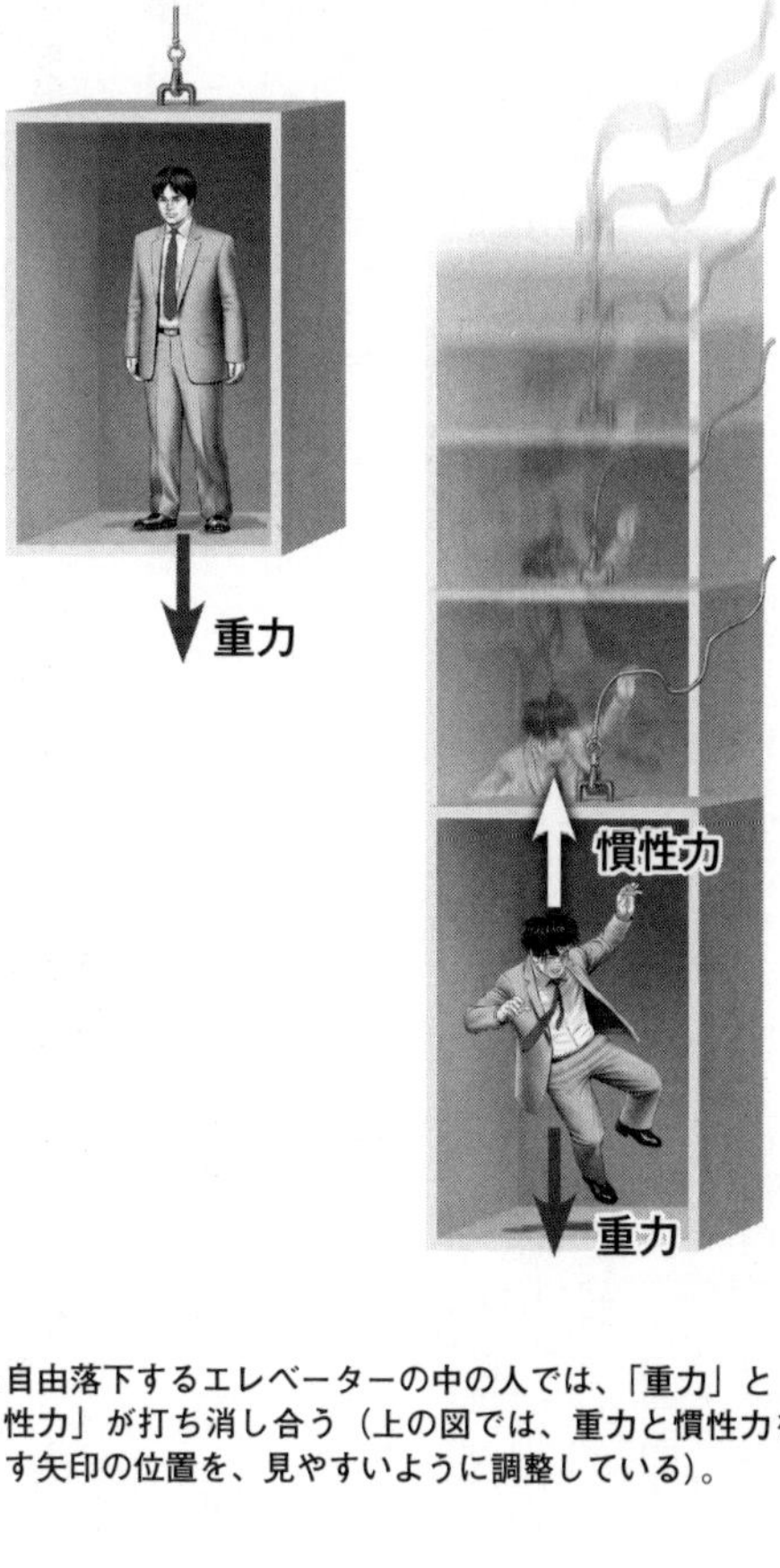

▲自由落下するエレベーターの中の人では、「重力」と「慣性力」が打ち消し合う（上の図では、重力と慣性力を表す矢印の位置を、見やすいように調整している）。

等価原理の発見

ただし、ニュートン力学によると、慣性力は**見かけの力**であり、「加速と逆向きの力」が実際にはたらくわけではない、とされます。

電車の例でいうなら、電車と接している足が加速の方向に引っ張られているのに、体は慣性の法則に従ってそれまでの状態を維持しようとするため、逆向きの力が加えられたかのように感じるだけだ、というのです。

しかし、落下するエレベーター内部の座標系では、重力と慣性力がぴったりと相殺され、まるで無重力のような状態になっています。実際にふたつの「力」がつり合っているのに、片方だけが「本物の力」で、もう片方は「見かけの力」だと考える必要はあるのでしょうか？

ここからアインシュタインは、「**慣性力は、原理的にいって、重力と区別できないものだ**」と考えました。つまり、**慣性力と重力は同じもの**だとみなしたのです。

これこそ、アインシュタインが「生涯で最もすばらしいひらめき」と呼ぶアイデア、**等価原理**です。

「等価原理」といえば、すでに44ページに「**慣性質量と重力質量**は等しい」という形で出てきました。その時点では「慣性質量と重力質量という、まったく性格の違う2種類の質量が一致すること」は不思議でしたが、「そもそも慣性力と重力は等価だった」と考えれば、不思議ではなくなります。

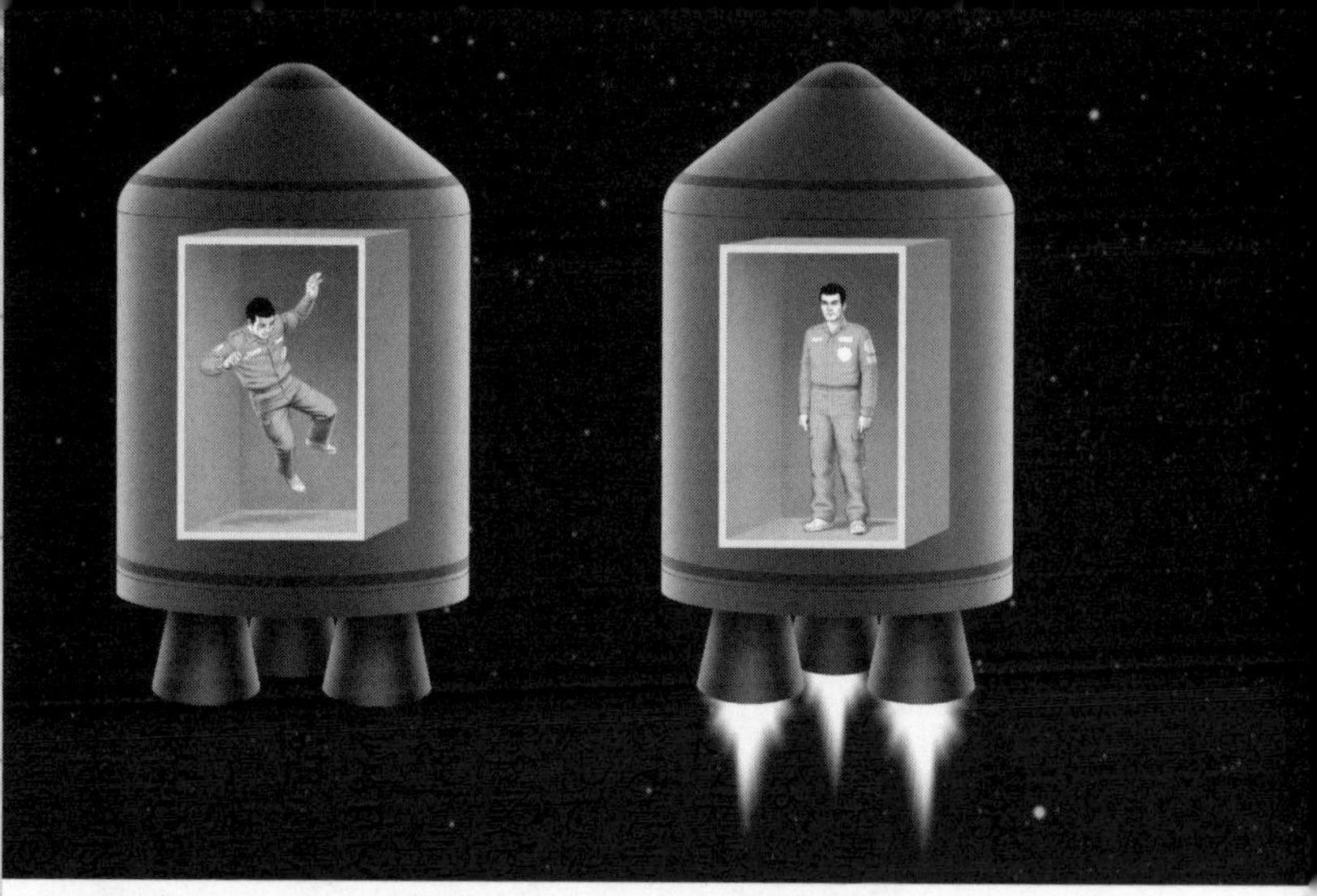

▲宇宙船が、天体の重力に影響されずに宇宙空間を等速直線運動するとき（左）、宇宙船の内部は無重力状態である。この宇宙船が加速すると（右）、内部の人に「進行方向と逆向きの力」がはたらく。この「慣性力」を、原理的に「重力」と同じものとみなすのが、アインシュタインの「等価原理」である。

慣性力は重力にもなる

さらにわかりやすい例を挙げましょう。天体の重力の影響を受けない宇宙空間を、等速直線運動する宇宙船は、内部が無重力ですから、中の人はふわふわと浮きます。

しかし、エンジンに点火して**加速度運動**を始めると、中の人は慣性力を受け、それを利用して、重力のはたらく地上と同じように立つことができます。**加速によって生じる慣性力は、重力と同じようにはたらく**のです。

慣性力と重力が同じなら、**加速度運動を含むように相対性理論を拡張すれば、それは重力を扱える理論にもなるはず**です。特殊相対性理論の問題点を、一挙に解消できるのです。

03

拡張された相対性原理と座標変換

一般相対性原理

より広い相対性原理が必要になる

相対性理論を、加速度運動（の視点）を含むように拡張するには、**特殊相対性理論**を支えていた「すべての**慣性系**（等速直線運動する座標系）において、同じ物理法則が成り立つ」という**特殊相対性原理**から、「慣性系」という縛りを解除しなければなりません。

つまり、慣性系も**加速度系**（速度変化する座標系）も含めて、**「すべての座標系において、同じ物理法則が成り立つ」**という、適用範囲の広い相対性原理が必要になるのです。

そのような相対性原理を、**一《いっ》般《ぱん》相《そう》対《たい》性《せい》原《げん》理《り》**といいます。特殊相対性原理が光速度不変の原理と特殊相対性理論から導かれたのと同じように、等価原理と一般相対性原理から、**一般相対性理論**が導かれることになります。

加速度系の座標変換

ところで、「すべての慣性系において、同じ力学法則が成り立つ」という**ガリレイの相対性原理**（36ページ参照）にもとづく**ニュートン力学**では、ある慣性系から別の慣性系へ

$$R_{\mu\nu}-\frac{1}{2}g_{\mu\nu}R=\frac{8\pi G}{c^4}T_{\mu\nu}$$

理論	相対性原理	制約	座標変換	時空
ニュートン力学	**ガリレイの相対性原理**（すべての**慣性系**において同じ**力学法則**が成り立つ）	慣性系にしか使えない 力学でしか成り立たない	ガリレイ変換	整然としている
特殊相対性理論	**特殊相対性原理**（すべての**慣性系**において同じ**物理法則**が成り立つ）	慣性系にしか使えない	ローレンツ変換	整然としている
一般相対性理論	**一般相対性原理**（すべての**座標系**において同じ**物理法則**が成り立つ）	制約なし	一般座標変換	ぐにゃぐにゃにゆがんでいる

▲それぞれの理論と、その前提となる「相対性原理」、および「座標変換」の関係。一般相対性理論は、「一般相対性原理」と「一般座標変換」を必要とする。

の**座標変換**（視点の変更）に、**ガリレイ変換**が用いられました（62ページ参照）。

これを拡張した特殊相対性原理を採用する特殊相対性理論では、座標変換には**ローレンツ変換**が使われます（88ページ参照）。

これらの慣性系の時空の座標は、いわば「整然としたマス目の入った方眼紙」に表されます（113ページなどの**時空図**でも、目盛りの間隔は一定です）。

しかしじつは加速度系は、そのような整然としたマス目では、どうしても表せないのです。いわば「マス目がぐにゃぐにゃにゆがんだ方眼紙」を使わないと、うまくいきません。

そこで一般相対性原理では、新しい座標変換が要請されます。その「ゆがんだ方眼紙」の座標変換は、**一般《いっぱん》座《ざ》標《ひょう》変換《へんかん》**と呼ばれます。

04 時空のゆがみと潮汐力

重力のはたらきは場所ごとに違っている

落下する箱とボールの思考実験

相対性理論を拡張するためには、**ゆがんだ時空**を考えることが必要になります。そしてそのことは、**重力**の面からもいえるのです。**アインシュタイン**もそれに気づきます。

ひとつ、思考実験をしてみましょう。122ページで、地球の重力に引かれて**自由落下**するエレベーターを考えましたが、同じように、地球の重力に引かれて自由落下する箱を考えます。

ただしこの箱は、とても大きい箱だとします。さらに、自由落下している箱の中で、左図のように、垂直方向に離したボールⒶⒷと、水平方向に離したボールⒸⒹを浮かせます。

むろん実際は、これらのボールも自由落下しているのですが、同じ加速度で落ちる箱の中の座標系では、浮いているわけです。

122ページのエレベーター内の座標系では、中の人にはたらく重力は、**慣性力**によって完全に打ち消されていました。同じように、落ちていく箱の中の座標系でボールⒶ～Ⓓにはたらく重力は、慣性力によって完全に打ち消されるでしょうか？

じつは、そうはいかないのです。

$$R_{\mu\nu}-\frac{1}{2}g_{\mu\nu}R=\frac{8\pi G}{c^4}T_{\mu\nu}$$

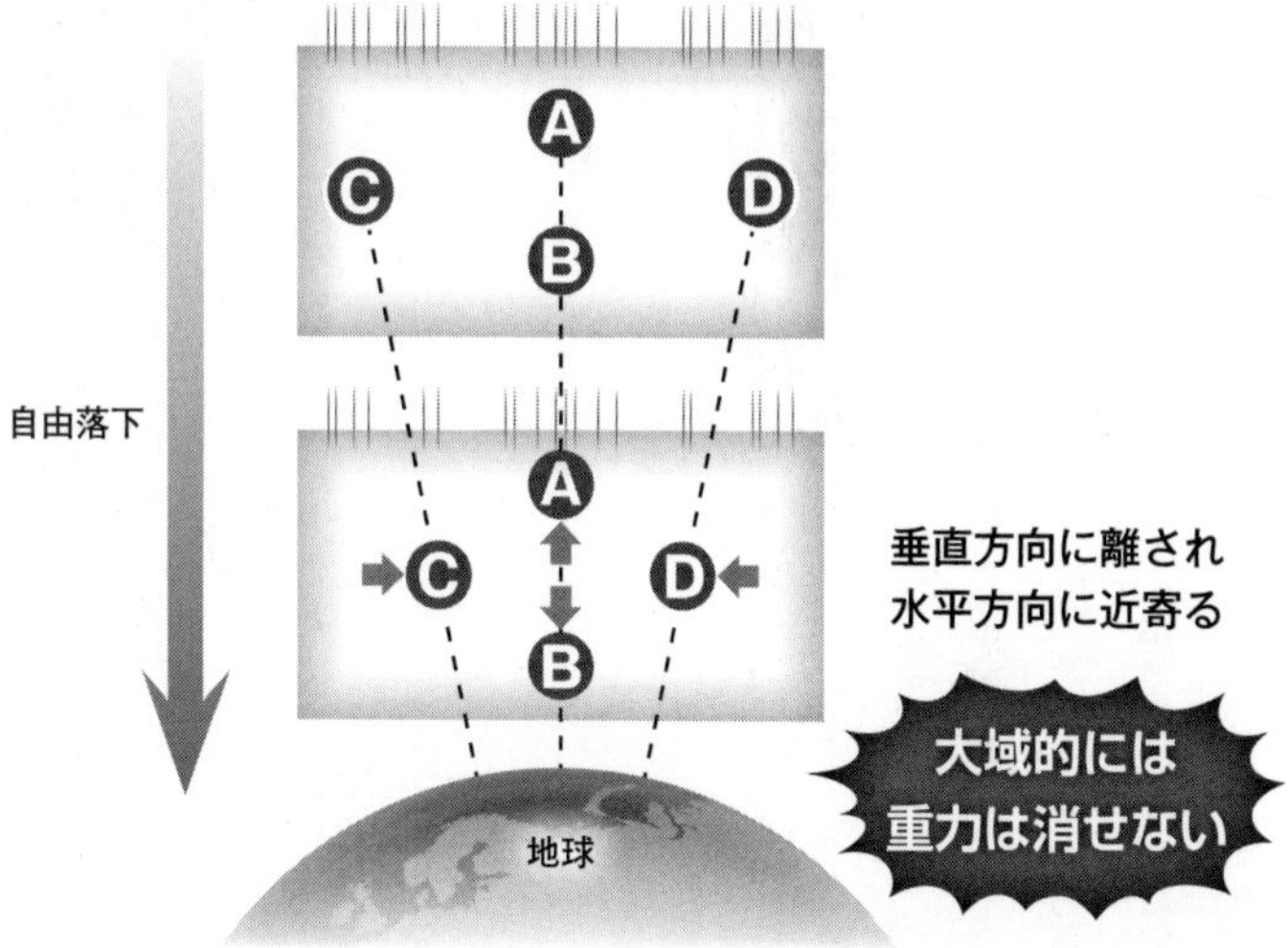

▲地球のサイズに匹敵するほどの「とても大きい箱」が自由落下するとき、その内部の広い空間を見ると、重力の効果を慣性力で完全に打ち消すことはできない。

重力は消せなかった

まずボールⒶとⒷを比べると、このふたつは箱の中で、垂直方向にだんだん離れていきます。天体から離れているⒶは、天体から受ける重力が弱く、天体に近いⒷは、天体から受ける重力が強いからです。

また、ⒸとⒹは箱の中で、水平方向にだんだん近づいていきます。どちらも天体の中心に向かって、いわば斜めに落ちるからです。

このように、箱が天体の重力に引かれて落ちるうちに、箱の中の座標系では、ボールⒶ～Ⓓの位置が変わってきます。つまり、この箱の中のボールⒶ～Ⓓにはたらく重力の影響は、完全には消せないということです。

大域的には時空はゆがんでいる

この思考実験の結果は、エレベーターの思考実験で見た「重力と慣性力が打ち消し合う」という話と矛盾するようにも思えます。これはどういうことなのでしょうか。

❶大きな地球に対して、とても小さなエレベーターが自由落下するとき、そのエレベーター内の領域は、ほとんど「**大きさのない点**」**のようなもの**だといえます。それくらいのせまい範囲では、重力のはたらき方の違いは、ないものと考えて問題ありません。

しかし、❷とても大きな箱が自由落下するとき、内部の広い領域では、**場所ごとに重力の大きさや向きが違います**。重力を慣性力によって消しきれないのは、そのせいなのです。

これをふまえると、この思考実験の結果は、「重力は、❶**局所的**《きょくしょてき》には（ある一点では）消せるけれども、❷**大域的**《たいいきてき》には（広い範囲では）消せない」と表現できます。

そしてアインシュタインは、次のように考えます。――「大域的に見ると、場所ごとに重力の大きさや向きが違うこと」は、本質的に、「**大域的に見ると、時空がゆがんでいること**」と同じなのではないか。――これが、一般相対性理論の中心となるアイデアです。

潮汐力

補足ですが、この思考実験で大きな箱には

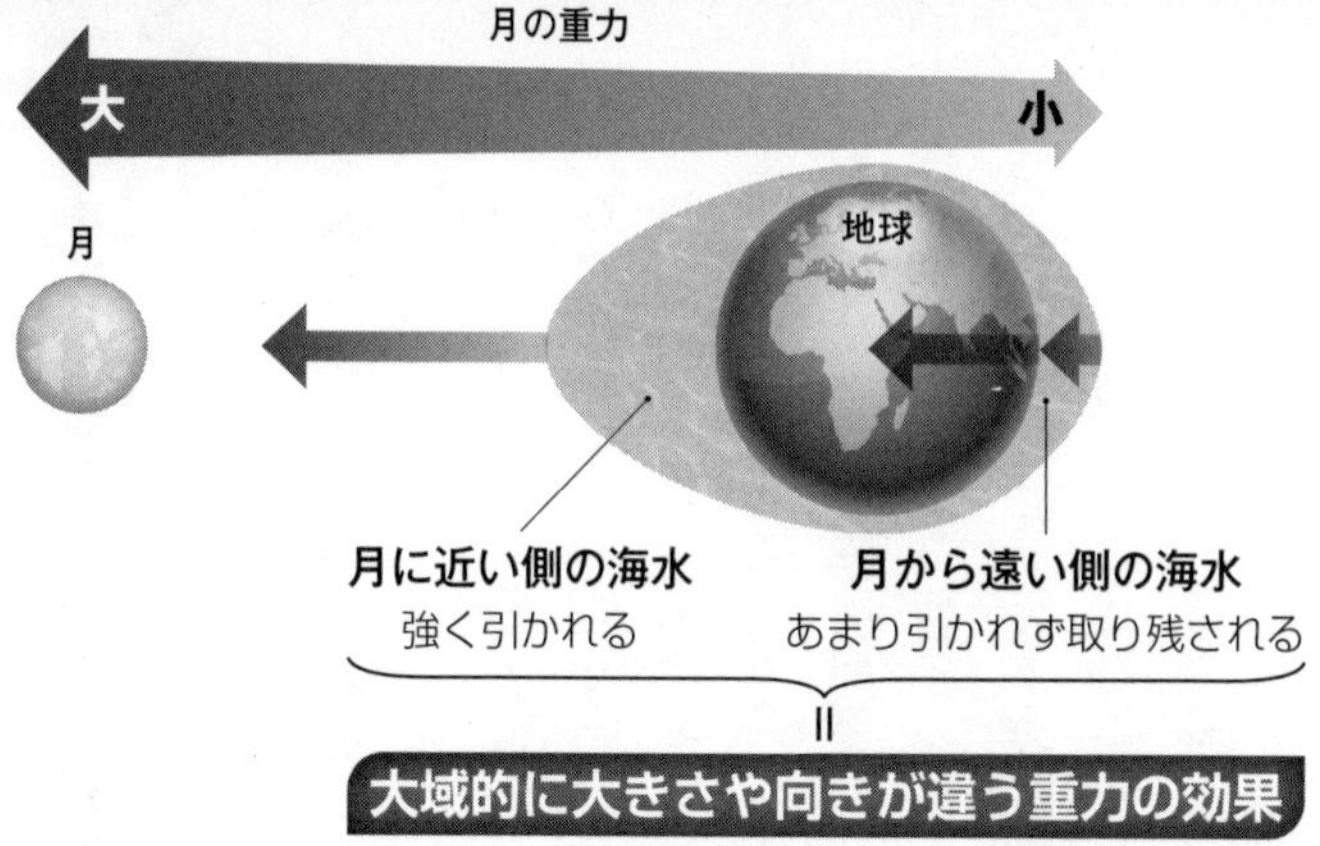
月の重力
大
小
月
地球
月に近い側の海水
強く引かれる
月から遠い側の海水
あまり引かれず取り残される
＝
大域的に大きさや向きが違う重力の効果

▲月の重力による「潮汐力」。月に近いところほど月からの重力が強くなるので、「地球表面の、月に近い側の海水」が最も強く引かれ、月に近い側で満ち潮になる。次に強く引かれるのは地球。そして、最も弱く引かれる「地球表面の、月から遠い側の海水」は取り残されるので、月から遠い側でも満ち潮になる。ただし、実際はこれ以外にも、地球の自転などが潮の満ち引きに影響しているが、ここでは重力の影響だけを図示した。

たらく重力は、ボールⒶとⒷを垂直方向に引き離し、ⒸとⒹを水平方向に近づけました。ここから、地球の重力には、**物体を垂直方向に引き伸ばし、水平方向に縮めるはたらき**があることがわかります。

このような、**大域的に大きさや向きが違う重力の効果**を、一般に**潮汐力**《ちょうせきりょく》といいます（「潮汐」は、満ち潮《しお》と引き潮を指します。月の重力の大域的な効果が、潮の満ち引きのおもな原因となっていることが、名前の由来です）。

また、122ページのエレベーターは、厳密にいうと「大きさのない点」ではありませんから、本当はここにも潮汐力がはたらきます。内部の各所でほんの少しずつ、重力の大きさや向きが違うわけです。ただここでは、その違いは無視できるほど小さいといえます。

05

リーマン幾何学なくして一般相対性理論はなかった！

ゆがんだ時空を扱える幾何学

▼幾何学を取り入れる

求める理論は、「**時空のゆがみ**を扱えるもの」であることが明らかになってきました。

ここで**アインシュタイン**の参考になったのが、かつての師**ミンコフスキー**（110ページ参照）の、**時空を幾何学的**（**図形的**）**にとらえる考え方**です。アインシュタインは最初、ミンコフスキーの理論を軽視していましたが、1912年頃にその重要性に気づき、幾何学的な考え方を取り入れるようになります。

しかし、**ミンコフスキー・ダイアグラム**（114ページ参照）では「光速 c が45度の傾き」と決まっており、そのルールのもとで、座標の目盛りは整然としていました。

つまり、ミンコフスキーの考えた時空には、ゆがみはありません。

このことは、「**ミンコフスキー時空**は、**ユークリッド幾何学**の延長線上にある」とも表現できます。

ユークリッド幾何学（76ページ参照）は、私たちも小学校から高校にかけて学習する、古典的な幾何学です。そこでは、曲がっていない（平坦《へいたん》な）平面や、それを単純に「高さ」方向に拡張した、曲がっていない空間が

$$R_{\mu\nu}-\frac{1}{2}g_{\mu\nu}R=\frac{8\pi G}{c^4}T_{\mu\nu}$$

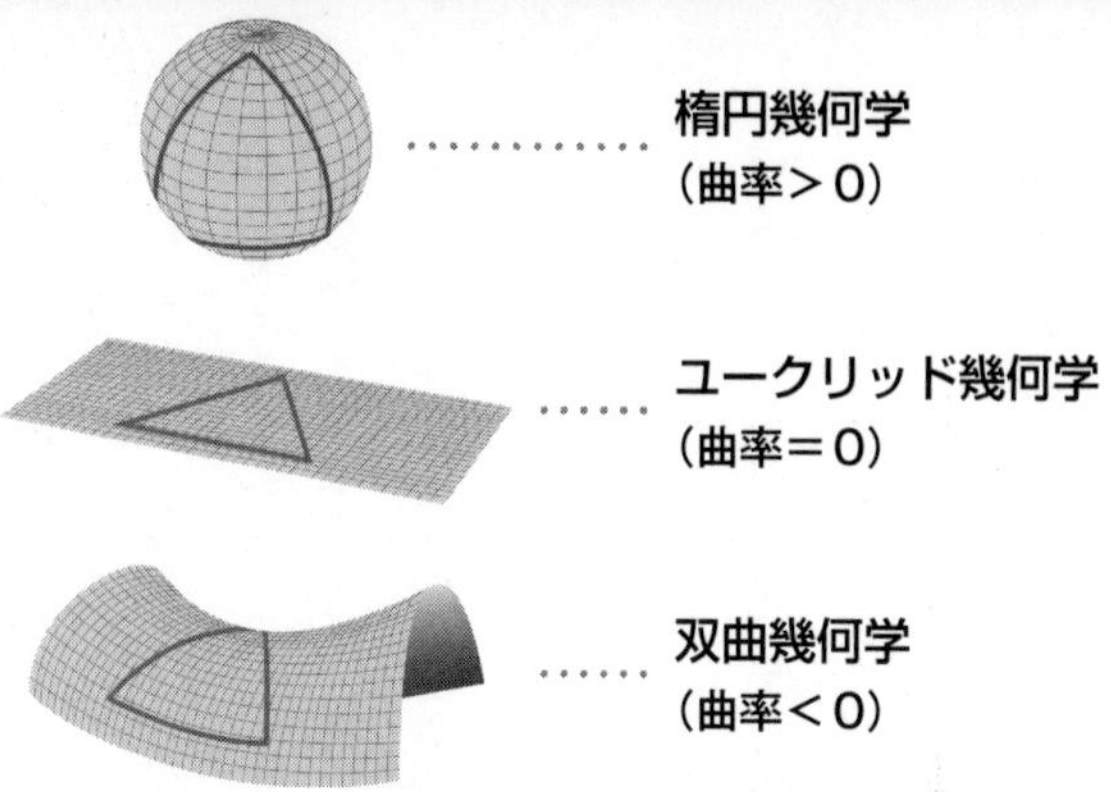

▲「ユークリッド幾何学」は、「曲がっていない平面（や空間）」を前提にした、「特殊な」幾何学のひとつでしかない。平面（や空間）の曲がりは、「曲率」という値で表され、ユークリッド幾何学の曲率は0である。ユークリッド幾何学以外にも、プラスの曲率をもつ「楕円幾何学」や、マイナスの曲率をもつ「双曲幾何学」など、さまざまな「非ユークリッド幾何学」が存在する。たとえば、三角形の内角の和は、ユークリッド幾何学では180度になるが、楕円幾何学では180度より大きくなり、双曲幾何学では180度より小さくなる。

前提とされます。この空間を、さらにそのまま「時間」方向にも拡張すると、ゆがみのないミンコフスキー時空になるわけです。

相対性理論を拡張するには、ミンコフスキー時空の考え方だけでは、方法が不足です。ユークリッド幾何学ではない、**ゆがんだ時空を扱える幾何学**を、アインシュタインは必要としていました。

そして、そんな幾何学が、19世紀に誕生していたのです。**非ユークリッド幾何学**です。

非ユークリッド幾何学

ユークリッド幾何学の前提となる平坦な面（上図の中段）では、「面の曲がり具合」を表す**曲率**《きょくりつ》という値が**ゼロ**になります。

しかし、幾何学の舞台となる「面」は、そんな平坦な面ばかりとは限りません。たとえば前ページの図の下段のような、**双曲平面**《そうきょくへいめん》と呼ばれる馬の鞍《くら》型の面を考えてみると、あらゆる場所で**曲率がマイナス**になります。

19世紀前半、ロシアの数学者**ニコライ・ロバチェフスキー**（1792～1856年）、ハンガリーの数学者**ボーヤイ・ヤーノシュ**（1802～1860年）、そしてドイツの**ガウス**（56ページ参照）が、この双曲平面でユークリッド幾何学とは別の幾何学が成立することを、それぞれ独立に発見しました。この**双曲幾何学**《そうきょくきかがく》こそ、非ユークリッド幾何学の始まりです。

また、あらゆる場所で**曲率がプラス**になる、球面上の幾何学も考えられます。前ページの図の上段のような幾何学を**楕円幾何学**《だえんきかがく》といい、これも非ユークリッド幾何学の一種です。

リーマン幾何学

さらに、面の曲がり具合が一様ではなく、**場所ごとに曲率が変わる**ような、ぐにゃぐにゃした面上の幾何学も考えられます。

そのような、非ユークリッド幾何学を一般化した理論が、**リーマン幾何学**です。

ドイツの数学者**ベルンハルト・リーマン**（1826～

▲リーマン。

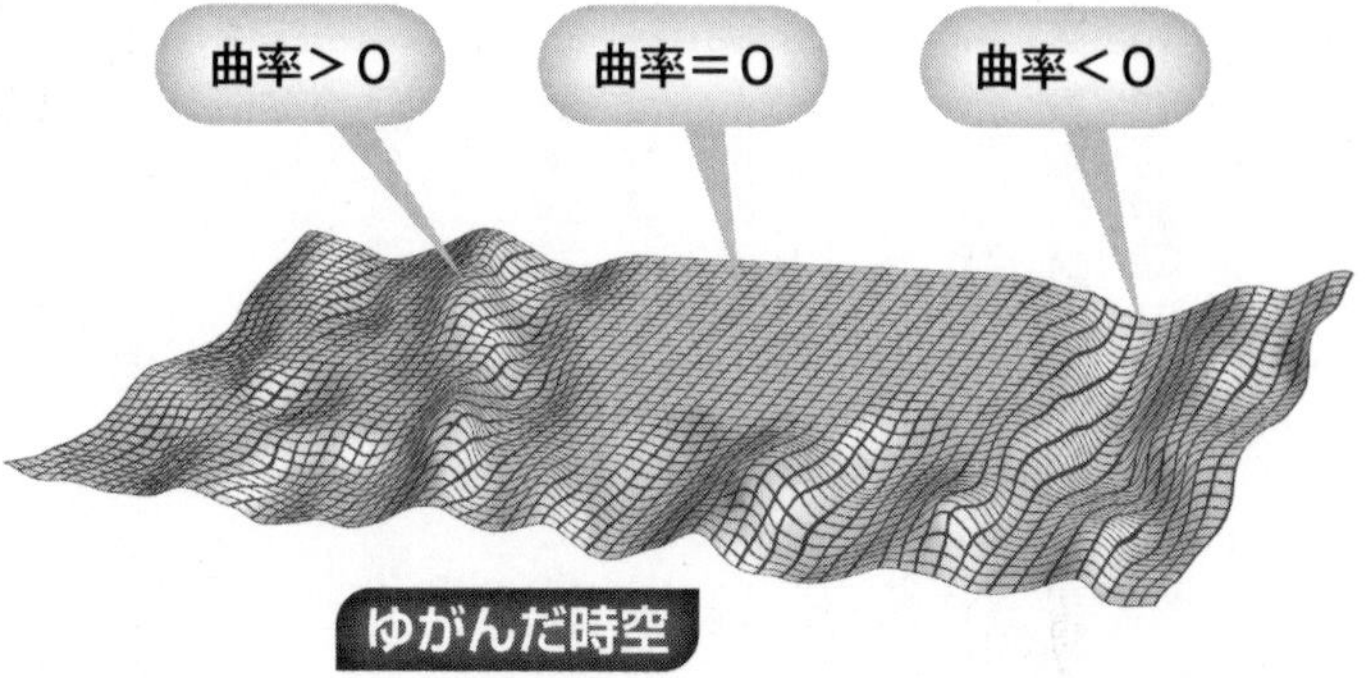

▲「双曲幾何学」は「どこでも曲率がマイナス」、「楕円幾何学」は「どこでも曲率がプラス」と、一様な面を想定するが、より一般化された理論である「リーマン幾何学」では、場所ごとに曲率が変わるような面が扱われる。アインシュタインが「一般座標変換」（127 ページ参照）を追求するとき、このリーマン幾何学の考え方が必要とされた。

▲グロスマン。

1866年）によって創始されました。

アインシュタインは、同級生だったハンガリー出身の数学者**マルセル・グロスマン**（1878〜1936年）に相談して、リーマン幾何学を教えてもらいます。そしてたいへんな苦労をしながらも、これにもとづいて、時空のゆがみを幾何学として扱うことに成功するのです。

こうして、1915年に発表された**一般相対性理論**は、**特殊相対性理論**の限界を超えて、**加速度系**と**重力**を扱える、汎用的な物理理論となりました。その内容を、これから紹介していきましょう。

06 アインシュタイン方程式

「重力」の正体を解き明かした一般相対性理論の神髄

方程式の右辺（右側）

一般相対性理論の中核にあるのが、左図の**アインシュタイン方程式**です。

「難しそうな記号が……」とたじろいだ方も多いかと思いますが、ざっくりとしたイメージは難しくないので、安心してください。

この式の右辺《うへん》（「＝《イコール》」の右側）は、**エネルギー**と**運動量**を表しています。運動量とは「**質量×速度**」ですので（24ページ参照）、右辺はエネルギー、質量、速度にかかわるものだといえます。

左辺（左側）と全体の意味

一方、この式の左辺《さへん》（「＝」の左側）は、**曲率**（134ページ参照）と**計量**《けいりょう》というものを使って、**時空のゆがみ**を表しています。

右辺と左辺は、「＝」でつなげられ、「等しい」とされています。ですから、アインシュタイン方程式は、次のようなことを意味しているといえます。

——物体のエネルギーや質量や速度がわかれば、「その物体のまわりで、どれだけ時空がゆがんでいるか」がわかる。

$$R_{\mu\nu} - \frac{1}{2} g_{\mu\nu} R = \frac{8\pi G}{c^4} T_{\mu\nu}$$

$$R_{\mu\nu}-\frac{1}{2}Rg_{\mu\nu}+\Lambda g_{\mu\nu}=\frac{8\pi G}{c^4}T_{\mu\nu}$$

- $R_{\mu\nu}$：曲率テンソル
- R：スカラー曲率
- $g_{\mu\nu}$：計量テンソル
- Λ：宇宙定数
- $\Lambda g_{\mu\nu}$：時空がもつ斥力または引力
- π：円周率
- G：重力定数
- c：光速
- $T_{\mu\nu}$：エネルギー・運動量テンソル

左辺は時空のゆがみにかかわる

右辺はエネルギーや質量や速度にかかわる

▲一般相対性理論の「アインシュタイン方程式」。この式は、「エネルギーや質量や速度が、時空のゆがみを生む」ことを表現している。

もっと単純にいうと、**エネルギーや質量や速度をもつもののまわりでは、時空がゆがむ**ということです。

たとえば、地球は大きな質量をもちますので、地球のまわりでは時空がゆがみます（次ページにイメージ図を載せています）。太陽は地球よりもずっと大きな質量をもつので、より大きく時空をゆがませます。

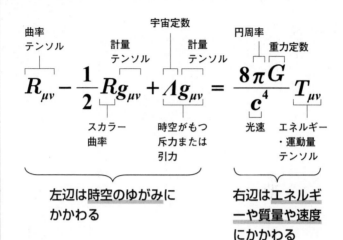

ちなみに、その時空のゆがみは、**テンソル**という手法を用いて表現されています。

数式が苦手でない人の中には、アインシュタイン方程式を見て、「文字は多いけれど、足し算と引き算とかけ算だけの、わりと単純な式だな」と感じた方もいるかもしれません。しかしじつは、テンソルには複数の成分がまとめられていて、これを分解すると、10本の

▲一般相対性理論の「アインシュタイン方程式」に含まれる、「質量をもつもののまわりでは、時空がゆがむ」という内容は、この図のようにイメージすればよい（4次元の時空を、2次元の平面として表現している）。

方程式に分かれます。アインシュタイン方程式は、実際に数学的に扱うのはとても難しい方程式です。

「重力」とは時空のゆがみだった

さて、大きな質量をもった地球のまわりで、時空が、まるでくぼみのようにゆがんでいると考えてください。

地球のまわりにある物体は、このくぼみにはまるように、地球のほうへと引き寄せられます。

そして、私たちが**重力**と呼んでいるものは、この時空のゆがみなのです。これこそ、一般相対性理論が解き明かした、重力の正体です。

$$R_{\mu\nu} - \frac{1}{2} g_{\mu\nu} R = \frac{8\pi G}{c^4} T_{\mu\nu}$$

ニュートンの**万有引力**の理論では、「重力は**遠隔作用**であり、離れた場所にも時間ゼロで届く」とされていました（45ページ参照）。そしてこのことが、**特殊相対性理論**との矛盾となっていました（120ページ参照）。

しかし、重力を時空のゆがみとしてとらえると、この問題点が見事に解消されます。エネルギーや質量や速度をもつものが存在することにより、まわりの**場**に「ゆがみ」という性質が生じ、その場にあるものに**近接作用**で影響を与えるわけです。こうして重力の謎は、**場の理論**（57ページ参照）として明らかにされました。

このようにとらえられた時空を**重力場**《じゅうりょくば》といい、アインシュタイン方程式は**重力場方程式**とも呼ばれます。

測地線方程式

一般相対性理論にはもうひとつ、**測地線**《そくちせん》**方程式**と呼ばれる重要な方程式があります。ゆがんだ時空の中での、**ある点から別のある点までの最短経路**を表現する式です。

2点間の最短経路は、平坦な面上のユークリッド幾何学では直線になりますが、ゆがんだ面の上では曲線になります。その最短経路が**測地線**と呼ばれます。

アインシュタイン方程式から、時空のゆがみを示す「計量」の値が得られたとき、その値を測地線方程式に代入《だいにゅう》すると、「ゆがんだ時空の中で、物体がどう運動するか」を計算することができます。

07 重力は光さえも曲げる

空間のゆがみは何をもたらすのか？

重力は「力」ではない!?

ニュートンの理論では、**重力**（**万有引力**）は物体が引き合う「力」だとされていました（42ページ参照）。

しかし一般相対性理論によると、もはや重力は「力」ではありません。

物体のまわりでは時空がゆがんでおり、物体はそのゆがみに沿って、自然に運動しています。その**時空のゆがみ**の効果を見て、私たちが勝手に「重力だ」といっているだけなのです。

▼「重力の大きいところ」とは、すなわち「時空が大きくゆがんでいるところ」である。その「ゆがんだ時空」を「まっすぐに」進む光の軌跡は、曲がっている。

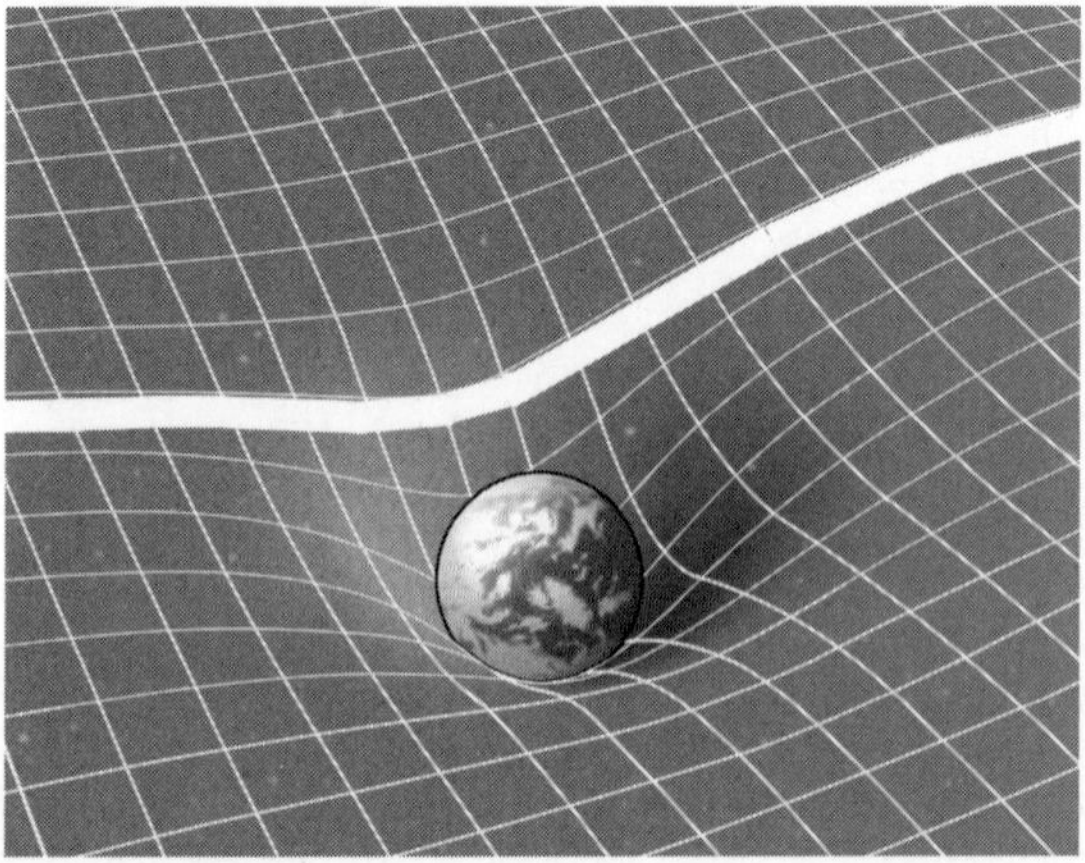

$$R_{\mu\nu} - \frac{1}{2} g_{\mu\nu} R = \frac{8\pi G}{c^4} T_{\mu\nu}$$

▶曲がる光

さて、ここから面白いことがわかります。「大きな重力」が「大きな時空のゆがみ」なら、**光さえも曲がることになる**のです。

光そのものは、いつも最短経路をまっすぐに進みます。しかし、光が直進している空間自体がゆがんでいるため、光の軌跡は曲がってしまうのです（それこそ、139ページの**測地線**です）。

「まっすぐなはずのもの」が曲がることは、次のようにイメージするとよいでしょう。

平坦な面の上では、2本の平行な直線（まっすぐな線）は交わりません。しかし、地球の赤道上の異なる2点から、2機の飛行機がそれぞれ「北」をめざしてまっすぐに飛ぶと、平行なはずの2機の進路は、北極点で交わります。これは、それぞれの「まっすぐな進路」が、じつは地球の丸みに従って曲がっているためです。

▼2機の飛行機が、それぞれ赤道に直角に「北」をめざして進むとき、2機の進路は北極点で交わる。

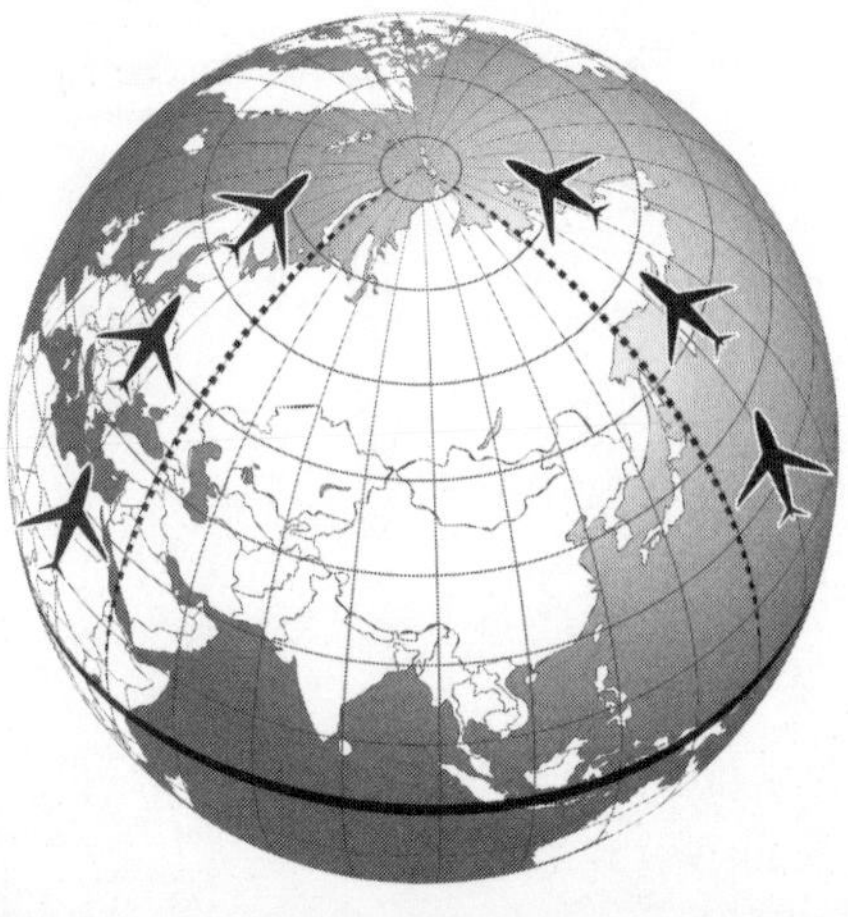

08 重力は時間を遅らせる

時間がゆがむとどうなるのか？

重力と時間

一般相対性理論のポイントは、**時空のゆがみ**です。**空間面**での「ゆがみ」は、先ほど見た**光の曲がり**などからも、比較的イメージしやすいといえますが、**時間面**での「ゆがみ」とは、どういうものなのでしょうか。

じつは、**重力**（時空のゆがみ）が大きいところでは、**時間がゆっくり流れる**のです。

重力と時間に関係があるなんて、イメージするのが難しいですが、これも思考実験を用いて、感覚的につかむことができます。

光のカーブの思考実験

非常に質量の大きい恒星の近くを、幅をもった帯状の光が通過していくのをイメージしてください。光は、恒星のまわりの時空のゆがみに沿って、左図のように曲がるとします。

このとき、Ⓐ**光の外側の縁**《ふち》のほうが、Ⓑ**内側の縁**よりも、光の進む**距離**が長くなります。

陸上競技のトラックを想像しましょう。ふたりの走者が並んだままカーブを曲がりたければ、外側の走者が速く、内側の走者が遅く走る必要があります。それと同じだとすると、

$$R_{\mu\nu}-\frac{1}{2}g_{\mu\nu}R=\frac{8\pi G}{c^4}T_{\mu\nu}$$

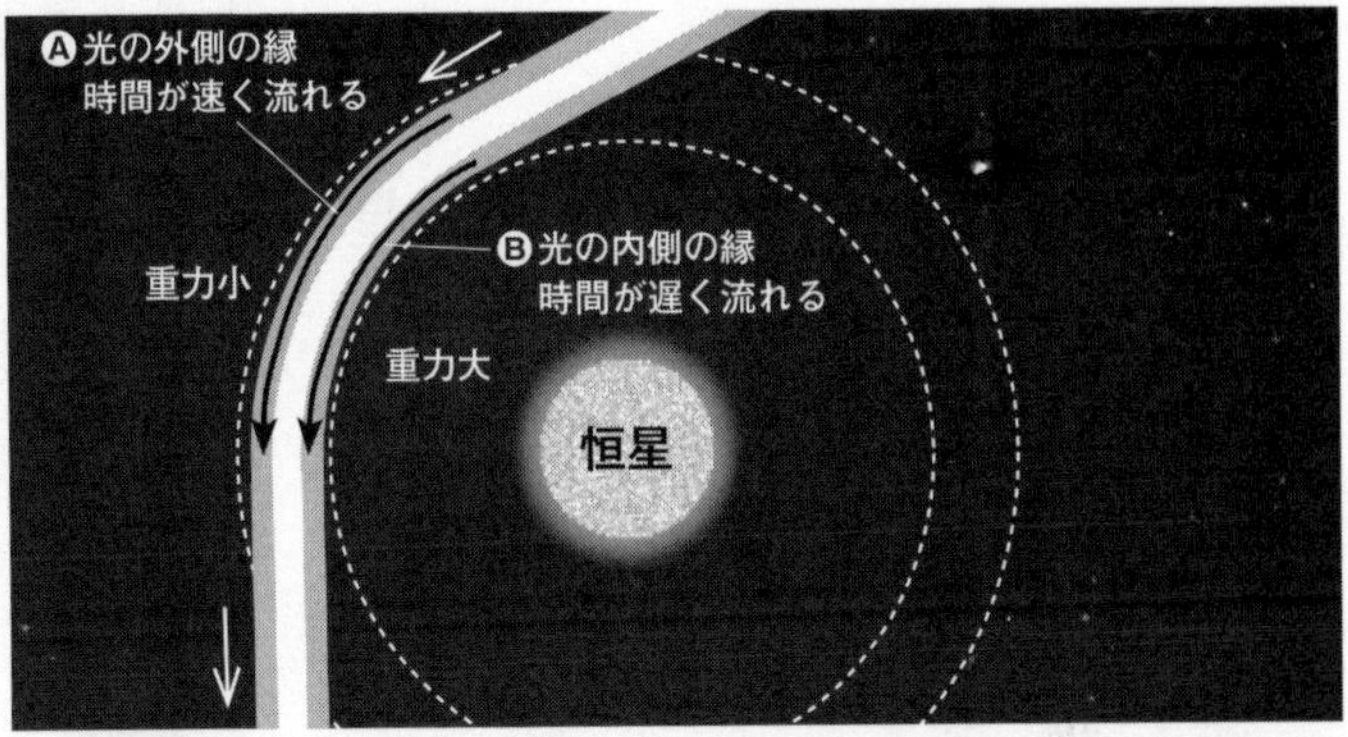

▲非常に質量の大きい恒星があると、その近くほど、時空が大きくゆがんでいる。この「重力」が上図のように光を曲げたとき、Ⓐ「光の外側の縁」とⒷ「光の内側の縁」では、光が進む「距離」が異なる。それでも光の「速さ」は同じでなければならないので、「速さ＝距離÷時間」の「時間」が、ⒶとⒷで違ってくる。結果をまとめると、重力の強い（時空のゆがみが大きい）ところ（Ⓑ）のほうが、重力の弱い（時空のゆがみが小さい）ところ（Ⓐ）よりも、時間の進み方がゆっくりになる。

速さを比べたとき、Ⓐ光の外側の縁は速く、Ⓑ内側の縁は遅く進んでいるはずです。

しかし、**光速度不変の原理**があります。真空中で光が進む速さは、絶対に一定です。

ここで、**「速さ＝距離÷時間」**の式を思い出してください。ⒶとⒷでは、進む距離が違うのに、速さは同じでなければなりません。

そこで、**時間が変動して帳尻《ちょうじり》を合わせる**しかなくなります。つまり、短い距離しか進まないⒷ光の内側では、その分、経過する時間も短くなるのです。たとえば、カーブを曲がる間にⒶに3秒が経過するのに対し、Ⓑには2秒しか経過しません。

光の内側、恒星の近くほど、時空のゆがみ（重力）は大きいですね。ですから、重力が大きいほど、時間は遅くなるといえます。

09

天体の謎を解き明かす

宇宙の現象の説明が、一般相対性理論の正しさを証明！

水星の軌道

一般相対性理論の驚きの内容に、「本当に？」と思った方も多いのではないでしょうか。発表当時、科学者たちも、これをすぐに受け入れたわけではありません。

そもそも、**重力**の理論としては、特に問題なく使われている**ニュートン**の**万有引力の法則**がありました。多くの科学者は「どうしてわざわざ、数学的な扱いが難しい新理論なんか使う必要があるんだ？」と考えていました。

新しい理論が受け入れられるには、「従来の理論よりも、新理論のほうが、実験や観測の結果を正しく説明できる」ということが示される必要があります。まず**アインシュタイン**が目をつけたのは、**水星の軌道**です。

ニュートンの重力理論で水星の軌道を計算すると、「水星よりも太陽に近いところに、もうひとつ惑星があるはずだ」という結果が出ており、その未発見の惑星は**バルカン**と名づけられていました。しかし、どんなに探しても、バルカンを観測することはできません。

アインシュタインは1915年、一般相対性理論の方程式を作りながら、その方程式を使って水星の軌道を計算しました。そして、

$$R_{\mu\nu}-\frac{1}{2}g_{\mu\nu}R=\frac{8\pi G}{c^4}T_{\mu\nu}$$

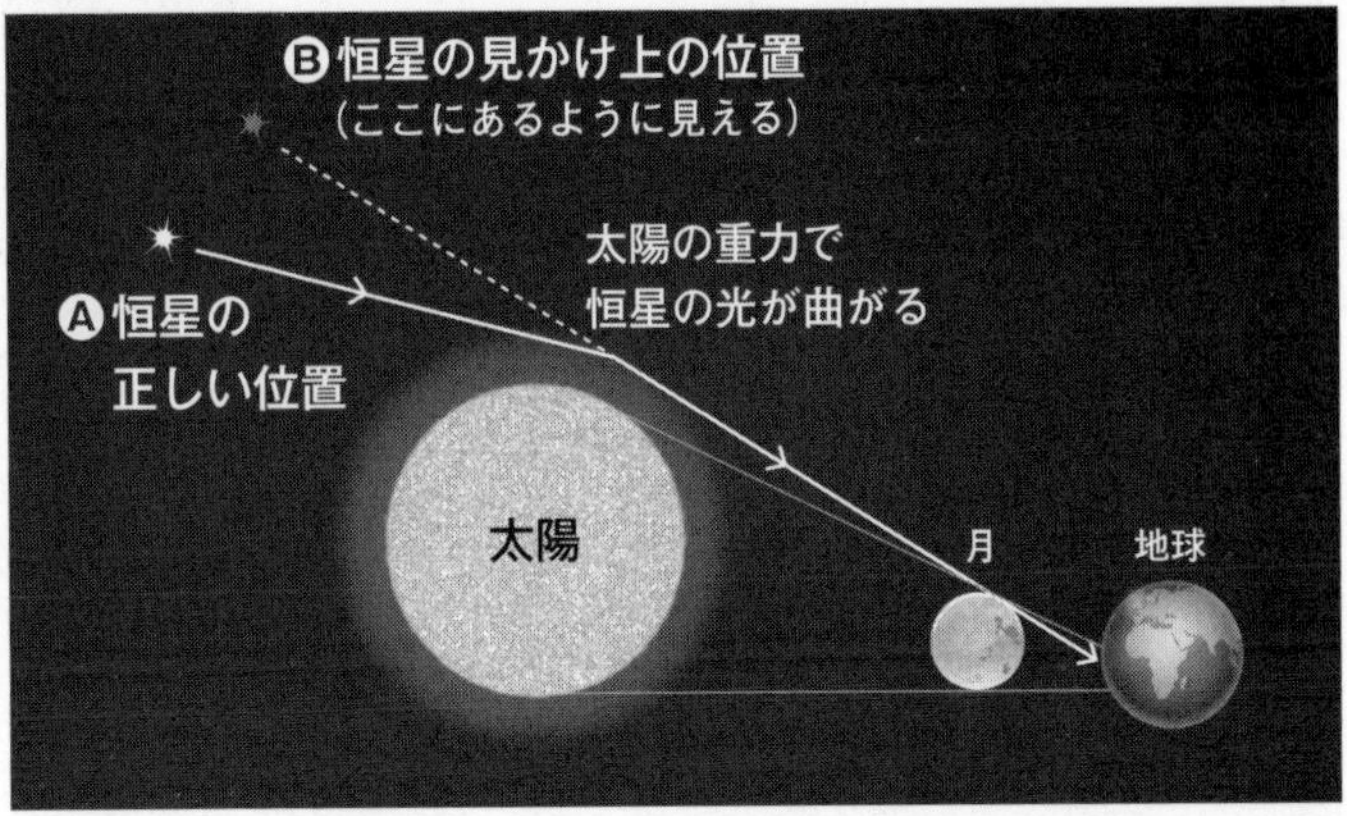

▲質量の大きい太陽は時空を大きくゆがめており、恒星から地球へやってくる光を曲げている。その曲がり具合は、Ⓐ「夜（恒星と地球の間に太陽がないとき）に恒星がどこに見えるか」（恒星の正しい位置）と、Ⓑ「昼（恒星と地球の間に太陽があるとき）に恒星がどこに見えるか」（恒星の見かけ上の位置）を写真で比較すればわかる。通常、昼は太陽の光のせいで恒星を観測することはできないが、「皆既日食」（月が太陽を完全に隠す現象）のときは観測可能である。

「水星の軌道は、バルカンなしで、一般相対性理論と合致する」ということを示したのです。これは、ニュートンに対するアインシュタインの勝利でした。

皆既日食の観測

またアインシュタインは、「太陽のまわりの時空のゆがみが、恒星からの光を曲げており、**皆既日食**《かいきにっしょく》のとき、その光の湾曲を観測できるはずだ」と予想しました（上図）。

じつは、ニュートン理論の延長線上にも、「光は重力によって曲がる」との説がなかったわけではありません。しかし、ニュートン理論が予想する光の曲がり方は、一般相対性

▲エディントン。

理論による予想の半分でした。

1919年、イギリスの天文学者**アーサー・エディントン**（1882～1944年）が、皆既日食の観測を行います。その結果は、一般相対性理論に合致するものでした。これは大ニュースになり、アインシュタインの名前は、一般の人にも広く知れわたりました。

重力レンズ効果

遠くの恒星や**銀河**（大量の恒星の集まり）などの光が、**重力場**によって曲げられ、「ひとつの天体の光なのに、ふたつ以上に見える」「もとの天体よりも明るく見える」など、違った形になって届くことを、**重力レンズ効果**といいます。レンズの役割をする重力場の強さによっては、光源の天体が輪のように広がって見える場合もあり、その輪は**アインシュタイン・リング**と呼ばれます。

重力レンズ効果の存在の可能性は、1936年に発表されたアインシュタインの論文で知られていましたが、初めて実際に観測されたのは、1979年のことです。別々のふたつの天体だと思われていた**ツイン・クエーサー**が、重力レンズ効果によって分離して見えるだけで、本当はひとつの**クエーサー**であることがわかったのです。クエーサーとは、非常に遠くにあり非常に明るい天体です。

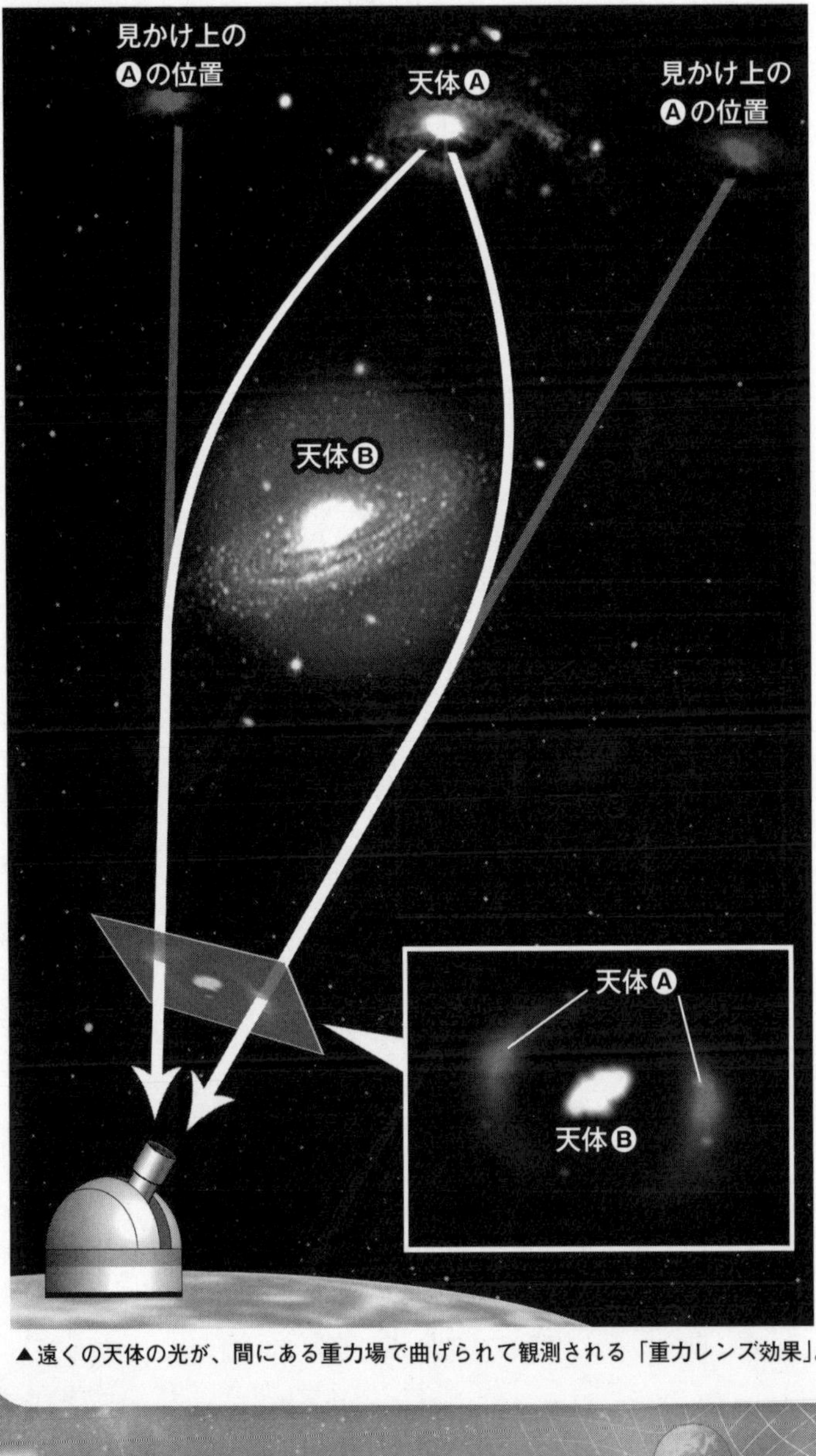

▲遠くの天体の光が、間にある重力場で曲げられて観測される「重力レンズ効果」。

10

時空のゆがみは「波」となって光速で伝わる

100年の予言 重力波

時空のゆがみの伝播

アインシュタインは1916年、**一般相対性理論**から、ひとつの理論的な「予言」を行っていました。

一般相対性理論によると、大きな質量をもつ恒星などは、まわりの時空をゆがませます。その**時空のゆがみ**によって、地球のような惑星は、恒星のほうへと引き寄せられています。これが**重力**の正体でした。

ではこのとき、重力の源となる恒星が、運動していたらどうなるでしょうか。

左図の上のように、時空をやわらかいゴム板のようなものとして、恒星をボールのようなものとしてイメージしてみましょう。

ボールをゴム板に押しつけながら激しく動かすと、ゴム板がたわみます。そしてそのたわみが、左図の下のように、波となって周囲へ伝わっていきます。

これこそが、アインシュタインが「存在するはずだ」と予言した**重力波**《じゅうりょくは》です。

重力波は、時空をどこまでも**光速**で伝播します。また、重力波は**エネルギー**を運び、重力波を放射した物体は、その分だけエネルギーを失います。

$$R_{\mu\nu}-\frac{1}{2}g_{\mu\nu}R=\frac{8\pi G}{c^4}T_{\mu\nu}$$

ついに直接観測に成功

そんな波が本当に存在するのかについては、長い間、議論が続きましたが、1970年代、連星《れんせい》パルサーという天体が発見され、「重力波が存在すると考えなければ、連星パルサーの軌道の説明がつかない」ということがわかりました。つまり、重力波の存在が、間接的に証明されたのです。

とはいえ、重力波の影響は非常に小さく、直接観測するのは至難の業《わざ》でした。そののちも、世界中で大規模な観測プロジェクトが行われました。

そして2015年、アメリカのチームが、ついに重力波の観測に成功しました。翌年、その結果が発表されると、世界中で大きな話題になりました。アインシュタインの予言は、100年後に実を結んだのです。

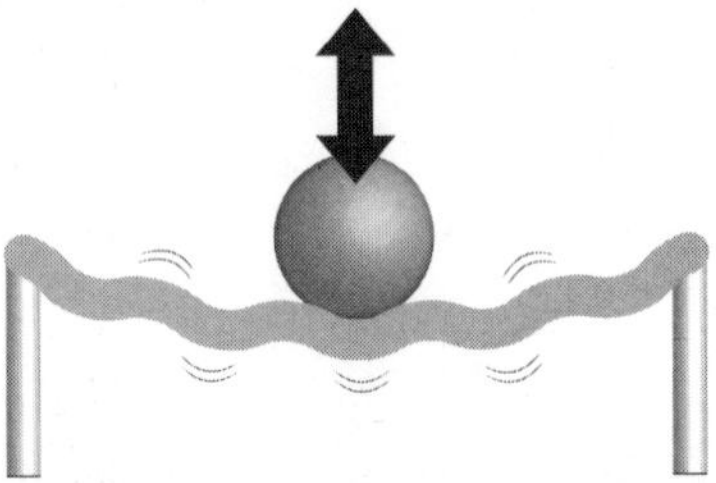

▲時空の中で質量の大きな天体などが激しく運動すると、時空のゆがみは波のように周囲に伝わっていく。これが「重力波」のイメージである。重力波は非常に小さく、「時空のさざなみ」とも呼ばれる。

❖ GPSと相対性理論

私たちにとって身近なテクノロジーの中にも、**相対性理論**を活用しているものがあります。**カーナビゲーションシステム**（カーナビ）の**GPS**です。

自動車のカーナビでは、4つ以上の**人工衛星**からの情報を受け取り、「時空の中での自分の位置」を割り出します。

そのとき、相対性理論を考慮に入れなければ、誤差が非常に大きくなってしまいます。なぜなら、人工衛星と地上の利用者との間に、**時間のズレ**があるからです。

まず、**特殊相対性理論**からいうと、高速で動いている人工衛星では、時間の進み方はゆっくりになります。

その一方で、**一般相対性理論**からいうと、重力が強い（時空のゆがみが大きい）ところでは時間の進み方がゆっくりになります。この場合、人工衛星が飛んでいる上空に比べて、地上のほうが重力が強いので、時間が遅く進むのです。

これらを計算すると、人工衛星のほうが時計が進み、**1日に100万分の39秒のズレ**が生じます。

「100万分の39秒」というと、「そんなに小さいなら、問題ないのでは？」と思われるかもしれませんが、この時間のズレは、10キロ以上の距離のズレになるといいます。ですからカーナビには、相対性理論を考慮した補正が施《ほどこ》されています。

第5章

相対性理論と現代物理学

01

世界は「最小単位」からできていた！

もうひとつの革命 量子論

▼量子論の概要をつかもう

この章では、**アインシュタイン**の**相対性理論**にもとづいて発展した、現代の物理学のエキサイティングな成果を紹介します。

そこで重要になるのが、相対性理論と同時期に誕生した、もうひとつの重要な物理理論、**量子論**です（26ページ参照）。20世紀以降の物理学は、量子論と相対性理論を両輪として進んでおり、「**ふたつの理論をどのように統合するか**」が模索されています。

ですからまずは、少しだけ相対性理論から離れて、量子論の概略を押さえておきましょう。初めての方にも簡単につかめるよう、わかりやすく説明していきたいと思います。

▼「離散」と「量子」

そもそも、「量子論」の「量子」とは、いったい何でしょうか。

量子とは、「**ひとつ**」「**ふたつ**」「**3つ**」と**数えることができる**、**小さな最小単位**《かたまり》のことです。たとえを使って説明してみましょう。

はかりに載《の》ったコップをイメージしてくだ

$$R_{\mu\nu} - \frac{1}{2} g_{\mu\nu} R = \frac{8\pi G}{c^4} T_{\mu\nu}$$

❶水をなめらかに注ぐ
重さは連続的に変化
❷氷をひとつずつ入れる
重さは離散的に変化

▲❶コップに水をなめらかに注いでいくとき、水の入ったコップの重さは「連続」的に変化（増加）する。一方、❷ある決まった大きさ（重さ）の氷をたくさん作って、その氷をひとつずつコップに入れていくとき、氷の入ったコップの重さは「離散」的に（とびとびに）変化（増加）する。この離散的な変化をもたらす小さな単位（ここでは氷）を、「量子」という。

さい。このコップに何かを入れていき、重さの変化をグラフで表すとします。

❶水をなめらかに流し込む場合、重さの変化もなめらかで、グラフはスロープ状になります。このように、なめらかにつながっていることを、**連続**といいます。

❷1個10グラムの氷のかたまりをたくさん用意して、コップに「ひとつ」「ふたつ」「3つ」と入れていく場合、重さはなめらかに（連続的に）変化するのではなく、10グラムの間隔でとびとびに変化します。そのグラフは、階段のような形になります。

なぜ❷の重さの変化がとびとびになるのかというと、入れる氷どうしがなめらかにつながっておらず、バラバラだからです。

このように要素がバラバラに存在すること

を、**離散**《りさん》といいます。階段状のグラフに表されるとびとびの変化も、離散的な変化といいます。

そして量子とは、このような離散的な変化をもたらした、最小単位としての氷のかたまりのようなものだと思ってください。

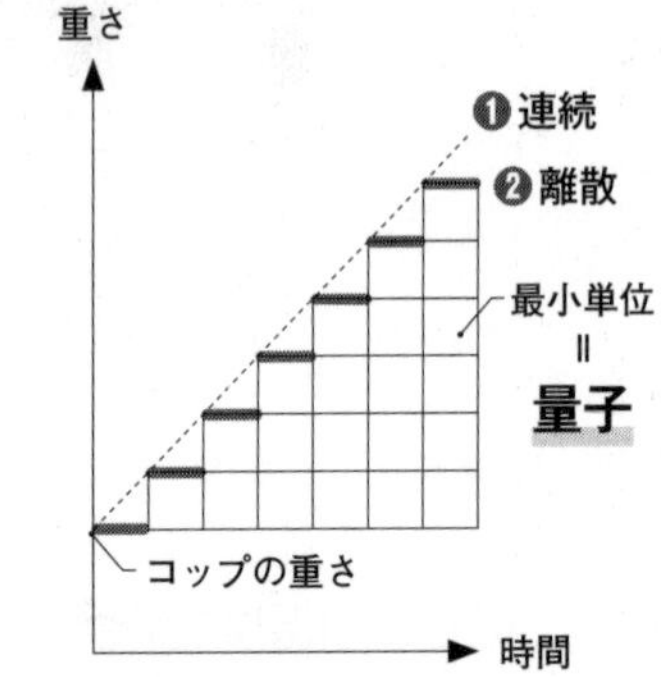

▲❶「連続」的に重さが増加するグラフは、つながった線になる。❷「離散」的に重さが増加するグラフは、とびとびの階段状になる。「物質やエネルギーには最小単位がある」ということを明らかにした「量子論」は、❷のようにイメージすることができる。

プランクの量子仮説

なめらかにつながっているように見えるものも、じつは、バラバラの小さな最小単位《かたまり》からできている——量子論は、このような発見から生まれました。

量子論の誕生には、相対性理論でもポイントになった**光**が、深くかかわっています。

光は**エネルギー**をもちます。たとえば、つまみをひねって明るさを調整する照明器具があり、これを明るくしていくと、光のエネルギーも増加すると考えてください。

このとき、つまみをなめらかに回していくと、光のエネルギーもなめらかに変化するように、日常的な感覚では思われます。物理学的にも、「光のエネルギーは連続《なめらか》的に変化する」というふうに考えられていました。

▲プランク。

しかし1900年、ドイツの物理学者**マックス・プランク**（1858〜1947年）が、この常識をひっくり返します。

プランクは、光についての実験・観測データを研究する中で、「光のエネルギーは、じつは連続《なめらか》的ではなく、離散《とびとび》的に変化している」としか考えられないことをつきとめました。

ここからプランクは、「光のエネルギーの受け渡しには、最小単位がある」と考えたのです。この**量子《りょうし》仮説《かせつ》**が、量子論の始まりです。

前期量子論

これに続いたのが1905年の、**アインシュタイン**の**光量子論**（79ページ参照）でした。

その内容は、「エネルギーの受け渡しではなく、エネルギー、そして光自体が、離散的な最小単位からできている」というもので、量子論をさらに一歩、理論的に進めています。

さらに、デンマークの物理学者**ニールス・ボーア**（1885〜1962年）らがさまざまな法則を発見し、1910年代から1920年代前半にかけて**前期《ぜんき》量子《りょうし》論《ろん》**が発展しました。

▲ボーア。

02 量子の不思議な世界

粒子と波の二面性と、状態の重ね合わせ

超ミクロのスケール

量子論の最も基本的なポイントは、「エネルギーや物質は、じつは最小単位（**量子**）からできており、そのため**離散**的に変化する」というものです。

その離散《とびとび》的な変化が、日常的な感覚からすると連続的《なめらか》にしか見えないのは、**最小単位がとんでもなく小さい**からです。

私たちの目に見えるような、比較的大きなもののサイズ感を、**マクロ**（**巨視的**《きょし》）なスケールといいます。それに対して、目に見えないほど小さいサイズが**ミクロ**（**微視的**《びし》）です。

量子論の世界は、だいたい**原子**以下の超ミクロのスケールです。原子がどれくらい小さいかというと、「ピンポン玉：水素の原子」のサイズ比は、「地球：ピンポン玉」のサイズ比と、おおよそ等しいといわれます。

ただ「サイズが小さい」だけではありません。超ミクロの世界は、奇妙な法則に支配されています。原子サイズ以下には、マクロの世界の常識が通用しないのです。

その奇妙さこそ、量子論の難しいところでもありつつ、とても面白いところでもあります。奇妙なポイントをふたつ紹介しましょう。

$$R_{\mu\nu}-\frac{1}{2}g_{\mu\nu}R=\frac{8\pi G}{c^4}T_{\mu\nu}$$

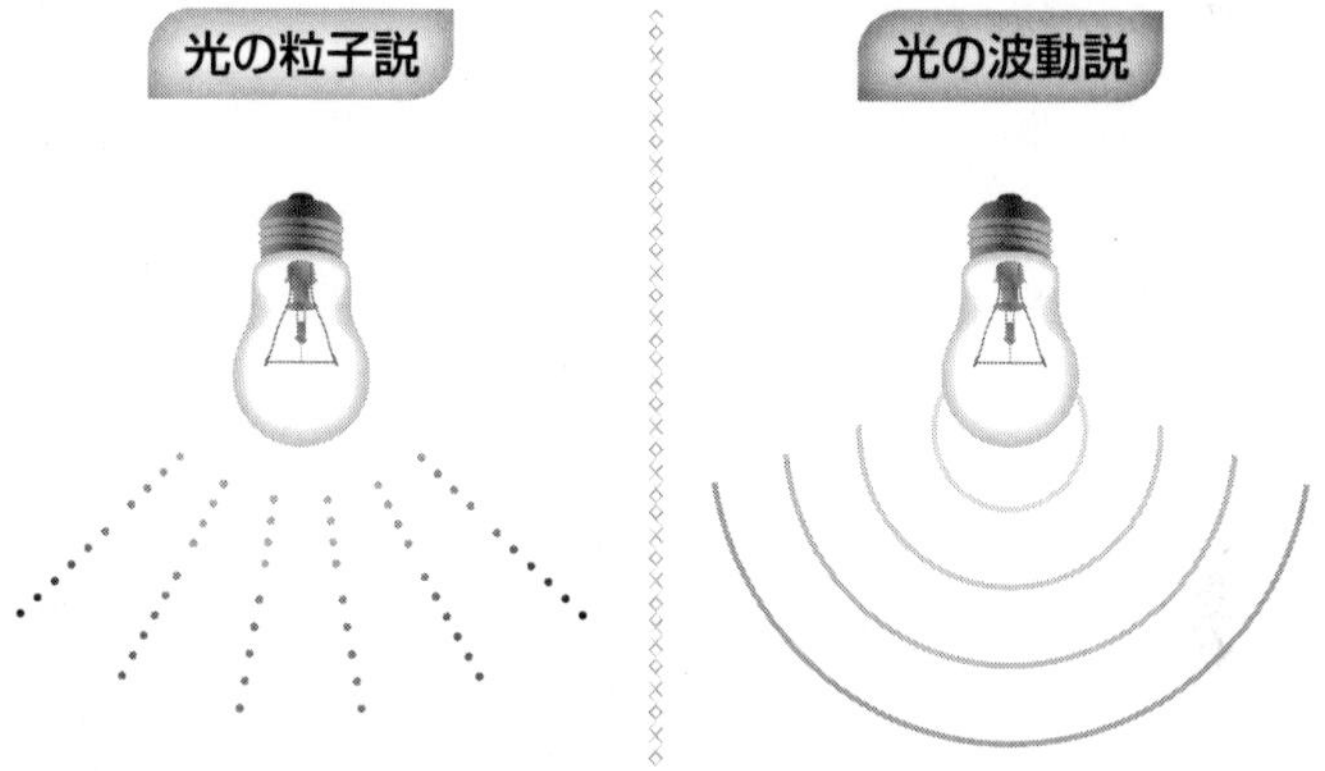

▲「光の粒子説」と「光の波動説」の長い対立には、量子論が答えを出した。光は「粒子」としてふるまうこともあれば、「波」としてふるまうこともある。この「二面性」は、量子の性質であり、「電子」などにも備わっている。

粒子と波の二面性

奇妙なポイントのひとつめは、第2章から取り上げている、**光の粒子説**と**波動説**の話から紹介しましょう。

20世紀初頭までは波動説が圧倒的優勢でしたが、**アインシュタイン**の**光量子論**（79ページ参照）によって状況がひっくり返されていました。**光**の正体は粒子か波か——その謎は、量子論によって解き明かされます。

量子論があばいた光の正体とは、「**粒子でもあるし、波でもある**」。いいかえると、「**粒子としての性質と、波としての性質をもつ**」というものでした。

「そんなバカな！」と思われるでしょう。しかし、あらゆる実験や観測から、そうとしか考えられないのです。「なぜ？　どういうこと？」と疑問をもって当然ですが、現にそうなっているとしかいいようがありません。とりあえず、「そういう仕様になっているんだ」と受け入れざるをえないことなのです。

そして、光だけでなく、たとえば**電子**（代表的な電子です）もこの**二面性**をもっていて、ときに粒子としてふるまい、ときに波としてふるまいます。この二面性は、超ミクロの量子たちに共通する性質なのです。

状態の重ね合わせ

奇妙なポイントのふたつめは、**状態の重ね合わせ**と呼ばれる現象です。

これは、「**ひとつのものが、同時に複数の場所に存在できる**」という内容です。思考実験で紹介します。

まずはマクロなサイズの世界で、「ふたを閉めたあとに、真ん中に仕切りを入れられる箱」を用意します。これにボールを入れてふたをし、箱を振ってから、仕切りを入れます。当然、ボールは仕切りの右側か左側かのどちらかにあります。そしてふたを開ければ、「もともとどちらにあったか」を知ることができます。

さて、ここからが本番です。次に、「量子サイズで同じような箱を用意して、そこに電子を入れる」という実験を行うとしましょう。

量子論によれば、箱の中に入れられたこの

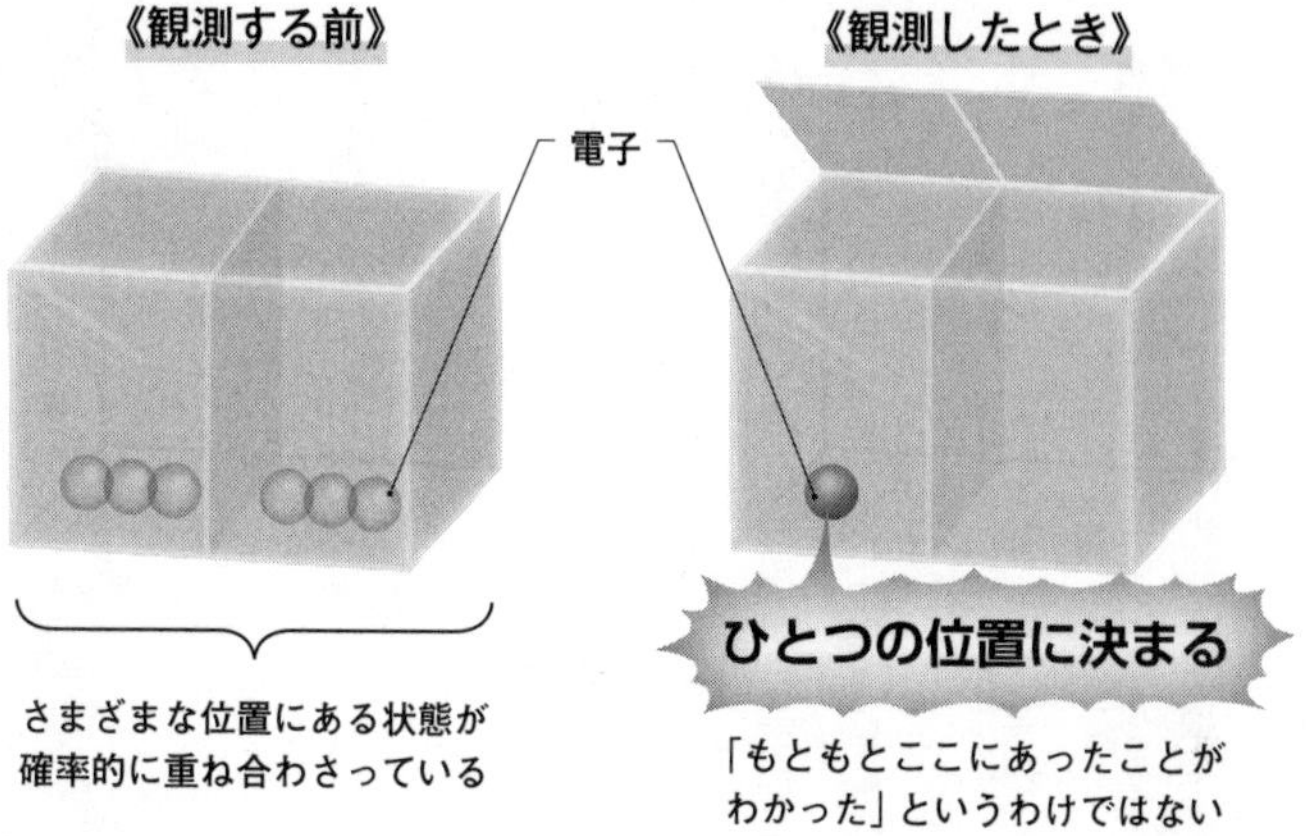
《観測する前》
《観測したとき》
電子
さまざまな位置にある状態が
確率的に重ね合わさっている
ひとつの位置に決まる
「もともとここにあったことが
わかった」というわけではない

▲観測されていないときの「電子」は、まるで分身のように、「さまざまな位置にある状態が、確率的に重ね合わさっている」と考えられる。これを「状態の重ね合わせ」という。ふたが開いて観測されたときに初めて、電子の位置が1点に確定する。

電子は、驚くべきことに「**箱の中のあらゆる場所に同時に存在する**」としか解釈できないような動きをします。

「A地点にある状態がaパーセント、B地点にある状態がbパーセント、C地点にある状態がcパーセント……（以下省略）」といった具合に、**さまざまな場所にある状態が、確率的に重ね合わさっている**というのです。

これは、「観測できないから、いろいろな可能性が考えられる」ということではありません。「ふたを開けて観測される前は、電子はさまざまな場所に存在する」と考えなければ説明できないような実験結果が、現に出てしまうのです。

超ミクロの世界では、「ものの存在の仕方」は、不確定で確率的になるのです。

03

量子の理論は特殊相対性理論と融合した

量子力学と場の量子論

量子力学の確立

1926年、ドイツの物理学者**ヴェルナー・ハイゼンベルク**（1901～1976年）らは、量子の**粒子**的な側面に注目して、**行列力学**《ぎょうれつりきがく》という理論を構築しました。

同年、オーストリア出身の物理学者**エルヴィン・シュレーディンガー**（1887～1961年）は、**電子**の**波**としてのふるまいを表す**シュレーディンガー方程式**を作り、**波動力**《はどうりき》**学**《がく》と呼ばれる方法を創始します。

これらの理論は、数学的に等しい価値をもちます。このようにして、**前期量子論**（155ページ参照）の数々の法則を体系化する、**量子力学**《りょうしりきがく》が確立されていきました。

さてここから、**相対性理論と量子論の関係**の話になります。量子論はもともと、相対性理論を考慮して作られたものではなく、相対性理論にも、量子論の考え方は入っていません。そのことが問題になってきます。

▲ハイゼンベルク（左）とシュレーディンガー（右）。

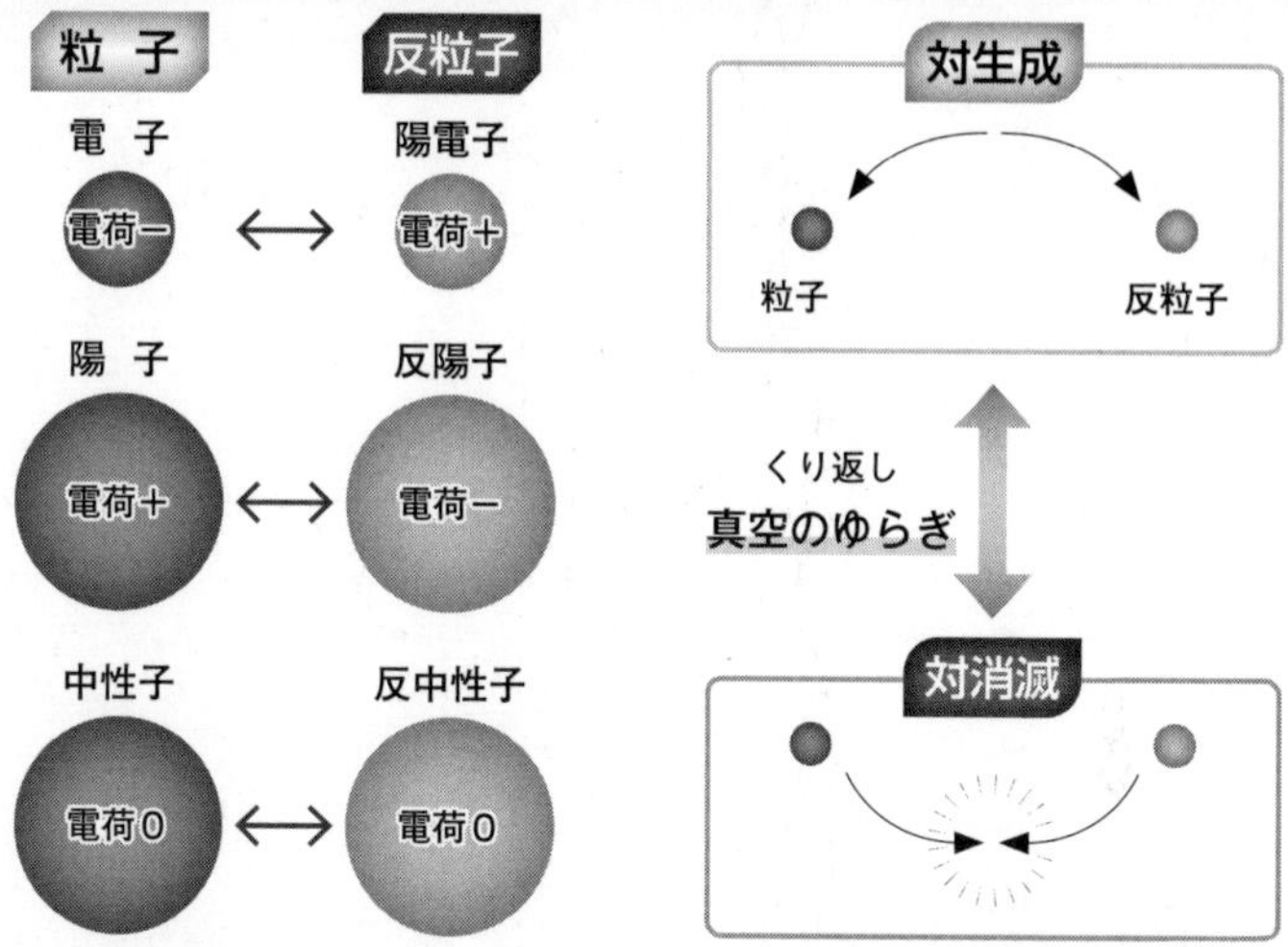

▲「相対論的量子力学」の成果である「ディラック方程式」は、「反粒子」というものの存在を示唆した。粒子と反粒子は、真空中で「対生成」（ペアになって発生すること）と「対消滅」（ぶつかり合って消えること）をくり返している。

相対論的量子力学

量子力学の対象となる電子などの超ミクロ粒子は、**質量**（動かしにくさ）が非常に小さいため、**光速に近い速さ**で運動します。ですから、それらを扱うには、**特殊相対性理論**の効果を考慮に入れる必要があります。

そこで、特殊相対性理論に対応する**相対論《そうたいろん》的《てき》量子《りょうし》力学《りきがく》**が作られました。その大きな成果が、イギリスの物理学者**ポール・ディラック**（1902～1984年）により1928年に発表された**ディラック方程式**です。

▲ディラック。

この方程式からは、

ある未知の粒子の存在する可能性が導き出されました。その粒子は、電子とほぼ同じに見えますが、電子がマイナスの**電荷**（電気的性質）をもつのに対して、プラスの電荷をもちます。そのため、**陽電子**《ようでんし》と名づけられました。

そして陽電子は、1932年、実際に発見されたのです。このことは、ディラック方程式を支える量子力学と特殊相対性理論が、ともに正しいことを示しています。

電子に対する陽電子のように、ミクロの粒子と逆の性質をもって対になる粒子を、一般に**反粒子**《はんりゅうし》といいます。**真空**中では、粒子と反粒子が、ペアで突然生まれる**対生成**《ついせいせい》と、衝突して消える**対消滅**《ついしょうめつ》をくり返していることが、現在ではわかっています。これを**真空のゆらぎ**（**量子ゆらぎ**）といいます。

場の量子論

同時期に、**量子電磁力学**《りょうしでんじりきがく》という研究も誕生します。これは、**電磁場**を量子力学的にとらえるものです。つまり、電磁気を伝える**場**を、「最小単位からなる**離散**的なもの」として扱う（**量子化**《りょうしか》する）わけです。ここから、量子力学を**場の理論**（57ページ参照）として構成する、**場の量子論**が作られていきます。

場の量子論は、衝撃的な世界像を提示しています。「**量子の粒子または波が実在するのではなく、場が振動することで、粒子や波に見える**」というのです。

空間が、量子的な超微小サイズの最小単位に分かれているようなイメージをもってくだ

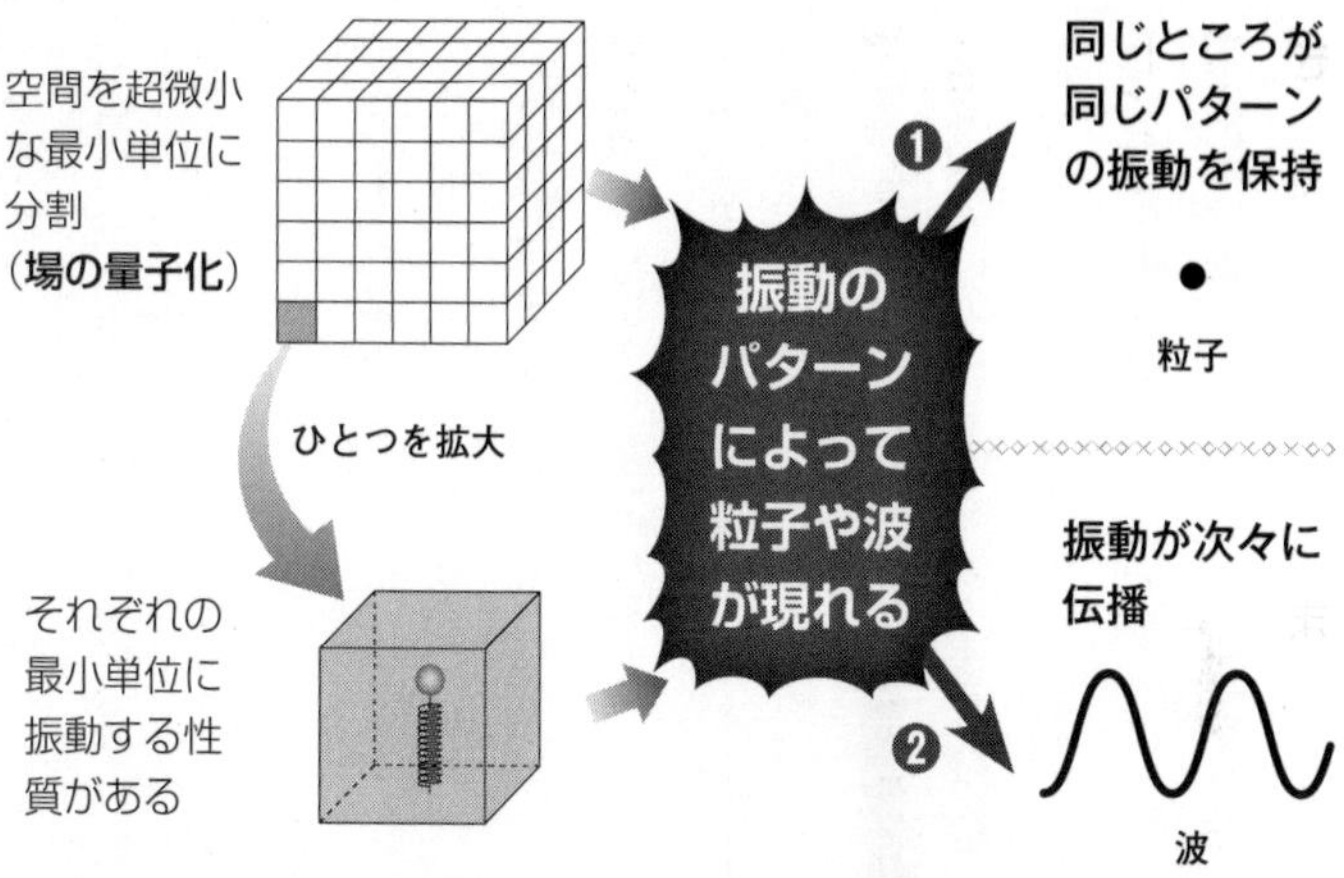
空間を超微小な最小単位に分割
（場の量子化）
ひとつを拡大
それぞれの最小単位に振動する性質がある
振動のパターンによって粒子や波が現れる
❶
同じところが同じパターンの振動を保持
粒子
❷
振動が次々に伝播
波

▲「場」を「量子化」（最小単位からなる離散的なものとして扱うこと）し、「実在するのは場だけである」と考える「場の量子論」は、粒子と波の二面性の問題に、「粒子も波も、場の振動の表れである」というひとつの答えを与えている。

さい。それぞれのエリアは、まるでバネのように振動できるとします。このような場において、❶同じところが長い時間、同じパターンで振動しつづけると、「粒子がある」ように見えます。逆に、❷振動が次々に伝播していくと、「波がある」ように見えます。

これは単なる突飛なアイデアではありません。現に、場の量子論のひとつである量子電磁力学は、多くの現象を合理的に説明でき、驚異的な精度で観測データに一致します。

そして場の量子論では、場を量子化する際、**ローレンツ変換**しても基礎的な方程式の形が変わらないように工夫されています。

つまり、場の量子論は特殊相対性理論を満たします。場の量子論とは、**特殊相対性理論と量子力学との融合**でもあるのです。

04

場の量子論にもとづく現在の素粒子論

素粒子の標準模型

くりこみ理論

特殊相対性理論と**量子力学**が融合した**場の量子論**は、誕生当初はだれもうまく使いこなせませんでした。というのも、計算の結果に**無限大**が出てしまうという欠陥があったからです。そのままでは、実際の測定データと比較できないので、これは大きな問題です。

しかし１９４０年代後半、無限大を回避する**くりこみ理論**というテクニックが、日本の**朝《とも》永《なが》振《しん》一《いち》郎《ろう》**（１９０６～１９７９年）、アメリカの**ジュリアン・シュウィンガー**（１９１８～１９９４年）、アメリカの**リチャード・ファインマン**（１９１８～１９８８年）により、それぞれ独立に発表されました。こうして場の量子論は実用化され、威力を発揮します。

▲朝永振一郎。

素粒子とは何か

場の量子論は、20世紀半ば以降、**素《そ》粒《りゅう》子《し》論《ろん》**へとつながっていきます。

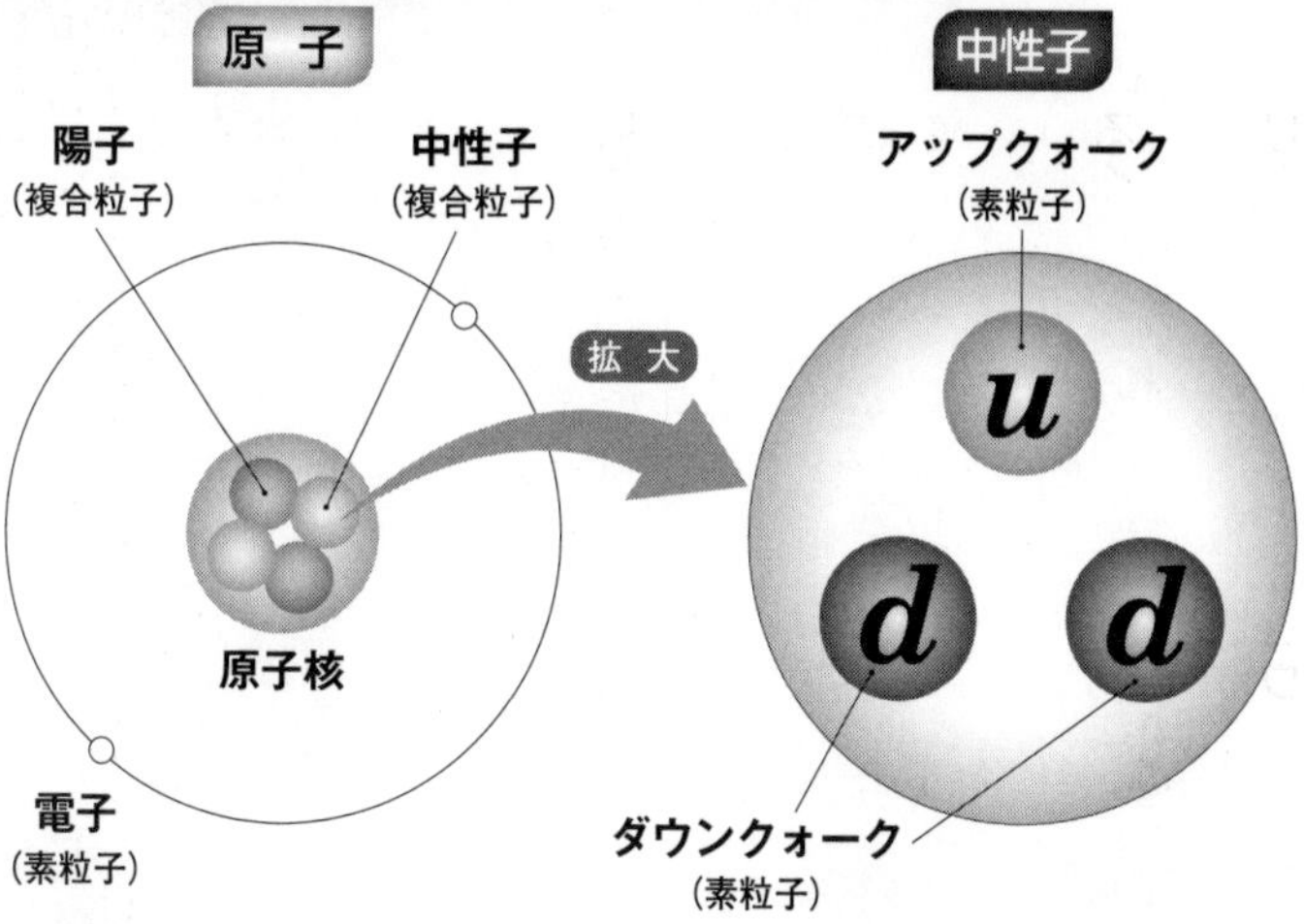

▲原子以下のサイズの世界。電子は「素粒子」だが、原子核を構成する「陽子」や「中性子」は、さらに小さい「クォーク」が結合してできる「複合粒子」である。クォークは素粒子だとされ、6種類存在することがわかっている。

素粒子とは、「それ以上分割できないと考えられる、最小単位の粒子」です。

たとえば、**原子**は**原子核**と**電子**からできています。このうち、電子は素粒子です。原子核は、**陽子**と**中性子**という粒子から構成され、それらは**クォーク**と呼ばれる素粒子が3つずつ組み合わさったものであることが、現在はわかっています（27ページも参照）。

現在の素粒子論は、1970年代半ばまでにまとめあげられた、**標準《ひょうじゅん》模《も》型《けい》**と呼ばれる理論にもとづいています。その基本発想は場の量子論なので、「素粒子も、粒子が実在するのではなく、場の振動にすぎない」ということになるのですが、煩雑《はんざつ》さを避けるため、本書では基本的には「素粒子という小さな粒子がある」というイメージを用います。

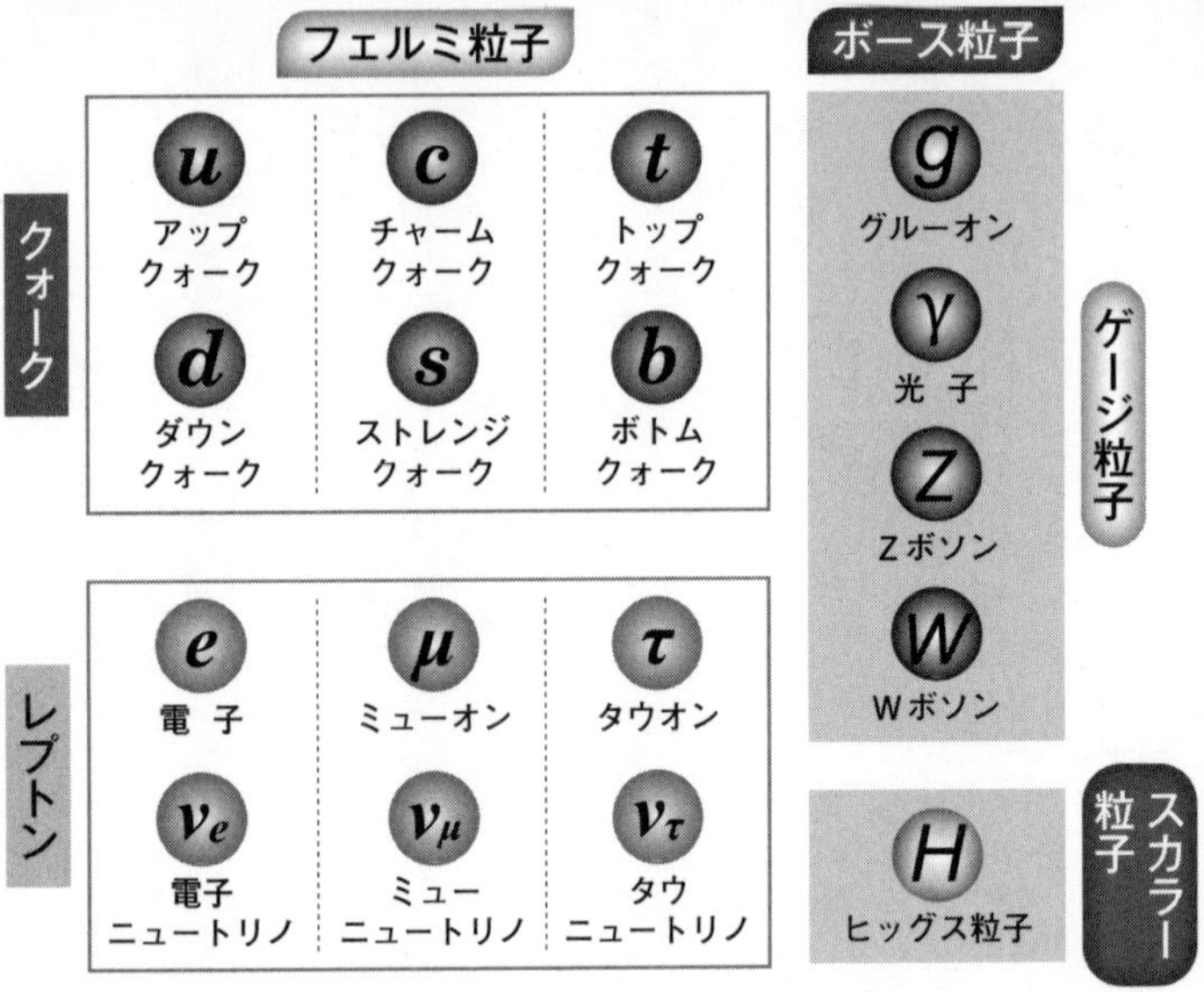

▲「標準模型」による「素粒子」の分類。物質を作る粒子（フェルミ粒子）と、力を伝えたり質量をもたらしたりする粒子（ボース粒子）に大別される。

素粒子の分類

標準模型の概略を、素粒子の分類をもとに説明します。上図を見てください。

素粒子は、❶**物質を構成するもの**と、❷**それ以外**に大別されます。

❶物質を構成する素粒子は、6種類あるクォークと、電子など6種類の**レプトン**です。これらは、**フェルミ粒子**という種類に分類されます。

❷「物質を構成すること」以外のはたらきをする素粒子は、**ボース粒子**という種類に分類されます。そしてこれはさらに、**ゲージ粒子**と**スカラー粒子**に分けられます。

スカラー粒子とゲージ粒子

スカラー粒子は、標準模型では**ヒッグス粒子**だけということになっています。

ヒッグス粒子は、**素粒子に質量を与えた**とされる粒子です。ほかの素粒子たちがヒッグス粒子にぶつかって「動きにくく」なったのが、**質量**の誕生だと考えられています。

ゲージ粒子は、**相互作用《そうごさよう》を媒介する**役割をもちます。どういうことかというと、素粒子どうしは、**ゲージ粒子をやり取りすることで力を伝え合う**のです。

▲湯川秀樹。

この理論の源流には、日本の物理学者**湯川秀樹《ゆかわひでき》**（1907～1981年）の**中間子論《ちゅうかんしろん》**があります。湯川は場の量子論にもとづき、「原子核を構成する陽子と中性子の間で、**中間子**という粒子がやり取りされている」と考えました。そして「そのやり取りが、**核力《かくりょく》**と呼ばれる力として、原子核の結合を支えている」と論じたのです。

▼「中間子論」の基本的な発想。湯川秀樹の考えた「中間子」は、1947年にイギリスの物理学者セシル・パウエル（1903～1969年）によって発見された。中間子論の正しさが証明され、湯川は1949年度、日本人として初のノーベル賞（物理学賞）に輝いた。

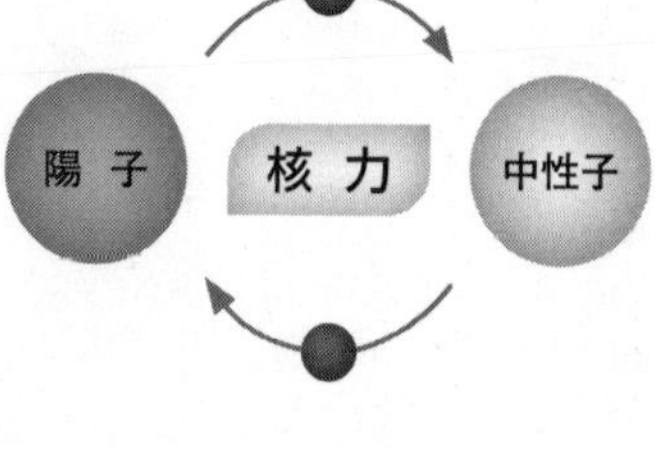

05 宇宙を支配する4つの力

素粒子が媒介する相互作用

強い相互作用

ゲージ粒子が伝える「力」とは、どのようなものでしょうか。じつは、この自然界に存在するさまざまな「力」の源をたどると、たった4種類の基本的な**相互作用**に分類できることが、現代の物理学ではわかっています。

ひとつめは、**強い相互作用**（**強い力**）。**原子核**の中にある**陽子**や**中性子**の、そのまた内部で、**クォーク**どうしを結びつけている力です。この相互作用を媒介するゲージ粒子は、**グルーオン**と呼ばれます。

▼「陽子」は、「アップクォーク」ふたつと「ダウンクォーク」ひとつが、「強い相互作用」によって結合したものである。

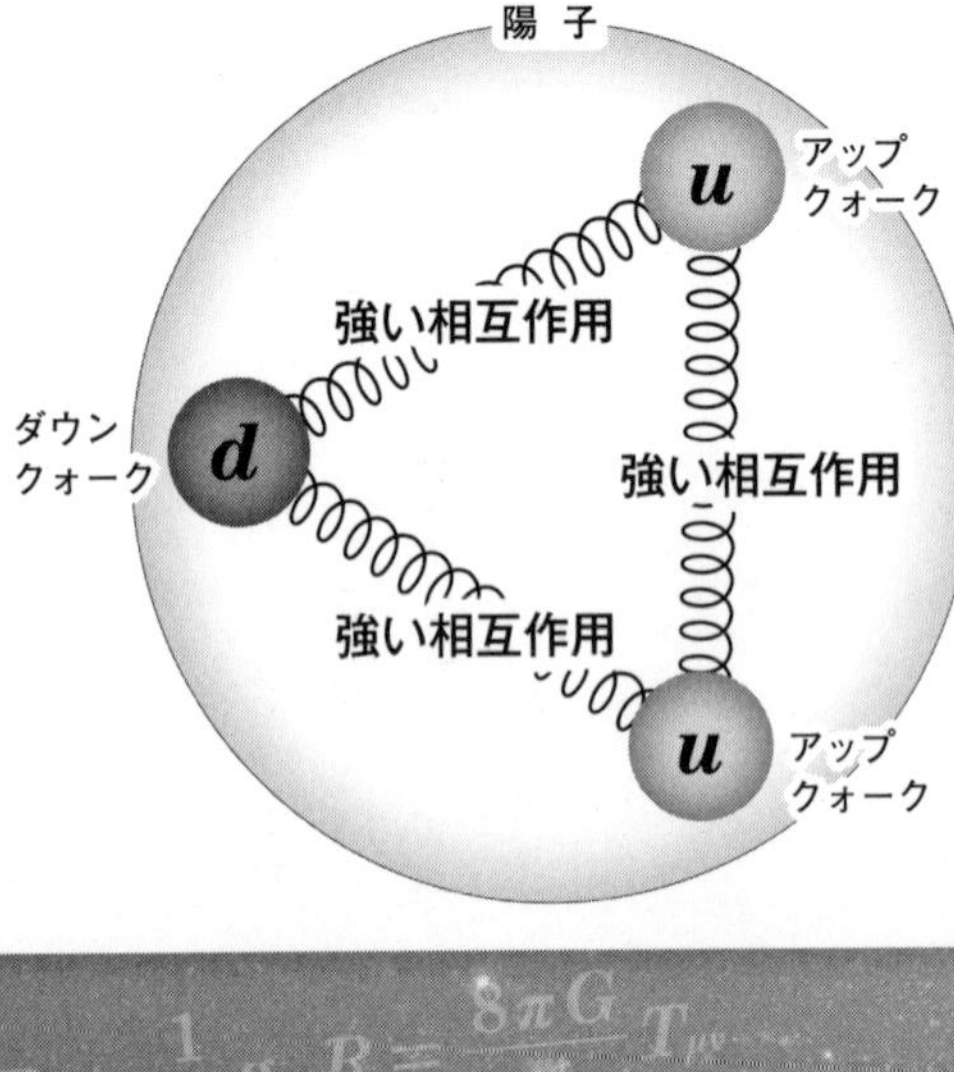

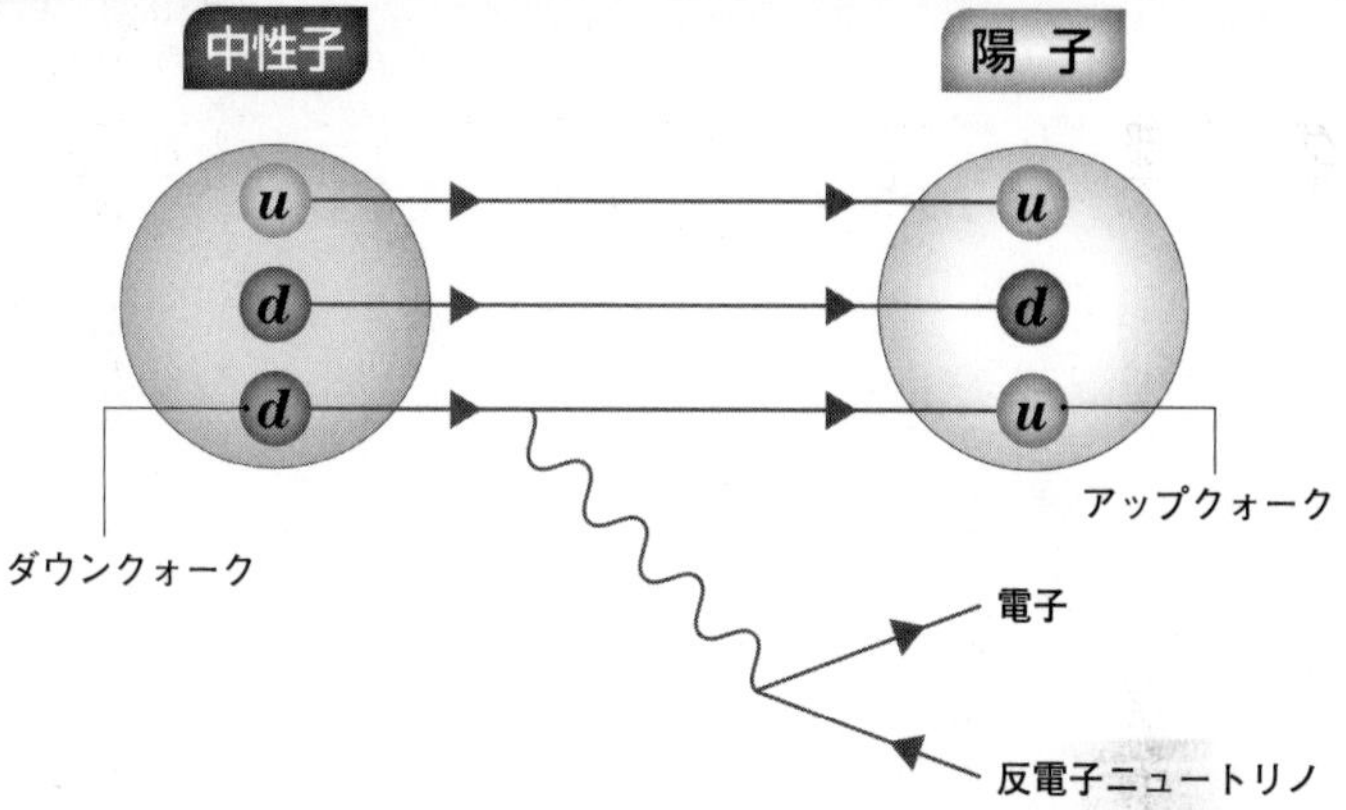

▲「ベータ崩壊」と呼ばれる現象をくわしく見ると、「中性子」の中の「ダウンクォーク」のひとつが、電子と「反電子ニュートリノ」という粒子を放出し、「アップクォーク」に変わっている。このように粒子の種類を変えるのが「弱い相互作用」である。上図は「ファインマン・ダイアグラム」という形式で、線の矢印は「粒子」と「反粒子」（162 ページ参照）で逆方向にするように定められており、「反電子ニュートリノ」は「反粒子」なので、このような方向になる。

弱い相互作用

ふたつめは、**弱い相互作用**（**弱い力**）。電磁気の力（170ページ参照）と比べて、強い相互作用が100倍以上の強さなのに対して、弱い相互作用は1000分の1程度です。弱い相互作用のはたらきを簡潔に述べることは難しいのですが、とりあえず、「粒子の種類を変える力」だと思ってください。

原子核内部の中性子が、放射線を出しながら陽子に変化する**ベータ崩壊**《ほうかい》という現象が、その代表例として挙げられます（上図）。

この弱い相互作用を媒介するのは、**ウィークボソン**というゲージ粒子で、**Zボソン**と**Wボソン**の2種類があります。

電磁相互作用

3つめの力は、**電磁相互作用**《でんじそうごさよう》（**電磁気力**）。これはその名のとおり、**電磁気**の力です。私たちにとっても、身近でイメージしやすいものだといえます。これまで出てきた「強い相互作用」と「弱い相互作用」という力の名称は、電磁相互作用との比較からつけられたものです。

電磁相互作用を媒介するゲージ粒子は、**光子**《こうし》（**フォトン**）といいます。これは、**アインシュタイン**の**光量子論**（79ページ参照）に対応する、**電磁波**（**光**）の素粒子です。

たとえば原子は、原子核のまわりに電子が分布するという内部構造をもっていますが、この原子核と電子が離れすぎずに一緒にいられるのは、プラスの電荷をもつ原子核と、マイナスの電荷をもつ電子の間で、電磁相互作用の引力がはたらいているからです。

重力相互作用

4つめの力は、**重力相互作用**《じゅうりょくそうごさよう》で、単に**重力**ともいいます。

重力相互作用は、どんなに離れていてもはたらきますが、その力はほかの3種類の相互作用よりも非常に弱く、桁《けた》が違いすぎて不思議なほどです（私たちは地球の重力を強く感じますが、それは、地球の質量がとんでもなく大きいせいです）。もし、重力相互作用が

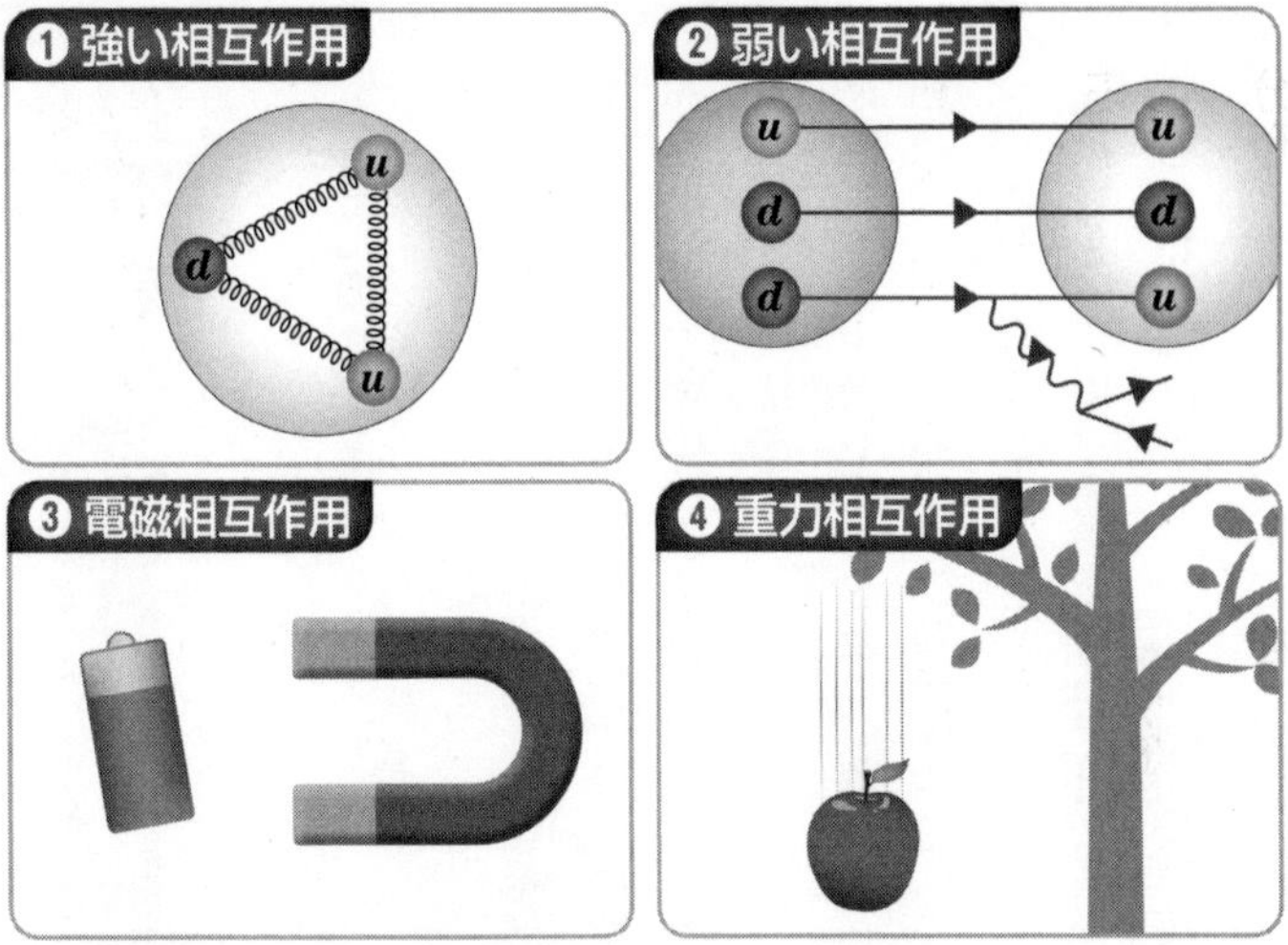

▲4つの「相互作用」のうち、私たちが日常生活の中で感じることができるのは、「電磁相互作用」と「重力相互作用」である。

現状ほど弱くなかったら、すべての物体が互いにくっつき合ってしまい、地球も、私たちのような地球上の生命も、生まれることはなかったでしょうが、しかし、「**なぜこんなに重力は弱いのか**」は、現在の物理学にとっての未解決問題のひとつです。

重力相互作用を媒介するゲージ粒子は、**重《じゅう》力《りょく》子《し》**（**グラビトン**）と名づけられています。しかしこれは、「存在するはずだ」と考えられているものの、今のところ未発見です。

それだけではありません。**場の量子論**にもとづく素粒子の**標準模型**は、重力以外の3つの相互作用については、場の量子論の枠組みで説明できます。しかし、重力相互作用についてだけは、まだ場の量子論で記述できていないのです。標準模型の大きな課題点です。

06 量子重力理論に向けて

量子論と一般相対性理論のまだ見ぬ融合

重力の量子化

現時点で、最高の**重力理論**は**一般相対性理論**です。一般相対性理論は重力を、**時空のゆがみ**として、**場の理論**で見事に説明します。

そこで、この**重力場**を**量子化**（162ページ参照）し、**場の量子論**として扱えるようにすれば（つまり「**ゲージ粒子**のやり取り」として説明できるようにすれば）、素粒子の**標準模型**を重力まで拡張できることになります。

しかし困ったことに、4つの**相互作用**の中でも重力だけは、**くりこみ理論**（164ページ参照）が使えないのです。そのせいで、重力はまだ、場の量子論で記述できていません。

つまり、**量子論**（**量子力学**）**と一般相対性理論は、まだ統合されていない**のです。

この現状に、物理学者の多くは満足していません。量子論と一般相対性理論を統合した、**量《りょう》子《し》重力《じゅうりょく》理《り》論《ろん》**の構築がめざされています。

万物の理論

そもそも、「より広い範囲を、よりシンプルに説明できる法則」を見いだすことが、科

$$R_{\mu\nu} - \frac{1}{2} g_{\mu\nu} R = \frac{8\pi G}{c^4} T_{\mu\nu}$$

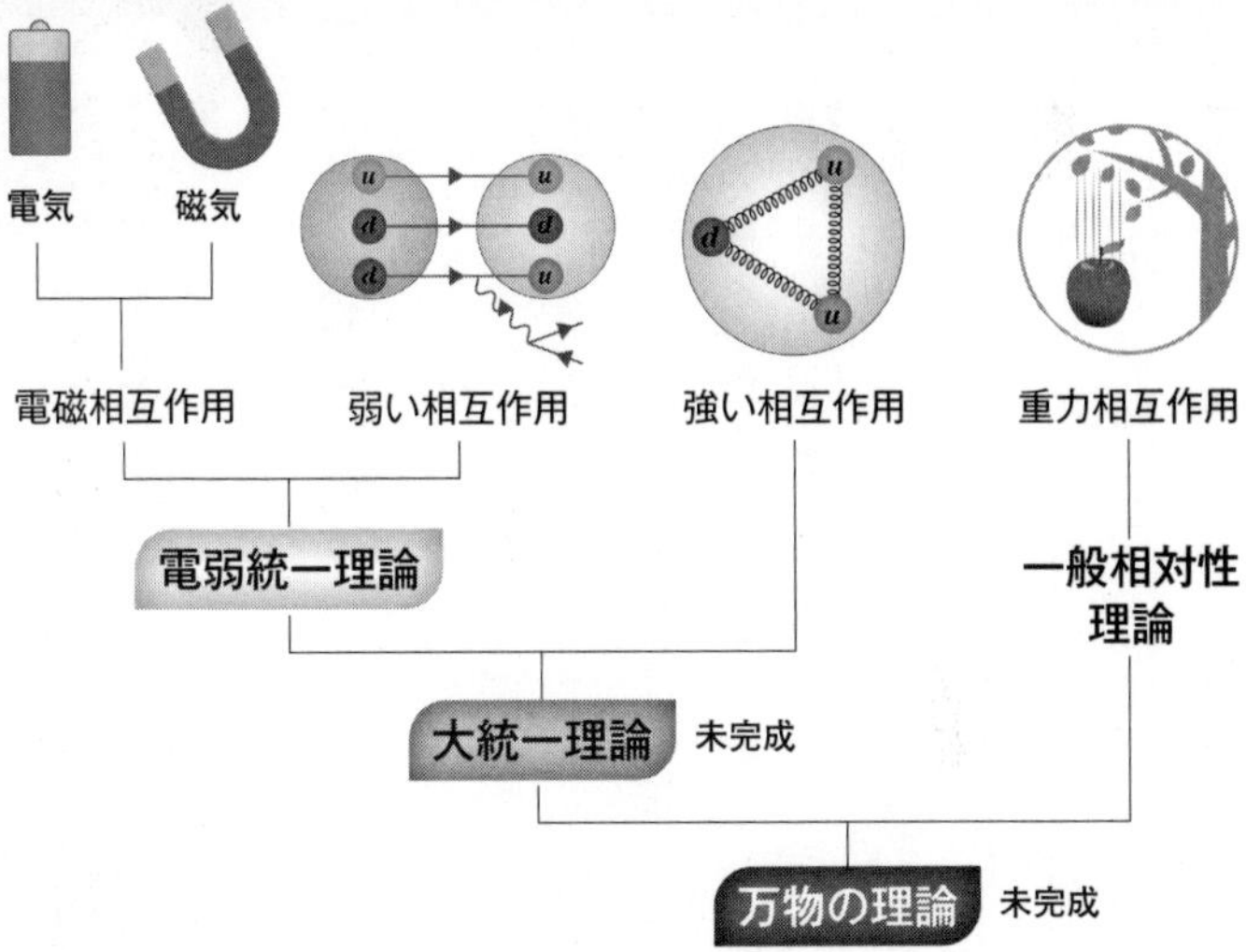

▲現代物理学は、「相互作用」の統一的な理論化をめざして発展してきた。「大統一理論」と「万物の理論」は、現時点では完成していない。

学の目標だといえます。

4つの相互作用について、多くの科学者は、**「もともとはひとつの力**であり、それが別の形に見えているだけではないか」と考えています。現代物理学の究極の目標のひとつは、**宇宙にはたらく4つの相互作用を「ひとつの力」に統合する理論**だといわれています。

電磁相互作用と**弱い相互作用**は、1967年発表の**電弱《でんじゃく》統一《とういつ》理論《りろん》**によって統合されました。また、1974年には、**強い相互作用**をも含む**大統一《だいとういつ》理論《りろん》**も発表されています（もっとも、こちらはまだ実証されていません）。

あらゆる現象を「ひとつの力」だけで説明できる**万物《ばんぶつ》の理論**を作るうえで、最大の問題が重力なのです。量子重力理論が完成すれば、万物の理論への道も見えることでしょう。

07 宇宙のすべては「ひも」でできている!?

ひも理論から超ひも理論へ

ひも理論の誕生

量子論と**一般相対性理論**を融合させた**量子重力理論**はまだ見つかっていませんが、その候補といわれる理論はいくつかあります。最も有力視されているもののひとつが、**超《ちょう》ひも理論**（**超弦《ちょうげん》理論**）です。

超ひも理論は、1970年に日本出身の物理学者**南部陽一郎**《なんぶよういちろう》（1921～2015年）らによって作られた**ひも理論**（**弦理論**）に由来します。南部らは、イタリアの物理学者**ガブリエーレ・ヴェネツィアーノ**（1942年～）が1968年に発表していた数式を用いて、「**素粒子がひもでできている**と考えれば、多くの素粒子を統一的に説明できる」ということを示しました。

従来の物理学では、「**素粒子**は、**大きさをもたない点である**」と考えていました。しかしひも理論では、「**たった1種類の、とんでもなく小さいひもが、振動することで素粒子に見える**」と考えます。

楽器の弦をはじくと振動し、振動パターンの違いから、多様な音が生じます。それと同じように、ひもの振動の仕方によって、素粒子の種類の違いが生じるというのです。

$$R_{\mu\nu}-\frac{1}{2}g_{\mu\nu}R=\frac{8\pi G}{c^4}T_{\mu\nu}$$

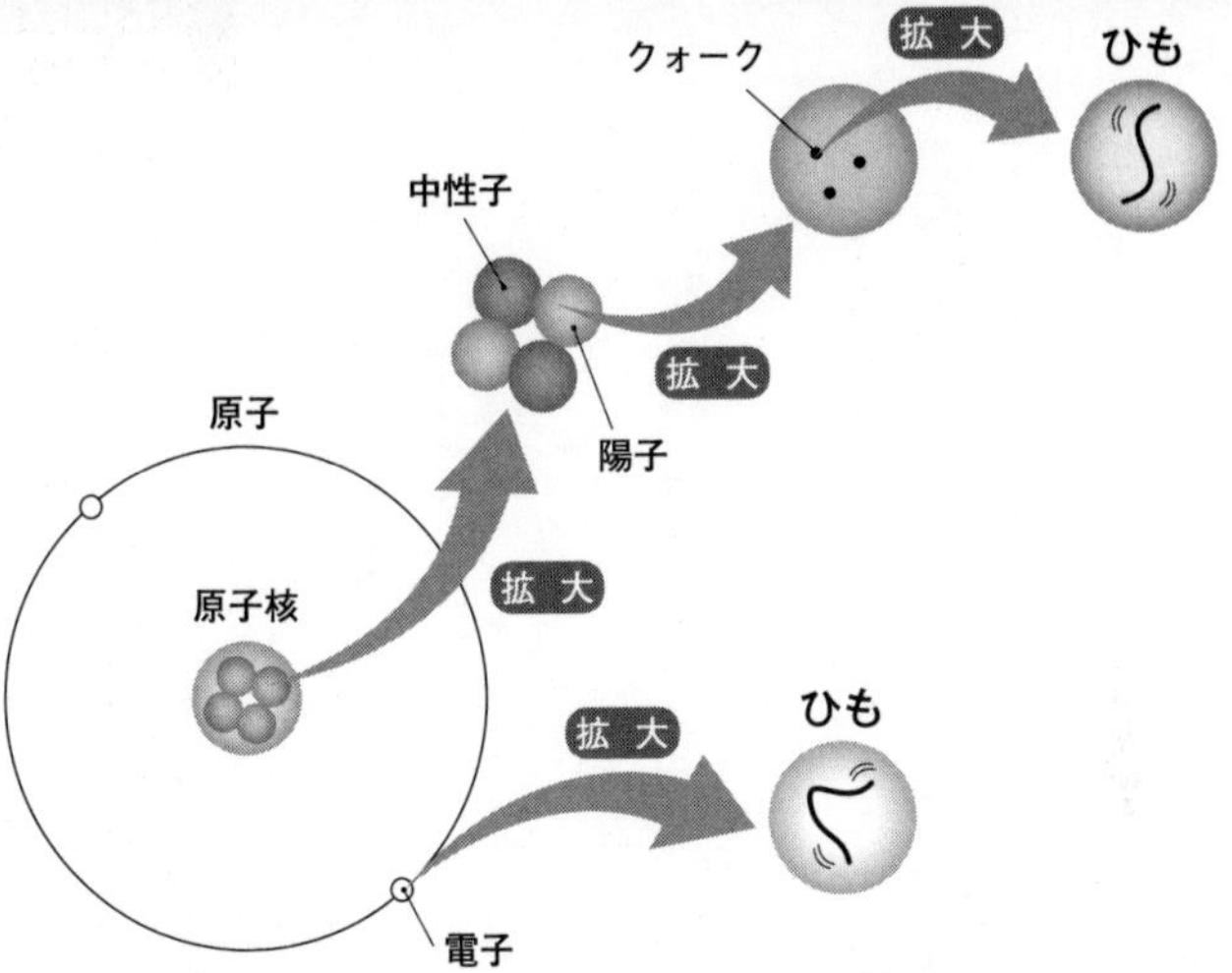

▲素粒子の正体は振動する「ひも」だとするのが、「超ひも理論」の発想である。ひもがゆらぐと振動が生じ、素粒子に見える。物質を作る素粒子だけではなく、相互作用を媒介する（力を伝える）素粒子も、ひもの振動で生じているという。

超ひも理論

ただし、当初のひも理論では、ひもの振動によって現れる素粒子は、**ボース粒子**（166ページ参照）だけでした。クォークや電子など、物質を形成する**フェルミ粒子**は、理論に含まれていなかったのです。

しかし1971年、アメリカの物理学者**ジョン・シュワルツ**（1941年〜）らが、突破口を見いだします。ひもが振動する空間として、**超空間**《ちょうくうかん》と呼ばれるものを想定すると、フェルミ粒子も現れることがわかったのです。

超空間の内容は少し難しいので、ここでは説明を割愛しますが、この超空間を取り入れた、より広いひも理論こそ、超ひも理論です。

さらに1974年、シュワルツらや日本の物理学者**米谷民明**《よねやたみあき》（1947年〜）が、「超ひも理論を使えば、**重力を量子論で説明できる**かもしれない」ということを発見します。ここに、超ひも理論が量子重力理論となる可能性が生まれました。

超ひも理論と重力

素粒子の**標準模型**の基礎にもなっている**場の量子論**には、「計算結果に無限大が出てしまう」という問題があり、これを**くりこみ理論**で処理していました（164ページ参照）。

じつはこの無限大問題は、素粒子を「大きさのない点」とみなすことと、深い関係があります。そして、「素粒子は、大きさのない点ではなく、ひもである」と考えると、この問題を回避できるのです。

ですから、くりこみ理論が使えない重力（172ページ参照）を量子化しようとする際、超ひも理論は有利だといえます。

超ひも理論によると、超ミクロの世界には**Ⓐ開いたひも**と**Ⓑ閉じたひも**があります

Ⓐ開いたひもの振動から作られるのは、**物質を構成するフェルミ粒子と、重力子以外のボース粒子**です。

それに対して、Ⓑ閉じたひもから作られるのは、**重力相互作用を媒介する重力子**です。

つまり超ひも理論では、重力とほかの力との違いは、「ひもが閉じているか開いているか」として説明されるのです。

$$R_{\mu\nu}-\frac{1}{2}g_{\mu\nu}R=\frac{8\pi G}{c^4}T_{\mu\nu}$$

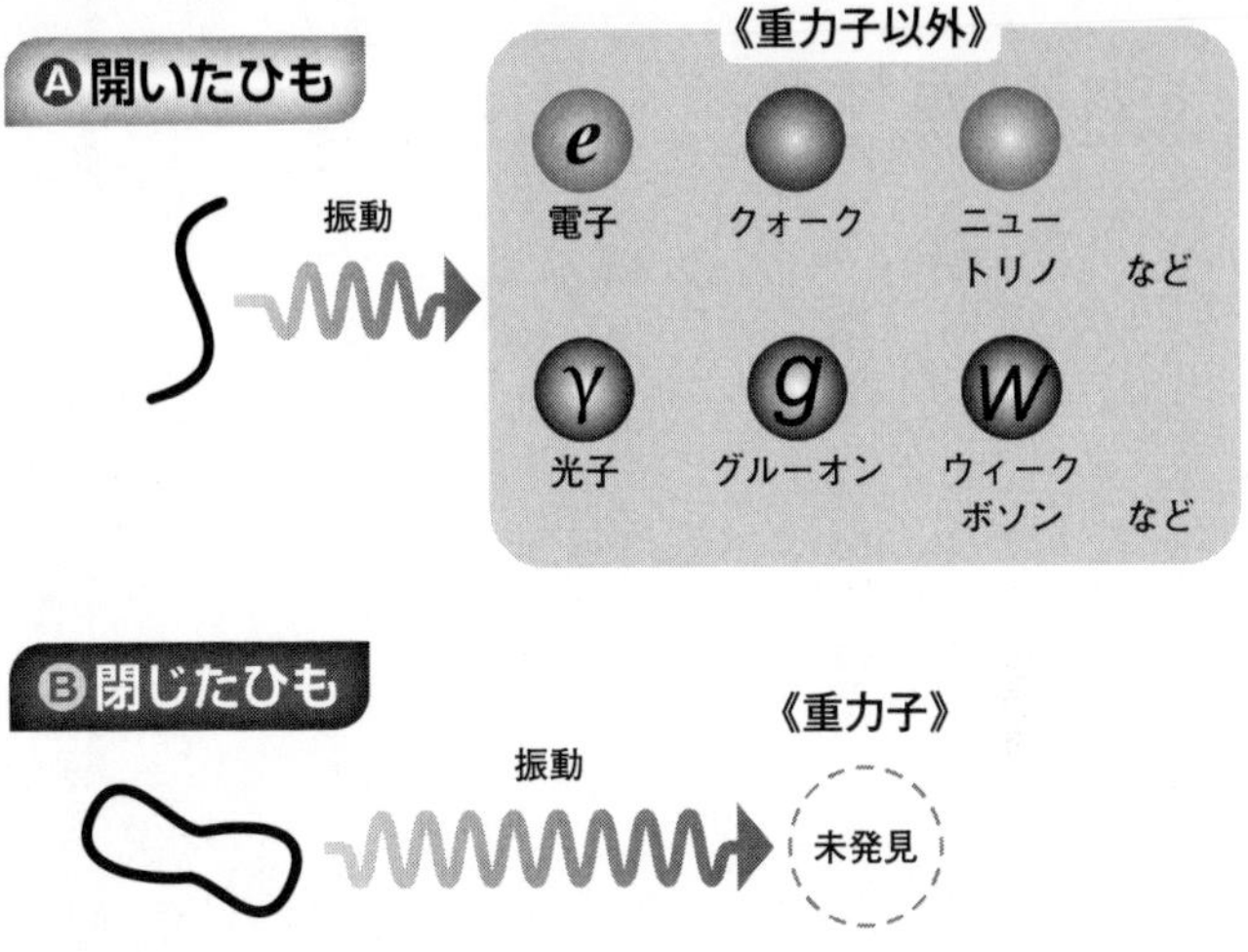

▲超ひも理論で想定されるひもには、Ⓐ「開いたひも」とⒷ「閉じたひも」があり、Ⓑから作られるのが「重力子」だとされる。

第1次超ひも理論革命

さて、このように画期的な超ひも理論も、1980年代の初めまではあまり相手にされていませんでした。不遇《ふぐう》の理由は、ちょうど素粒子の標準模型などが整備されていく時期で、ほかの理論が注目されていたことや、超ひも理論に**アノマリー**と呼ばれる数学的矛盾が見つかっていたことなどです。

しかし1984年、シュワルツがイギリスの物理学者**マイケル・グリーン**（1946年〜）とともに、アノマリーの問題を解決します。ここから超ひも理論は有用な理論として注目され、研究者も増えました。1984年は、**第1次超ひも理論革命**の年と呼ばれます。

08 余剰次元とDブレーン

「見えない6次元分」は小さく隠されている!?

▼10次元の時空

超ひも理論には、ほかにもとても面白いテーマがあります。**次元**です。

多くの物理学の理論は、次元がいくつあっても成立するようになっています。たとえば**ニュートン力学**の**運動方程式**や、**電磁気学**の**マクスウェル方程式**は、普通は3次元の空間を設定して使われますが、次元の数が変わっても同じように成り立ちます。4次元時空の構想から作られた**アインシュタイン方程式**も、じつは4次元に縛られずに使えます。

▼「カラビ＝ヤウ多様体」。空間に関して、私たちが認識できる「縦」「横」「高さ」の3次元以外、6次元分の「余剰次元」が、超ミクロの世界でこのような形に「コンパクト化」されているという。

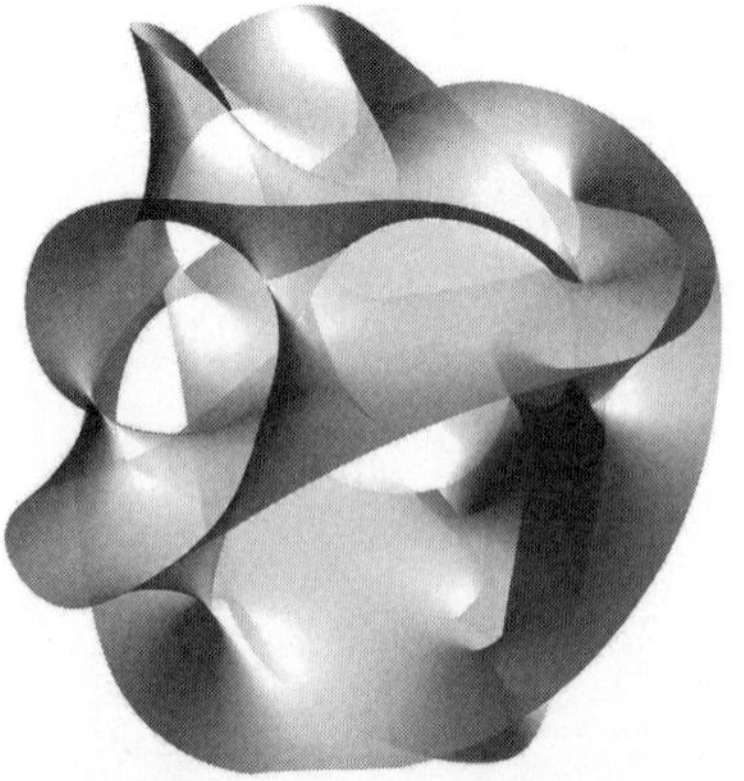

$$R_{\mu\nu}-\frac{1}{2}g_{\mu\nu}R=\frac{8\pi G}{c}T_{\mu\nu}\cdots$$

しかし、超ひも理論では、面白いことに**「9次元の空間＋1次元の時間」**と、時空の次元が**10次元**に決まってしまいます。

これは**特殊相対性理論**の制約によるものです。特殊相対性理論を満たすためには、光の速さが宇宙の最高速度にならなければならず、**光の質量がゼロになる**必要があります（109ページ参照）。そして、もし超ひも理論で空間が9次元以外だと、「光の素粒子である**光子**（170ページ参照）の質量はゼロ」という条件を満たさなくなります。超ひも理論では、時空は10次元でしかありえないのです。

私たちが認識できる4次元よりも多い次元を、**余剰次元**《よじょうじげん》と呼びます。超ひも理論が要請する6次元分もの余剰次元は、いったいどうなっているというのでしょうか。

余剰次元のコンパクト化

この問題の解決策も、**第1次超ひも理論革命**の際に発見されました。アメリカの物理学者**エドワード・ウィッテン**（1951年〜）らが、「余剰次元を認識できないのは、小さく丸め込まれて隠れているからだ」と論じたのです。これを**コンパクト化**といいます。

1本の綱《つな》をイメージしてください。綱渡りをするピエロにとっては、綱は1次元の線ですが、綱の表面を歩き回る小さなアリにとっては、綱は2次元の面です。これと同じ発想で、6次元分は、とてつもなく小さいスケールで、右図のような**カラビ＝ヤウ多様体**《たようたい》と呼ばれる形になっていると考えられています。

第2次超ひも理論革命

さらに1995年、**第2次超ひも理論革命**が起こります。主導したのはウィッテンです。

じつは、「超ひも理論」と総称される理論の中には、理論的前提の違う5種類の理論がありました。ウィッテンはこれらを綿密に検討したうえで、「**より根源的なひとつの理論**があるはずで、5種類の超ひも理論は、その理論の異なる現れである」と主張したのです。

その「より根源的な理論」は、**M理論**と名づけられました。M理論がどういうものなのかははっきりしていませんが、5種類の理論の関係が見直されることで見通しがよくなったこともあり、研究が活性化されました。

Dブレーン理論

またウィッテンは、素粒子を「大きさのない点」ではないものとして考えるうえで、発想を広げるように呼びかけました。1次元（線）のひもにこだわらず、2次元（面）の膜《まく》などの可能性も探るべきだというのです。

これを受けて同じく1995年、アメリカの物理学者**ジョゼフ・ポルチンスキー**（1954～2018年）らは、「**開いたひも**（176ページ参照）の端は、広がりをもつ膜のようなものにくっついているはずだ」ということを、理論的に示しました。この膜を**Dブレーン**といいます。

開いたひもは、端がDブレーンにつながっ

$$R_{\mu\nu}-\frac{1}{2}g_{\mu\nu}R=\frac{8\pi G}{c^4}T_{\mu\nu}$$

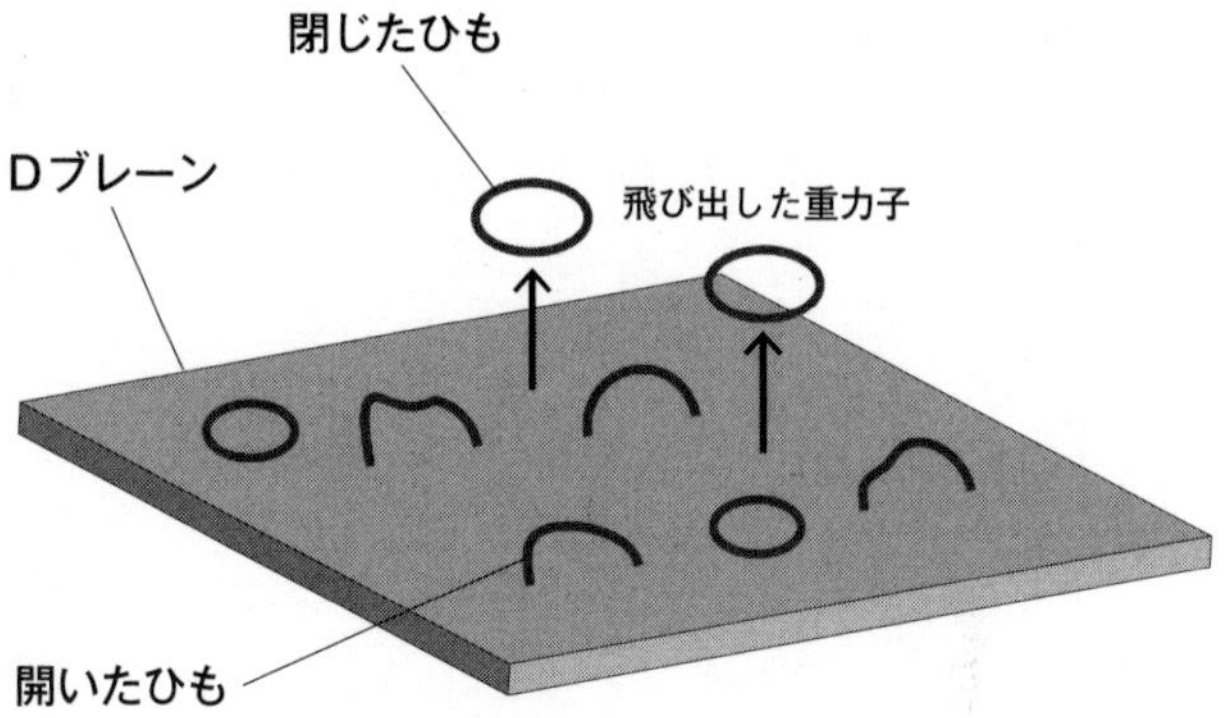

▲ひもと「Dブレーン」の関係のイメージ。「閉じたひも」である「重力子」は、Dブレーンから自立しており、飛び出して「余剰次元」に及ぶことができる。物質を作る素粒子や、電磁相互作用を媒介する「光子」などの「開いたひも」は、Dブレーンに張りついていなければならず、余剰次元の方向へは進めない。

た状態のまま、すべるように動くことが可能ですが、Dブレーンから離れることはできません。端が切れているので、Dブレーンから自立できないというイメージです。

　これに対して**閉じたひも**は、Dブレーンから自立して、離れていくことができます。

　このDブレーンを、私たちの3次元空間だととらえましょう。

　開いたひもの振動でできるフェルミ粒子や光子などは、3次元空間の中にしかいられません。しかし、**閉じたひもの振動でできる重力子**は、3次元から飛び出して、余剰次元へと進出できます。そして、**4つの相互作用の中で重力相互作用が桁違いに弱い**（171ページ参照）のは、こうして余剰次元に流出しているからだと考えられるのです。

09 ループ量子重力理論

空間自体にも「最小単位」がある!?

重力場を表すループ

超ひも理論以外にもうひとつ、**量子重力理論**の有力候補とされている理論があります。**ループ量子重力理論**です。

この理論の源は、アメリカの物理学者**ジョン・ホイーラー**（1911〜2008年）と**ブライス・ドウィット**（1923〜2004年）が、**時空のゆがみ**を**量子化**することをめざして**一般相対性理論**から作った、**ホイーラー＝ドウィット方程式**です。

その方程式は謎に満ちていましたが、空間の中の「輪のような線」に当てはめて計算したとき、うまく解けました。この「輪のような線」は、**ループ**と呼ばれます。では、このループは何を意味しているのでしょうか。

電磁場が、**ファラデー**の**力線**で表されたことを思い出してください（57ページ参照）。あの力線と同じように、**重力場**を表す線が、このループなのです。

量子化された空間

ファラデーの力線には量子論的な考え方は

$$R_{\mu\nu}-\frac{1}{2}g_{\mu\nu}R=\frac{8\pi G}{c^4}T_{\mu\nu}$$

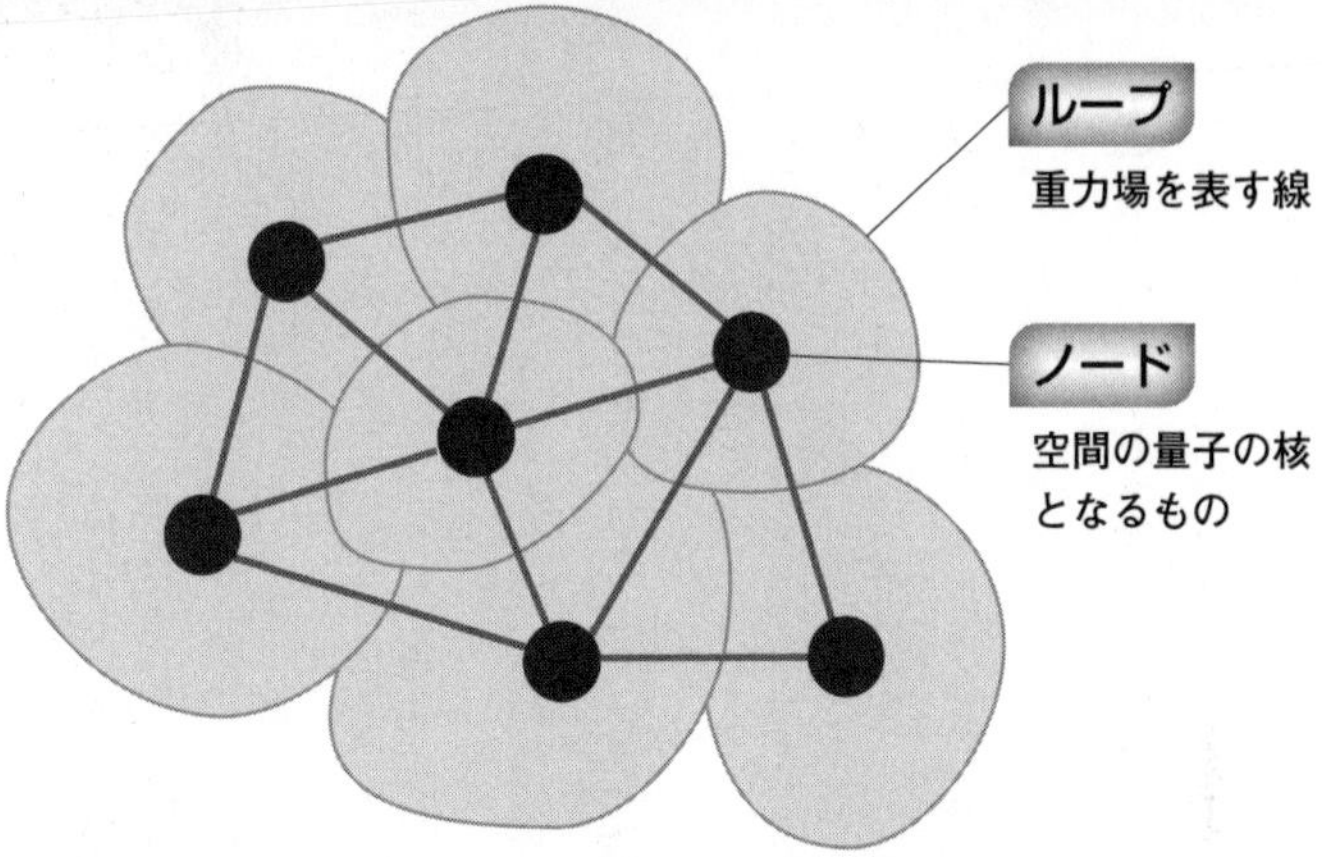

▲「重力場」を「量子化」することを考える「ループ量子重力理論」では、必然的に、空間も「離散」的なものだとされる。私たちは、バラバラな「空間の量子」によって織りなされるネットワークの中で生きているというのである。そのネットワークは上図のようなモデルで表され、「スピンネットワーク」と呼ばれる。ループ量子重力理論については、246ページでもう一度くわしく取り上げる。

入っていませんが、ループは量子化されています。重力場が量子化されているということは、つまり、**一般相対性理論と量子論の統合**を意味します。

ただし、ホイーラー＝ドウィット方程式には数学的欠陥もあり、改良が必要でした。理論の体系化も行われなければならず、現在も、ループ量子重力理論は構築中です。

また、ファラデーの力線は「空間の中での電磁場」を表しますが、ループが表す重力場は、いわば空間そのものです。とすると、**空間自体が連続的ではなく、離散的に量子化されている**ことになります。一般相対性理論と量子論の双方に忠実なループ量子重力理論によると、**空間は「空間の量子」によって織《お》りなされるネットワーク**なのです。

COLUMN 05

❖ アインシュタインと量子論

この章では、**相対性理論**と**量子論**が、補い合ったり矛盾し合ったりしながら、物理学を発展させてきたことを紹介しました。

アインシュタインは、相対性理論の生みの親であるだけでなく、量子論の誕生にも非常に深くかかわっています。

しかし彼は、量子論の不確定で**確率**的な性格（159ページ参照）に、満足できませんでした。アインシュタインは「量子論的なサイズでも、電子のふるまいなどは、自然法則によって完全に決まっているはずだ」と考え、「確率的にしかわからないなどとしているのは、量子論がまだ不完全なだけだ」と主張しました。「**神はサイコロを振らない**」という彼の言葉は有名です。

アインシュタインは、量子論の主流と対立し、特に**ボーア**（155ページ参照）に対して、しばしば難題を投げかけました。しかし、それに応えるためにボーアらが理論を磨《みが》き、量子論を発展させたともいえます。

一般相対性理論発表後のアインシュタインの生涯を、ごく簡単に紹介します。彼は1921年度のノーベル物理学賞を受賞したのち、1930年代、**ナチス**に支配された祖国ドイツを離れ、アメリカに移住します。第2次世界大戦時は、複雑な事情の中、**原子爆弾**の開発にわずかながら関与しました。そのことに心を痛めた彼は、晩年、**平和**と**核兵器廃絶**《はいぜつ》のための運動に取り組んだのでした。

$$R_{\mu\nu} - \frac{1}{2}g_{\mu\nu}R = \frac{8\pi G}{c^4}T_{\mu\nu}$$

第6章

相対性理論と宇宙の神秘

アインシュタイン方程式で宇宙を調べると……

01 宇宙は膨張している

▼宇宙原理を仮定する

相対性理論は「**時空**と、その中にある物質とが、どのように関係するか」を解き明かす理論です。ですから、宇宙の探究において存分に威力を発揮します。この章では、**相対性理論に支えられる宇宙論**を紹介していきます。

一般相対性理論の**アインシュタイン方程式**（136ページ参照）から話を始めましょう。

この方程式は、「どんな物質があるか」を入力すれば、「そのまわりで時空がどんな形になっているか」を出力してくれます。これを宇宙全体に対して使ったら、宇宙全体の形を知ることができそうですね。

しかし、そのためには、「宇宙全体にどんな物質がどのように存在しているか」を入力する必要があります。そして、私たちは「宇宙全体にどんな物質がどのように存在しているか」を知りません。そこでとりあえず、「宇宙には物質が均等に散らばり、どの方向も同じようになっている」と考えてみることにします。この仮定を**宇宙原理**《うちゅうげんり》といいます。

宇宙原理を仮定してアインシュタイン方程式を解くと、出力される解《かい》（答え）は、「**宇宙は大きさが変化する**」というものでした。

$$R_{\mu\nu} - \frac{1}{2} g_{\mu\nu} R = \frac{8\pi G}{c^4} T_{\mu\nu}$$

❶修正前のアインシュタイン方程式

$$R_{\mu\nu}-\frac{1}{2}Rg_{\mu\nu}=\frac{8\pi G}{c^4}T_{\mu\nu}$$

❷宇宙項を加えたアインシュタイン方程式

$$R_{\mu\nu}-\frac{1}{2}Rg_{\mu\nu}+\boxed{\Lambda g_{\mu\nu}}=\frac{8\pi G}{c^4}T_{\mu\nu}$$

宇宙項 ➡空間を押し広げる斥力

▲「宇宙原理」と呼ばれる仮定に従って❶の式を解いたとき、「宇宙は大きさが変化する」という解が出てくる。アインシュタインはこれを認められず、宇宙を不変に保つため、「宇宙項」を入れた❷の式を作った。

静的宇宙モデル

アインシュタインは、「宇宙は永遠に変わらない」と信じていたので、この答えを受け入れられませんでした。そこで、宇宙が変化しないよう、方程式のほうに変更を加えます。アインシュタイン方程式は、もともとは上図の❶のような形でした。変更後の方程式❷には、空間を押し広げる**斥力**《せきりょく》（引力の反対）を表す、**宇宙項**《うちゅうこう》という要素がつけ足されています。「この斥力が、**重力**とつり合って、宇宙が一定の大きさに保たれる」とアインシュタインは考えました。

こうして1917年に発表された宇宙像が、アインシュタインの**静的宇宙**《せいてきうちゅう》**モデル**です。

フリードマンとルメートル

しかし、アインシュタイン方程式で宇宙の形を探ろうとした人は、ほかにもいました。

ロシア（ソビエト連邦）の物理学者・数学者**アレクサンドル・フリードマン**（1888〜1925年）は、アインシュタイン方程式から「**宇宙は膨張《ぼうちょう》している**」という結論を導き、1922年と1924年に発表しました。

ベルギーの天文学者**ジョルジュ・ルメートル**（1894〜1966年）も同じ結論に至り、1927年に発表しています。

▲ルメートル。

ハッブルの法則

さらに1929年、天体観測によって、重大な事実が判明します。アメリカの天文学者**エドウィン・ハッブル**（1889〜1953年）が発表した、**ハッブルの法則**です。内容は、「**遠くの銀河ほど、距離に比例して、速いスピードで地球から遠ざかる**」。これはまさに、宇宙の膨張を意味します（左図）。宇宙が膨張していることは、観測データによって実証的に示されたのです。これを受けてアインシュタインも、誤りを認めました。

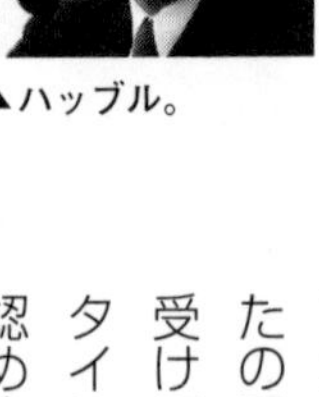

▲ハッブル。

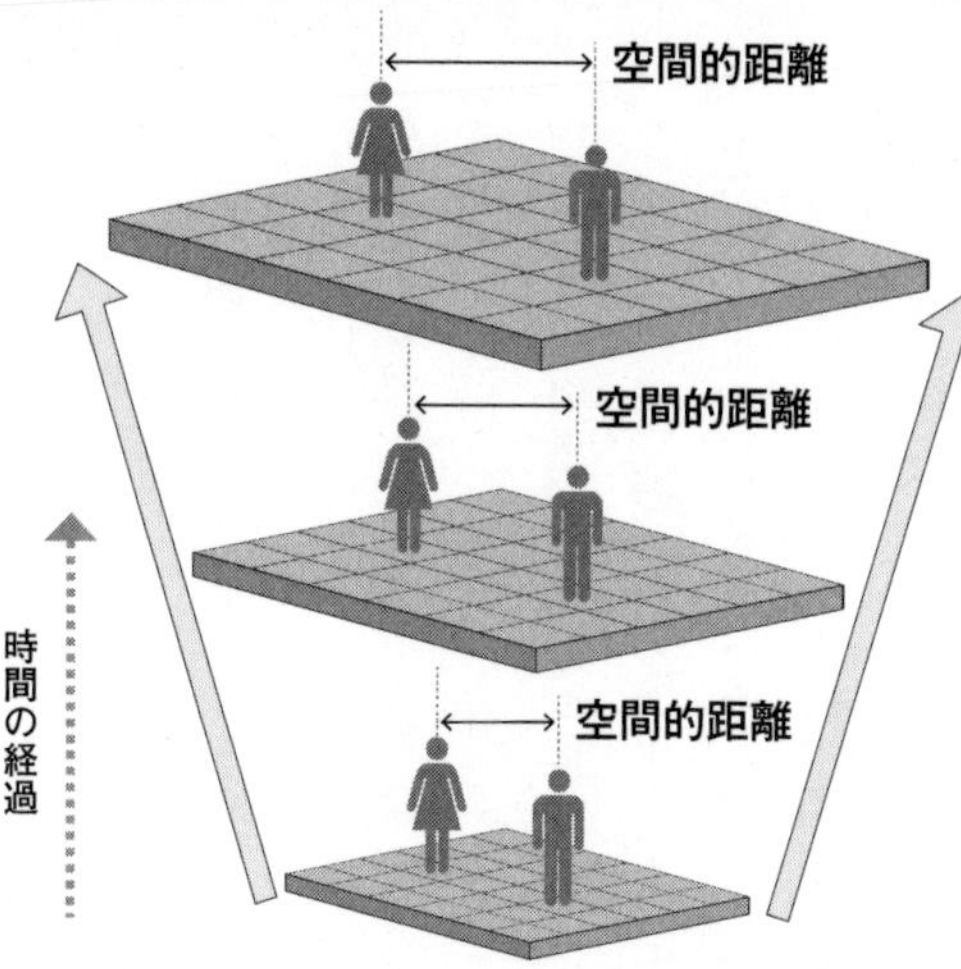

▲「ハッブルの法則」については、宇宙をマス目の入った平面としてイメージし、時間の経過とともに「それぞれのマス目のサイズ」が大きくなっていくと考えればよい。上図のようなメカニズムでは、遠くのマス目ほど、速いスピードで遠ざかる。

ただし宇宙項は、のちにまた思わぬ形で注目されるようになります。これについては、のちほど紹介します。

ところで、ハッブルの法則で「遠くの銀河ほど速く遠ざかる」のなら、超遠方の銀河は**光速**で遠ざかり、さらに遠くの銀河は光速を超えて遠ざかるはずです。これは、**特殊相対性理論**と矛盾するように思われますが、じつは、光速を超えることが禁じられているのは、物体の運動や情報伝達だけです。「宇宙の膨張のせいで、離れた2点が遠ざかる速度」は運動ではないので、光速を超えても問題ありません。

また、宇宙の膨張といっても、それぞれの銀河や太陽系は膨張していません。各自の重力でまとまっているからです。

02

ビッグバンとインフレーション

宇宙の始まりは相対性理論で見えてきた

▽宇宙は昔、火の玉だった

宇宙が膨張しているということは、**膨張する前は小さかった**ことになります。そして、小さい分だけ**密度が高かった**はずだと、ウクライナ出身の物理学者**ジョージ・ガモフ**（1904〜1968年）は考えました。

彼は1940年代、**相対性理論**と**原子核物理学**から、「宇宙の初期は超高密度で超高温の小さな火の玉で、そこから爆発的に膨張した」との説を構築します。この説はイギリスの天文学者**フレッド・ホイル**（1915〜2

▼NASA（アメリカ航空宇宙局）が人工衛星 WMAP（ウィルキンソン・マイクロ波異方性探査機）で観測した、「宇宙マイクロ波背景放射」の温度ゆらぎ。宇宙マイクロ波背景放射は、かつて超高温だった宇宙が放っていた電磁波の名残であり、あらゆる方向から地球にやってくる。この電磁波がガモフの予言どおりに発見されたことによって、「ビッグバン理論」の正しさが認められるようになった。

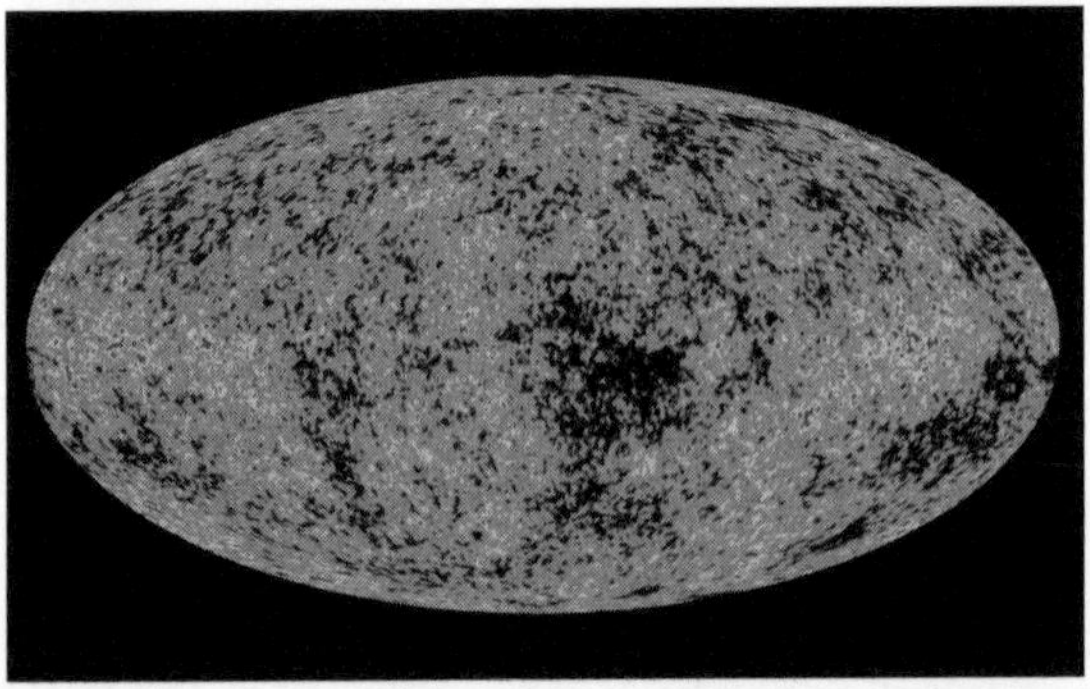

$$R_{\mu\nu} - \frac{1}{2}g_{\mu\nu}R = \frac{8\pi G}{c^4}T_{\mu\nu}$$

001年）に「大きなドカーン《ビッグバン》」と揶揄《やゆ》され、**ビッグバン理論**と呼ばれるようになりました。

ホイルのほうは、ガモフとは逆に**定常《ていじょう》宇宙論**を唱えます。これは「宇宙は、膨張してはいても、一定の状態を保つ」という内容です。これに従うと「膨張しているのに、密度は変化しない」ということになり、明らかにおかしいのですが、当時は、斬新なビッグバン理論についていけない人々の支持を集めました。

しかし、ガモフは1948年、「かつて宇宙が超高温だったことの痕跡《こんせき》が、現在の宇宙にも残っているはずだ」と予言しました。そして1964年、そのビッグバンの証拠となる、**宇宙マイクロ波《は》背景《はいけい》放射《ほうしゃ》**という電磁波が発見されます。このことにより、ビッグバン理論は広く認められるようになりました。

ビッグバン理論の問題点

しかし、ビッグバン理論には問題点もありました。

単純に「過去にさかのぼるほど、宇宙が小さくなり、高温高密度になる」と考えると、過去のある時点で、宇宙の大きさがゼロになります。そのとき、密度は逆に**無限大**になってしまうのです。**くりこみ理論**のところでもふれましたが（164ページ参照）、**無限大が出てくると物理は破《は》綻《たん》**してしまいます。そのような点を**特《とく》異《い》点《てん》**といいます。

ビッグバン理論では、特異点を避けるため、大きさゼロの点までさかのぼらずに、とりあえず「ある時点で、高温高密度の宇宙が存在していた」と仮定して、その先をアインシュタイン方程式で解くのです。ですから、「ビッグバン自体が、どのように生じたのか」は、ビッグバン理論ではわかりません。

ほかにもいくつも問題点があり、ビッグバン理論だけでは宇宙の始まりは解き明かせないのです。そこで、新しい理論が出てきます。

インフレーション宇宙モデル

1980年代初頭、日本の物理学者**佐《さ》藤《とう》勝《かつ》彦《ひこ》**（1945年〜）と、アメリカの物理学者**アラン・グース**（1947年〜）が、それぞれ独立に新理論を提唱しました。その理論は、**インフレーション宇宙モデル**と呼ばれます。


これは**量子論**と**素粒子論**を応用して導き出された理論です。いくつもバリエーションがありますが、佐藤勝彦の説明を紹介します。

誕生直後の宇宙はとても小さく、素粒子サイズでした。しかし、すぐに**真空のエネルギー**（後述《こうじゅつ》します）によって**爆発的に加速膨張**し、目に見えるサイズになりました。この急激な膨張を、**インフレーション**といいます。

非常に短い時間でインフレーションが終わると、真空のエネルギーは**熱エネルギー**に変換され、宇宙は超高温のビッグバン状態になったといいます。あとは、宇宙は冷えながらゆるやかに膨張をつづけ、現在に至るのです。

では、真空のエネルギーとは何でしょうか。

量子論や素粒子論では、真空はただの無ではなく、**真空のゆらぎ**をもつとされます（1

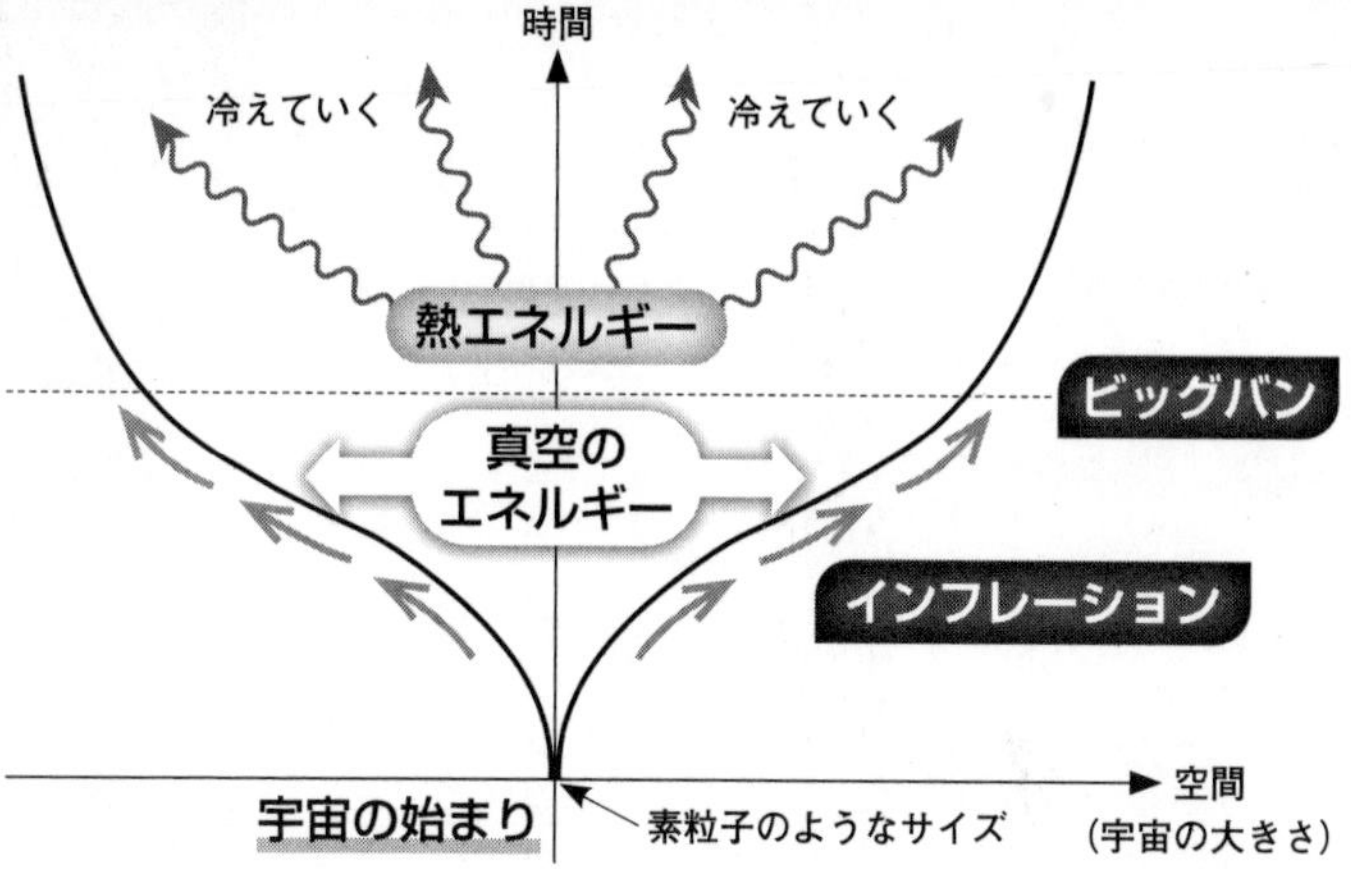

▲佐藤勝彦の説明による「インフレーション宇宙モデル」のイメージ。「インフレーション」の膨張速度は、光速を超えていたという（膨張は運動ではないので、特殊相対性理論に抵触しない）。膨張時、空間が引き伸ばされたため宇宙の温度は下がったが、膨張が終了すると、「真空のエネルギー」が熱エネルギーに変わり、宇宙を加熱した。

62ページ参照）。そして、宇宙初期の真空には、膨大なエネルギーがあったと考えられています。これが真空のエネルギーです。

佐藤勝彦がこのエネルギーを**アインシュタイン方程式**に代入すると、「**斥力**が空間を急速膨張させる」との答えが得られたといいます。これこそがインフレーションです。

そしてこの斥力は、アインシュタインの**宇宙項**（187ページ参照）に似ています。誤りだとされた宇宙項ですが、真空のエネルギーの表現となる可能性があるのです。

このように、誕生直後の極小サイズの宇宙を扱う際は、相対性理論だけでなく、量子論も必要です。インフレーション以前の宇宙誕生を解明する力ギとなるのは、**量子重力理論**（172ページ参照）だともいわれています。

03

宇宙はどんな形をしているのか

「曲率」によって未来も異なる3タイプ

フリードマンモデル

188ページで、**フリードマン**が**アインシュタイン方程式**から、**宇宙の膨張**を導き出したことを紹介しました。彼は1924年には、時空のゆがみ具合を表す**曲率**（134ページ参照）の値によって、宇宙の形が3タイプに分かれることを示しています。この宇宙モデルを、**フリードマンモデル**といいます。

▲フリードマン。

曲率によって未来も異なる

❶**曲率がプラス**の宇宙は、**閉じた宇宙**と名づけられています。宇宙に存在する物質の量が、**臨界量**《りんかいりょう》と呼ばれる決まった量よりも多い場合、このタイプになります。

その形は、球面をイメージしてください。球面上をまっすぐ進むと、1周して出発地点に戻ってきますが、それと同じように、閉じた宇宙はどこまでも進むともとの位置に戻るような時空構造になっています。

このタイプの宇宙は、最初は膨張しますが、

$$R_{\mu\nu}-\frac{1}{2}g_{\mu\nu}R=\frac{8\pi G}{c^4}T_{\mu\nu}$$

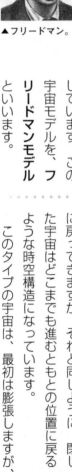

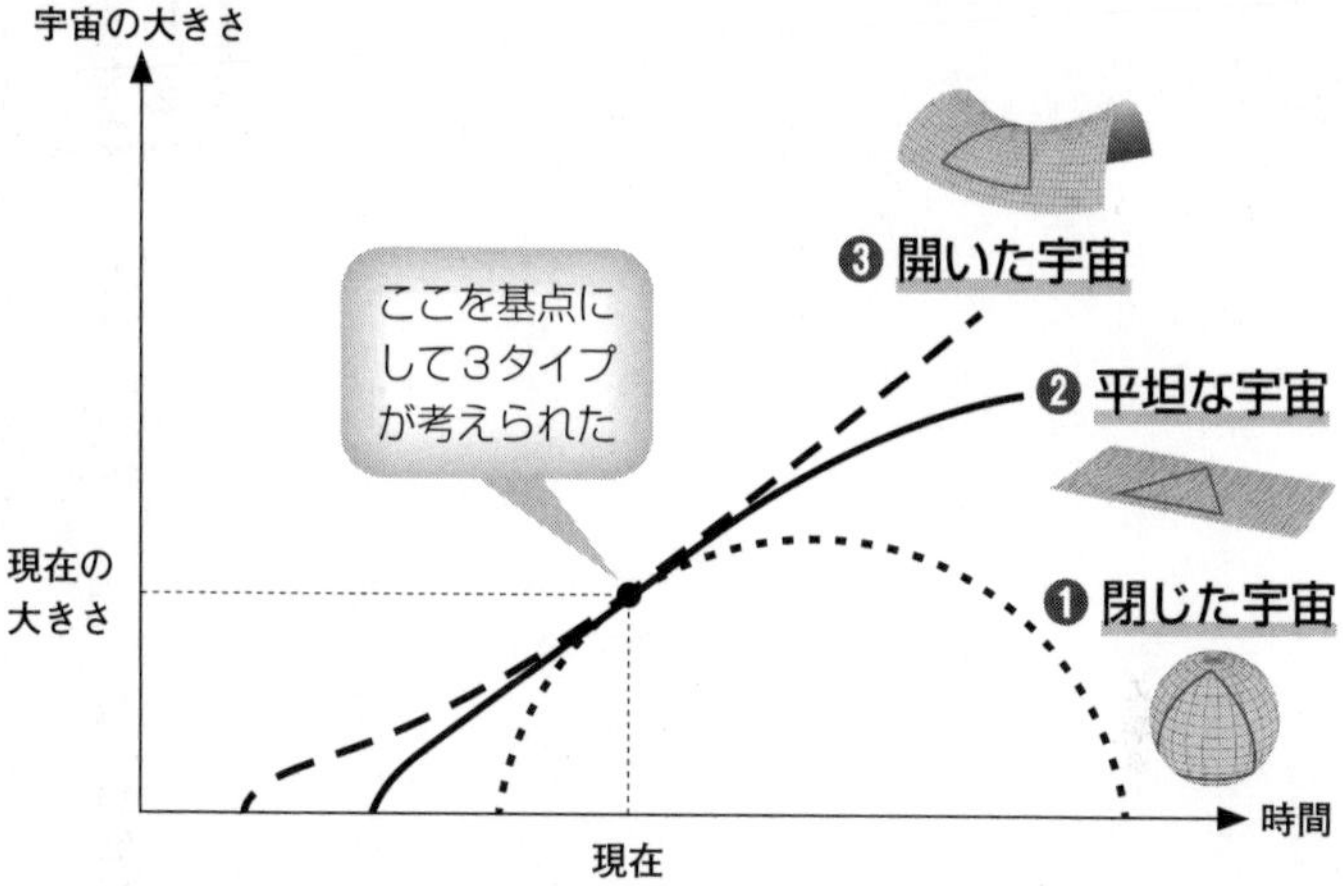

▲一般相対性理論から導き出された、宇宙の「フリードマンモデル」。「曲率」の値によって、❶「閉じた宇宙」、❷「平坦な宇宙」、❸「開いた宇宙」の3タイプに分かれる。実際の私たちの宇宙は、❷に近いようである。

やがて**ビッグストップ**と呼ばれる時点で収縮に転じ、最終的には極小の一点へと戻ってしまいます。これを、ビッグバンと対比して**ビッグクランチ**（**大収縮**）といいます。

❷曲率がゼロの宇宙は、**平坦な宇宙**といいます。宇宙に存在する物質の量が、臨界量と同じである場合、ゆがみなく広がる平面のような時空になります。

❸曲率がマイナスの宇宙は、**開いた宇宙**です。臨界量よりも少ない物質しか存在しない場合に相当します。イメージは、馬の鞍のような**双曲平面**（134ページ参照）です。

平坦な宇宙や開いた宇宙は、膨張が止まらず、永遠に広がりつづけるといわれます。

そして現在、私たちの宇宙はほとんど平坦であることが、観測からわかっています。

04

光さえも脱出できない時空のゆがみを発生させる

ブラックホールとはどんな天体か

ブラックホールと一般相対性理論

一般相対性理論によると、**質量**をもつ物体は、ゴム板の上に置かれたボウリングの球のように、まわりの**時空**をゆがませます。これが**重力**です。

それでは、ボウリングの球より10倍も重く（質量が大きく）、それでいてビー玉のようにサイズが小さい（半径が小さい）物体が、ゴム板の上に置かれたらどうなるでしょうか。ゴム板は、深い穴のようにへこむでしょう。

これと同じように、**あまりに質量が大きく、かつ、あまりに半径が小さい天体**が、時空を極限的にゆがませると、その強い重力からは、**光さえも脱出不可能**になります。

これが**ブラックホール**です。光も出てこれないから「黒い穴《ブラックホール》」と呼ばれますが、正体は「穴」ではなく、小さい半径の中に大きな質量を詰め込んだ天体なのです。これは一般相対性理論と深くかかわる天体だといえます。

とはいえ「光も脱出できない天体」を、相対性理論以前に考えた人がいなかったわけではありません。18世紀末、イギリスの天文学者**ジョン・ミッチェル**（1724〜1793年）や、フランスの数学者・物理学者**ピエー**

$$R_{\mu\nu}-\frac{1}{2}g_{\mu\nu}R=\frac{8\pi G}{c^4}T_{\mu\nu}$$

重力定数

脱出速度

$$V=\sqrt{\frac{2GM}{R}} \quad \cdots\cdots ❶$$

Ⓐ M（質量）が大きいほど Vは大きくなる

Ⓑ R（半径）が小さいほど Vは大きくなる

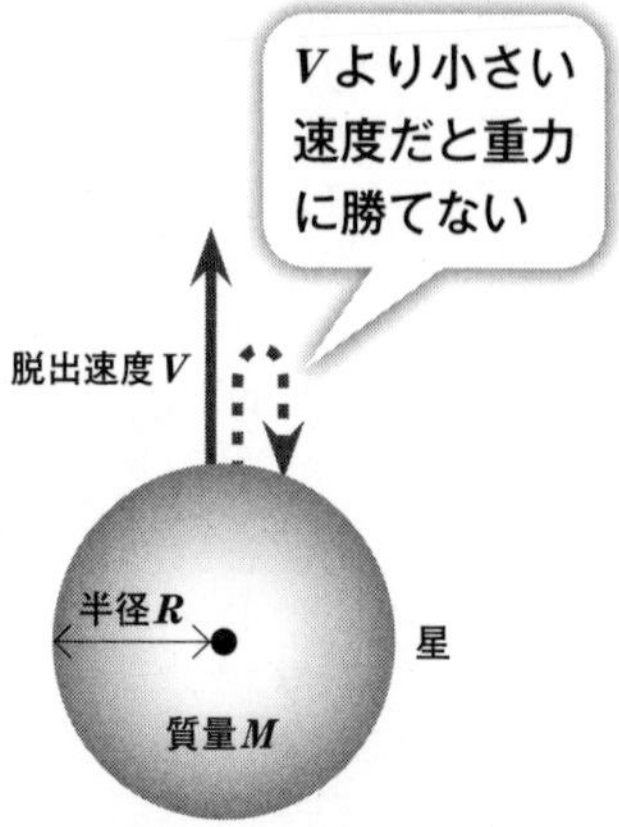

▲星からの「脱出速度」。「重力定数」である G はいつも一定なので、星の質量 M と半径 R によって、「その星から脱出するために必要になる速度 V」が決まる。Ⓐ質量 M は分数の分子にあるので、これが大きくなるほど、√全体が大きくなり、V も大きくなる。また、Ⓑ半径 R は分母にあるので、これが小さくなるほど、√全体が大きくなり、V も大きくなる。V が大きくなることは、「大きな速度を出さないと、その星から脱出できないこと」を意味する。

▲ラプラス。

ル＝シモン・ラプラス（1749〜1827年）が、その存在の可能性を指摘しています。

実際、ブラックホールの存在は**ニュートン力学**からも導き出すことができるのです。**脱《だっ》出《しゅつ》速《そく》度《ど》**を使った説明を紹介しましょう。

脱出速度から考える

たとえば、地球からロケットを打ち上げるとき、秒速11キロ以上の速度がないと、ロケットは地球に落ちてしまいます。このように、その星の重力を振りきって飛び出すために必要な速度を、脱出速度といいます。

脱出速度Vは、その星の**質量**Mと**半径**Rによって、前ページの図の式❶のように表されます。この式からは次のことがわかります。


Ⓐ星の質量が大きいほど、大きな速度を出さないと脱出できない。

Ⓑ星の半径が小さいほど、大きな速度を出さないと脱出できない。


たとえば太陽だと、半径は地球の100倍以上ですが、質量は地球の30万倍で、脱出速度はおよそ秒速620キロになります。

さて、このニュートン力学の脱出速度を使って、光も脱出できないブラックホールを作ることを考えましょう。

光も脱出できない半径

今、あなたに「質量M」の星が与えられ、質量はMのままで、押しつぶしてサイズを小さくすることができるとします。どんどん押しつぶしていくと、半径Rが小さくなり、その分、脱出速度Vが大きくなります。

さて、半径が非常に小さくなったある時点で、Vが**光速** $\boldsymbol{c}$ **（秒速30万キロ）**の値に達します。つまり、宇宙の最高速度である光速でなければ、その星から脱出できなくなっているわけです。このときの半径を、特に**シュヴァルツシルト半径**と呼び、$\boldsymbol{Rs}$と表します。

このシュヴァルツシルト半径よりも、さらに半径を小さくつぶすと、もうその星からは、

$$V=\sqrt{\frac{2GM}{R}}\ \cdots\cdots❶$$

❶に $V=c$ を代入

$$c=\sqrt{\frac{2GM}{Rs}}$$

このときの R を Rs とする

Rs を表す式に変形していく

両辺を２乗

$$c^2=\frac{2GM}{Rs}$$

両辺に Rs をかける

$$c^2Rs=2GM$$

両辺を c^2 で割る

シュヴァルツシルト半径

$$Rs=\frac{2GM}{c^2}\ \cdots\cdots❷$$

▲197ページの式❶を、「脱出速度が光速（光速でないと脱出できない）」という設定で変形すると、「ある質量 M の天体をどんどん小さく圧縮して、光がギリギリ脱出できなくなるところまでつぶしたときの半径 Rs」を表す式❷ができる。この半径を「シュヴァルツシルト半径」という。光が脱出できなくなる境界を表すので、「ブラックホールの半径」だと考えてよい。

光も脱出できません。つまり、ブラックホールの完成です。

シュヴァルツシルト半径は、197ページの式❶で脱出速度 V を光速 c として計算すると、上図❷のような式で表されます。❷の c も G も値は一定なので、質量 M さえ決まれば、シュヴァルツシルト半径 Rs が決まります。つまり、**ある星の質量がわかったら、「その星をどれだけ小さく圧縮すれば、ブラックホールになるか」がわかる**わけです。**地球の場合は半径約9ミリ、太陽なら約3キロ**です。

どんな元素でできている星でも、その質量に応じたシュヴァルツシルト半径以下に圧縮すれば、ブラックホールになります。要因は、質量と半径だけなのです。

05

アインシュタイン方程式の解は戦線で見いだされた

ブラックホールの理論的発見

シュヴァルツシルト解

シュヴァルツシルト半径という名称は、**ブラックホール**の理論的発見者といえる、ドイツの天体物理学者**カール・シュヴァルツシルト**（1873〜1916年）に由来します。

一般相対性理論が発表された1915年、ヨーロッパは**第1次世界大戦**のさなかであり、シュヴァルツシルトは従軍していました。

▲シュヴァルツシルト。

▼光も脱出できない暗黒の天体「ブラックホール」のイメージ。ニュートン力学からも一般相対性理論からも、「光も脱出できない天体」を予想することはできるが、そのブラックホールを扱ううえでは、一般相対性理論のほうが厳密である。

$$R_{\mu\nu}-\frac{1}{2}g_{\mu\nu}R=\frac{8\pi G}{c^4}T_{\mu\nu}$$

そんな状況下で、彼は発表されたばかりの**アインシュタイン方程式**に取り組み、ひとつの解（答え）を見つけます。

そのシュ**ヴァルツシルト解**から、ブラックホールの半径を示すシュヴァルツシルト半径が導き出されることになるのです。

シュヴァルツシルトは、自分の発見した解を、戦地から**アインシュタイン**に送りました。

アインシュタインは、難しすぎる自分の方程式の解のひとつをシュヴァルツシルトが見つけてくれたことを喜びましたが、「光も脱出できない天体」が実際に存在するとは思っていませんでした。この時点では結局、ブラックホールの可能性は、積極的に探究されなかったのです。そしてシュヴァルツシルトは、戦線で病死してしまいました。

ニュートン力学との一致

私たちは前の項目で、**ニュートン力学**の**脱出速度**の考え方を使ってシュヴァルツシルト半径を導き出しましたが、シュヴァルツシルトは、アインシュタイン方程式から同じ結論に至る道を見つけました。**ニュートン力学と一般相対性理論は、ブラックホールの半径において一致している**といえます。

ただし、ブラックホールを理論的に扱ううえで、一般相対性理論のほうが厳密です。一般相対性理論では、**時空のゆがみ**として、ブラックホールをうまく説明できます。ニュートン力学では、そもそも「質量のない光が、重力に引かれる理由」を説明できません。

06

恒星は一生の終わりに自分の重力で縮む

ブラックホールはどう生まれるか

恒星の終着点は白色矮星？

1930年代、インド出身の天文学者**スブラマニアン・チャンドラセカール**（1910～1995年）が、**ブラックホールが生まれるメカニズム**を探り当てます。

核反応を起こして輝く太陽のような**恒星**は、おもに水素やヘリウムといった**ガスの集まり**です。恒星は、自らの**重力**で中心に向かってつぶれていこうとしますが、**ガスの圧力**がこれに抵抗し、つり合って大きさを保ちます。

▲チャンドラセカール。

何十億年もたつと、恒星内部の核反応は終わります。すると、ガスの圧力がなくなって、恒星はつぶれていきます。しかし、小さく縮んだところで、電子の**縮退圧**《しゅくたいあつ》という力がはたらき、収縮を止めます。この縮退圧は、「電子が、せまいところに押し込まれたときに反発する力」だと思ってください。

こうして小さくなった恒星のなれの果てを、**白色矮星**《はくしょくわいせい》といいます。1920年代には「恒星はすべて、白色矮星になって一生を終える」と考えられていました。

$$R_{\mu\nu} - \frac{1}{2} g_{\mu\nu} R = \frac{8\pi G}{c^4} T_{\mu\nu}$$

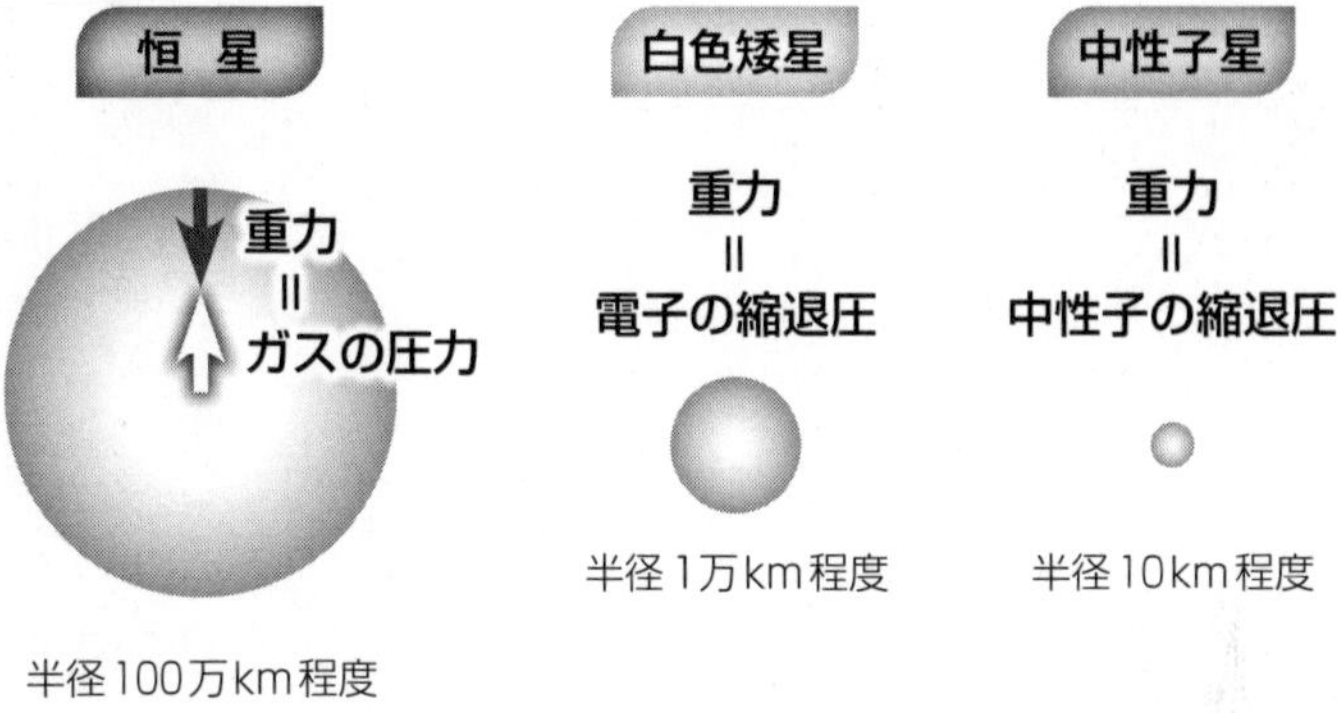

▲星が一定の大きさを保っていられるのは、中心に向かってつぶれようとする「重力」が、逆向きの何らかの力によって支えられているからである。太陽程度の「恒星」の場合は、ガスの圧力が重力とつり合う。「白色矮星」の場合は、電子の「縮退圧」が重力とつり合う。「中性子星」の場合は、中性子の縮退圧が重力とつり合う。

チャンドラセカール質量

しかしチャンドラセカールは、**相対性理論と量子論**を駆使して、「**電子の縮退圧が支えられる質量には限界がある**」ということを示しました。その限界質量を、**チャンドラセカール質量**といいます。

それよりも大きい質量の恒星は、電子の縮退圧に止められずに収縮を続け、**シュヴァルツシルト半径**以下につぶれます。すると、さらに無限に中心に向かって縮みながら、**ブラックホール**を形成するのです。

つまり、チャンドラセカール質量よりも質量の大きい恒星は、白色矮星にならずに**ブラックホール**になるというわけです。

この説は、チャンドラセカールの師に当たる**エディントン**（146ページ参照）から、不当ともいえる批判を受けます。しかしやがて、チャンドラセカール説の正しさが認められるようになっていきました。

中性子星とブラックホール

ところが同時期に、ブラックホールの誕生にまつわる、新たな問題が出てきます。

1932年、**原子核**内部の**中性子**（165ページなど参照）が発見されました。これを受けて、アメリカで活躍する天文学者**フリッツ・ツビッキー**（1898〜1974年）らが「電子の縮退圧に支えられる白色矮星以外に、中性子の縮退圧に支えられる**中性子星**《ちゅうせいしせい》もあるはずだ」と予想します（中性子星は実際、1967年に発見されることになります）。

そして、中性子星は中性子の縮退圧によって、白色矮星よりも大きな質量を支えられるはずなのです。そうなると、「チャンドラセカール質量を超える星も、ブラックホールにならず、中性子星として存在しつづける」という可能性が出てきます。

ホイーラーによる命名

原子爆弾の開発でも有名なアメリカの物理学者**ロバート・オッペンハイマー**（1904〜1967年）は、「中性子星が支えられる

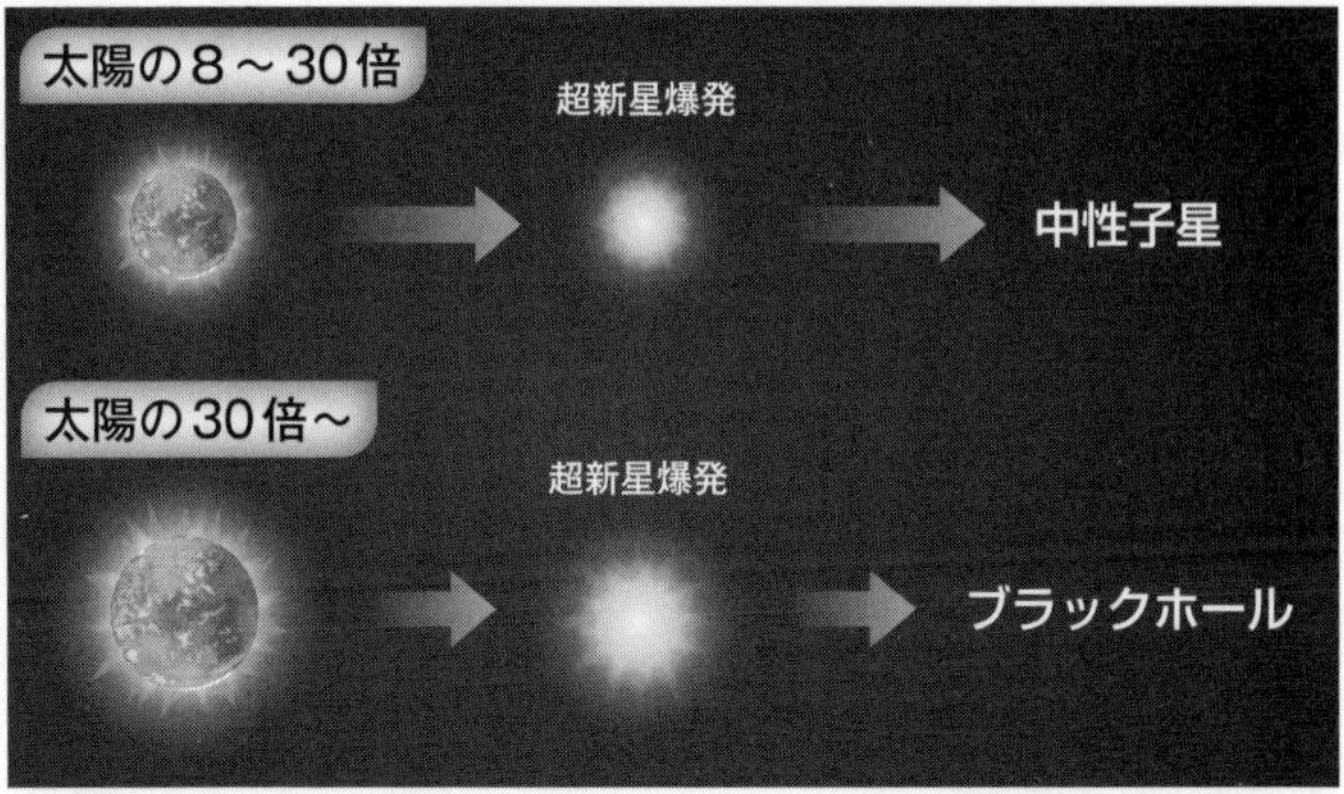

▲質量が比較的小さな恒星は、「白色矮星」になったり、「超新星爆発」という爆発を起こして消えたりする。太陽の8～30倍の質量の恒星は、中心部での核反応が終わったあと、重力によって収縮したのちに超新星爆発を起こし、非常に小さく高密度な「中性子星」になったりする。もとの質量が太陽の30倍以上ある恒星は、超新星爆発のあとにブラックホールになると考えられている。

質量にも限界がある」という説を発表し、ブラックホールの発生を示唆しました。

一方、同じくアメリカの物理学者**ホイーラー**（182ページ参照）は、中性子星に質量の限界があることは認めつつも「収縮とは別のプロセスで質量を失い、ブラックホールにはならないだろう」と主張しました。

星が質量を失うことについてのホイーラーの説は、間違ってはいませんでした。それでも、ブラックホールが形成される場合もあることが、だんだんとわかってきて、ホイーラーは考えを改めます。彼は「**シュヴァルツシルト解**が示す天体は実在しうる」と認め、1967年以降、「ブラックホール」という名前を広めました。このわかりやすい名前のおかげで、ブラックホールは有名になります。

07 ペンローズとホーキングの特異点

ブラックホールの中心と宇宙の始まりに何があるのか？

ブラックホールの構造

ブラックホールとは、サイズが小さくて質量が大きい天体です。そのまわりでは**時空**が、底なしの穴のように極限的にゆがんでいます。そのシュヴァルツシルト半径の中に入ると、宇宙最速の光さえも、二度と外には出られません。その境界は**事象**《じしょう》**の地平線**《ちへいせん》と呼ばれます。

そしてブラックホールの中心は、**一般相対性理論**で計算すると、大きさがゼロ、温度や圧力や時空のゆがみが無限大の、**特異点**（191ページ参照）になります。

特異点定理

一般相対性理論で考えると、**宇宙の始まり**も**ブラックホールの中心**も、厄介《やっかい》な特異点になってしまいます。これを避けるため、「たしかに、**宇宙原理**（186ページ参照）などの単純な仮定のもとで計算すれば特異点が出てくるが、リアルな宇宙はもっと複雑なので、実際は特異点はない」との説も出てきました。

しかし1960年代、イギリスの数学者・物理学者**ロジャー・ペンローズ**（1931年〜）が、「どんな天体であれ、つぶれてブラ

$$R_{\mu\nu} - \frac{1}{2} g_{\mu\nu} R = \frac{8\pi G}{c^4} T_{\mu\nu}$$

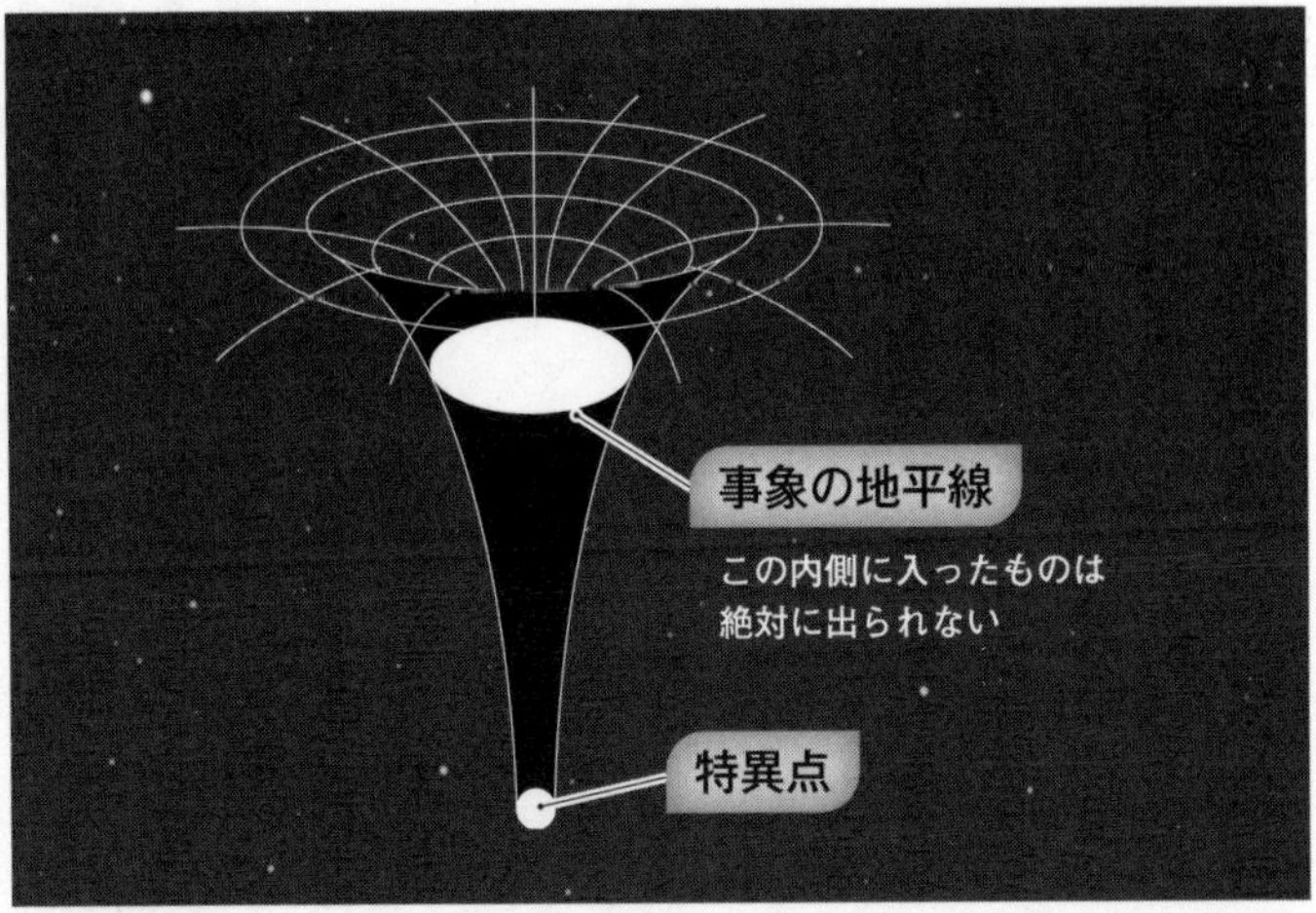

▲ブラックホールの構造。一般相対性理論によると、ブラックホールの中心には、物理量が無限大になってしまう「特異点」が存在する。

ックホールになると、そこには必ず特異点が出現する」ということを証明します。**いかなる仮定を置こうと関係なく、一般相対性理論には特異点が存在する**ことが示されたのです。

さらにこの理論を、宇宙の始まりに応用することを考えたのが、イギリスの物理学者**スティーヴン・ホーキング**（1942〜2018年）です。ペンローズとホーキングは共同研究を行い、「一般相対性理論を使って宇宙の始まりを調べると、必ず特異点が出現する」という**特異点定理**《とくいてんていり》を発表しました。

特異点定理は、**一般相対性理論の限界**を示しています。宇宙の始まりもブラックホールの中心も、一般相対性理論だけでは解明できません。ですから、**量子論**が併用《へいよう》され、また、**量子重力理論**の研究が進められているのです。

08 ブラックホールの分類

質量・回転・電荷以外の「情報」は消えてしまう

ブラックホールの無毛定理

ブラックホールになる星はさまざまですから、「宇宙には、いろいろな性質をもったブラックホールが存在するだろうな」という気がします。ところが、**もとの星の性質のほとんどは、ブラックホールになる時点で消えてしまいます**。ブラックホールになっても残る性質は、**質量**、**回転**、**電荷**の3つだけです。

つまり、ブラックホールを観測しても、もとの星の大きさ、形、組成、温度などはわからないのです。現にできたブラックホールを、そういった情報で見分けることもできません。

これを、**ブラックホールの無《む》毛《もう》定《てい》理《り》**といいます。この面白い名称の由来は、情報（性質）を「毛」にたとえて「ブラックホールには毛がない」と述べた**ホイーラー**の言葉です。

ふたつの分類方法

ブラックホールがもちうる質量、回転、電荷という3つの性質のうち、電荷をもつブラックホールは、自然界には存在しないと考えられています。

$$R_{\mu\nu}-\frac{1}{2}g_{\mu\nu}R=\frac{8\pi G}{c^4}T_{\mu\nu}$$

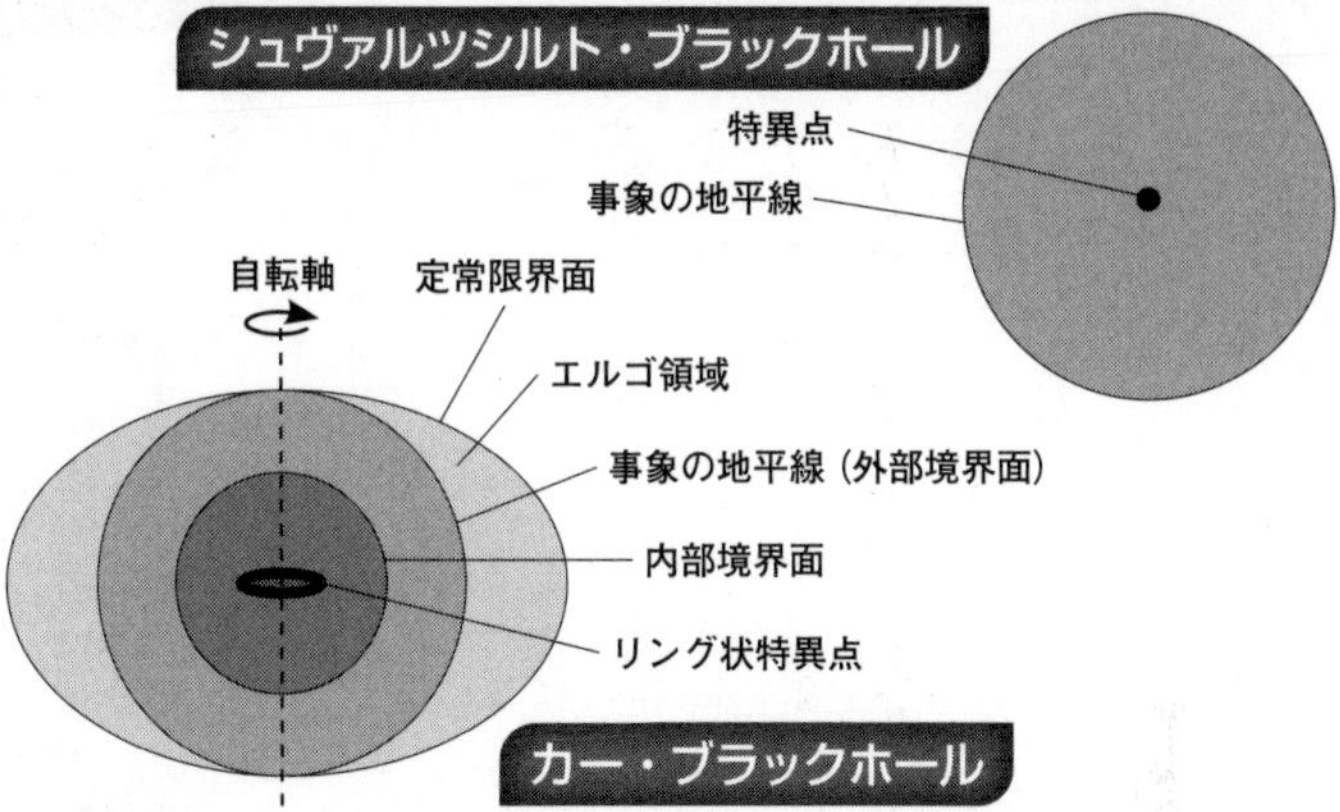

▲回転する「カー・ブラックホール」の構造は、「シュヴァルツシルト・ブラックホール」とは大きく異なる。ブラックホールの回転により、まわりの時空が引きずられて回転している領域を、「エルゴ領域」という。エルゴ領域の外側の境界は「定常限界面」と呼ばれ、内側の境界は「事象の地平線」である。また、その内側にももうひとつ、事象の地平線のような境界があり、これを「内部境界面」という。さらにその内側には、リング状の「特異点」がある。

質量だけをもつブラックホールは、**シュヴァルツシルト・ブラックホール**と呼ばれます。

また、質量と回転をもつブラックホールは、これに相当する**アインシュタイン方程式**の解を見つけたニュージーランド出身の数学者**ロイ・カー**（1934年〜）にちなんで、**カー・ブラックホール**と名づけられました。

また、質量の大きさによる分類もあります。まず、太陽の10倍程度までの質量のものは、**恒星質量《こうせいしつりょう》ブラックホール**といいます。また、太陽の100万〜数十億倍という、とてつもない質量の**大質量《だいしつりょう》ブラックホール**も見つかっています。

さらにそれらの中間、太陽の1000〜1万倍ほどの質量の、**中間質量《ちゅうかんしつりょう》ブラックホール**もありますが、非常に珍しいケースです。

09

ブラックホールが輝くのはなぜか？

降着円盤と宇宙ジェット

暗黒の天体の輝き

ブラックホールの中には、光を放つものがあります。光も脱出できない暗黒の天体のはずなのに、どういうことでしょうか。

ブラックホールが、ほかの恒星とペアを組み、互いの周囲を回る**連星**《れんせい》となっている場合が（多く）あります。そんなとき、ブラックホールの重力が、相方の恒星のガスをはぎ取って引き寄せると、そのガスは直接ブラックホールに吸い込まれるのではなく、ブラックホールのまわりをぐるぐる回り、円盤《えんばん》を形成します。これを**降着円盤**《こうちゃくえんばん》といいます。

円盤のガスは、最初は「ブラックホールの中心に向かって落ちることができる」というエネルギーは、**位置エネルギー**をもっています。このエネルギーは、回転の摩擦によって**熱エネルギー**に変換されます。それがさらに**光のエネルギー**に変換され、放射されるのです。このときのエネルギー変換の効率は、人工的な発電などとは比較にならないほどの高さです。

さらに、降着円盤のガスのエネルギーは、**宇宙ジェット**と呼ばれるガス噴射を生みます。宇宙ジェットは、宇宙の中で最もエネルギーの高い現象で、その速さは**光速**に匹敵します。

$$R_{\mu\nu} - \frac{1}{2} g_{\mu\nu} R = \frac{8\pi G}{c^4} T_{\mu\nu}$$

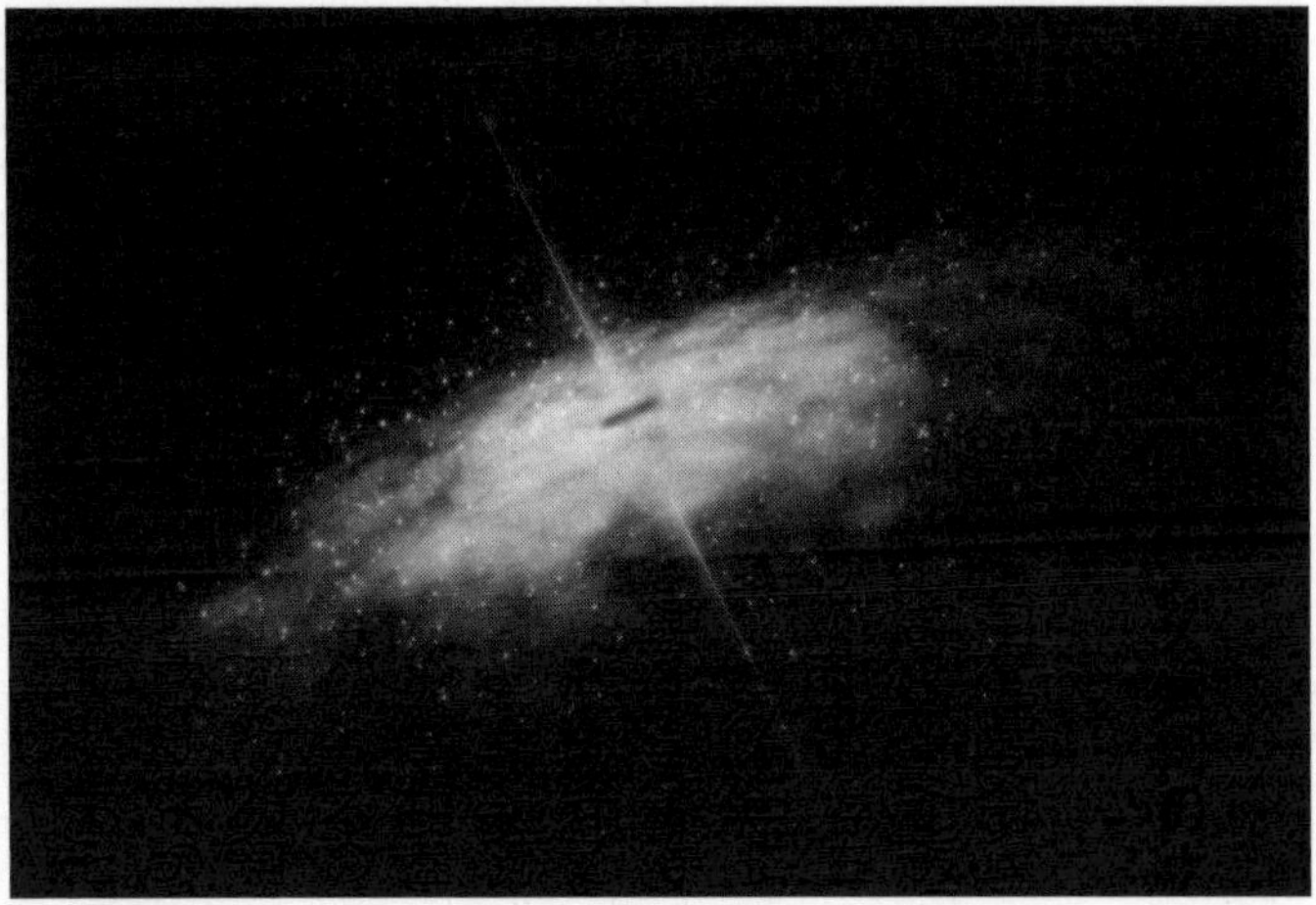

▲ブラックホールのまわりに「降着円盤」が形成され、「宇宙ジェット」が噴出しているイメージ。

銀河の中心のブラックホール

宇宙には無数の銀河が存在しますが、およそすべての銀河の中心には、**大質量ブラックホール**が存在するといわれます。

銀河の中には、中心部が明るく光っているものがあります。そんな銀河を**活動銀河**《かつどうぎんが》といい、その中心部は**活動銀河中心核**《かつどうぎんがちゅうしんかく》と呼ばれます。活動銀河中心核の輝きは、ブラックホールの降着円盤や宇宙ジェットによって生み出されているのです。

また、銀河の中心にあるブラックホールの成長と、その銀河の「進化」には、何らかの関係があると考えられています。これを**共進化問題**《きょうしんかもんだい》といいます。

10 時間がだんだん止まっていく!?
ブラックホールに落ちるとどうなるか

入っていくのも難しい？

　ＳＦ的な想像として、「**ブラックホール**に落ちると、どうなるんだろう？」と考えたことのある方も多いと思います。

　まず安心していただきたいのですが、たとえばあなたが宇宙船に乗ってブラックホールの近くを通っても、中心に向けてまっすぐ進まない限り、呑み込まれる心配はあまりありません。**シュヴァルツシルト半径**はとても小さく、そこからズレると、遠心力が重力に打ち勝って、ブラックホールから遠ざかります。

落ちる場合と、落ちる人を見る場合

　それでもブラックホールに落ちていくＡさんを考えてみましょう。落ちている間は**自由落下**ですから、無重力のようになります（122ページ参照）。厳密には、体の部位ごとに重力がわずかに違うので、**潮汐力**が発生しますが（131ページ参照）、ブラックホールがある程度大きければ、体が引き裂かれるようなことはないでしょう。しかし、**事象の地平線**を超えたら、もう外には出られません。
　これを**ミンコフスキー・ダイアグラム**（1

$$R_{\mu\nu}-\frac{1}{2}g_{\mu\nu}R=\frac{8\pi G}{c^4}T_{\mu\nu}$$

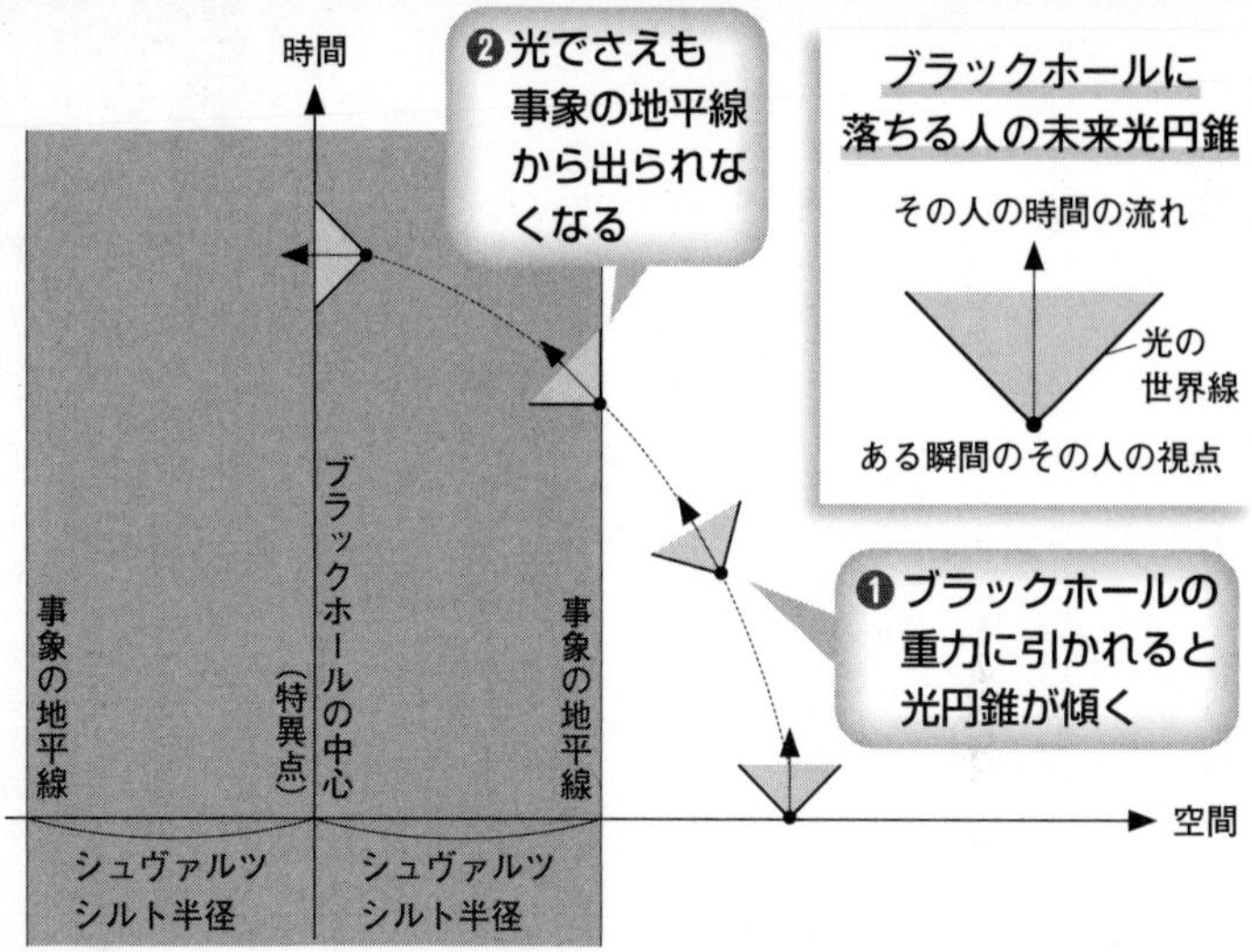

▲ブラックホールに落ちる人を「ミンコフスキー・ダイアグラム」で表すと、「光の速さで動いても、脱出できない」ということが、「光円錐」からよくわかる。

14ページ参照）で表すと、上図のようになります。❶「重力に引かれる」とは、「自分が動かなくても、時間の経過とともに相手のほうに近づいていってしまう」ということですから、Aさんの**光円錐**はだんだんと、ブラックホールのほうへ傾きながら近づいていきます。❷そして事象の地平線まで来ると、Aさんが発した光すら、もう事象の地平線の外には出られなくなるのです。

そんなAさんを、離れたところから見ているBさんがいるとします。Bさんから見たAさんは、ブラックホールに近づくにつれてスローモーションになっていきます。**時空のゆがみ**の大きいところでは、**時間の流れが遅くなる**からです。そして最後に、事象の地平線のあたりで、止まったように見えるでしょう。

11 ホーキング放射

ブラックホールはだんだん質量を失っていく!?

ブラックホールからの放射

1960年代に、**ペンローズ**と**ホーキング**が**一般相対性理論**の限界となる**特異点**についての定理を発表したことは、すでに述べました（206ページ参照）。そののちホーキングは、一般相対性理論と**量子論**を併用して、**ブラックホール**などの研究に取り組みます。

そして1974年、驚くべき研究成果が発表されました。何でも吸い込む一方だと思われていたブラックホールが、放射を行うというのです。これを**ホーキング放射**といいます。

▼「ホーキング放射」によって、ブラックホールは「蒸発」していく。ただし、ブラックホールの蒸発のスピードはごくゆっくりであり、大きなブラックホールが消滅するには、これまでの宇宙の歴史全体よりも長い時間がかかるという。

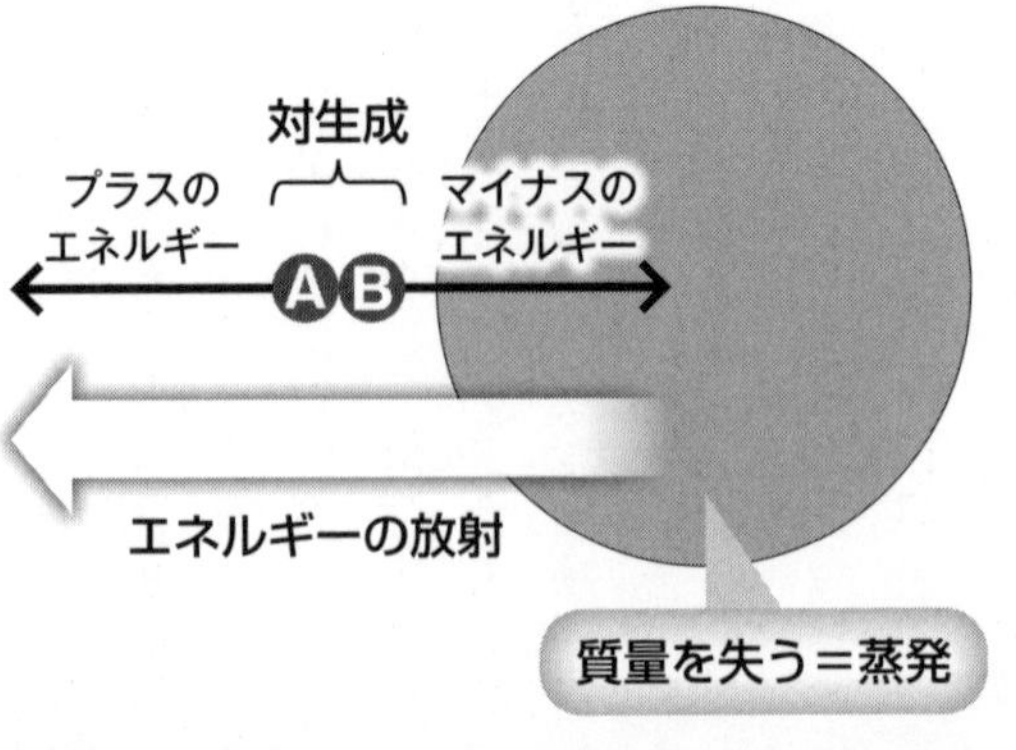

$$R_{\mu\nu}-\frac{1}{2}g_{\mu\nu}R=\frac{8\pi G}{c^4}T_{\mu\nu}$$

ブラックホールは蒸発する

量子論によると、真空には**ゆらぎ**があり（162ページ参照）、何もない空間から**エネルギー**を借りて、粒子と反粒子が**対生成**することができます。しかし、いわば無担保《むたんぽ》で借りたこのエネルギーは、すぐに返さなければならないので、粒子と反粒子はごく短い時間で**対消滅**し、何もなかったことになります。

今、ペアの粒子ⒶⒷが、**事象の地平線**のすぐ近くで対生成し、Ⓑだけがブラックホールに呑み込まれたら、どうなるでしょうか。

対消滅が起こりませんから、呑み込まれなかったⒶは、プラスのエネルギーをもって存在しつづけ、どこかに飛び去るでしょう。

一方、ブラックホールの内部のⒷは、Ⓐがもつプラスのエネルギーとつり合うだけの**マイナスのエネルギー**をもちます（その詳細は難しいので割愛します）。ブラックホールは、そのマイナスのエネルギーを抱え込むわけですから、つまり、エネルギーを失います。

これを全体として見ると「ブラックホールがエネルギーを外部に放出している」ということになるわけです。**宇宙ジェット**（210ページ参照）では、あくまで周囲のガスが噴射されますが、ホーキング放射では、ブラックホール内部のエネルギーが放出されます。

質量とエネルギーの等価性（102ページ参照）を考えると、エネルギーを失ったブラックホールは、質量が減ることになります。これを、**ブラックホールの蒸発《じょうはつ》**といいます。

12

量子論を含む従来の物理学は破綻するのか？

ブラックホールの情報問題

情報は保存されなければならない

ホーキング放射による**ブラックホールの蒸発**は、現代物理学にひとつの難題を投げかけました。その問題は、**ブラックホールの情報問題**と呼ばれます。とても難しい問題なのですが、非常に重要なものなので、思いきって嚙みくだいて紹介したいと思います。

ここに、2冊の本があるとします。この2冊は、大きさも紙質も使われているインクも、書き込まれている内容も、本に含まれているあらゆる「情報」が違っています。

▼ホーキングの提起した「ブラックホールの情報問題」のイメージ。ホーキングの考えでは、「ホーキング放射」には「本を燃やしたとき」のような「情報」は含まれていない。

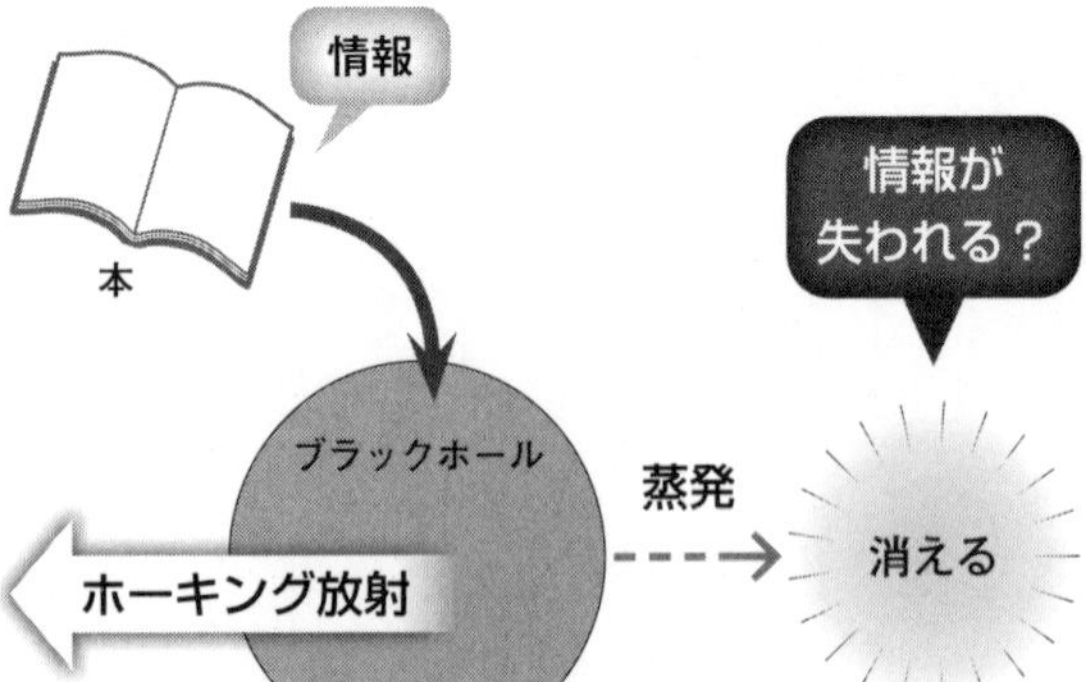

$$R_{\mu\nu} - \frac{1}{2} g_{\mu\nu} R = \frac{8\pi G}{c^4} T_{\mu\nu}$$

今、この2冊を燃やします。その様子を見比べても、違いはあまりわからないでしょうが、ごく普通に考えて「物理的に、ミクロレベルまで、まったく同じ燃え方をしている」とは考えられません。本がもつ「情報」の違いは、「燃え方」の違いに現れるはずです。

もし、テクノロジーが進歩して、「燃え方」をミクロレベルまで厳密に測定することが可能になれば、燃やされる2冊の「情報」の違いもわかるでしょう。さらに究極的に進歩したら、「燃え方」から「もとの情報」を再構成することも可能になるかもしれません。

これが、**情報**についての、物理学における基本的な考え方です。特に、厳密な物理学である**量子論**では、**情報は保存されなければならない**ということになっています。

ブラックホールと情報

しかし、ホーキングが**一般相対性理論**と量子論を組み合わせてホーキング放射を計算したところ、「ブラックホールに呑み込まれた情報は失われる」という結果が出たのです。

また本でたとえるなら、ホーキングの主張は右図のようになります。――ある本がブラックホールに呑み込まれると、私たちはもうその本の情報を知ることができなくなり、さらにそのブラックホールがすべて蒸発して消えると、本の情報は失われたままになる。

これが正しいとすると、ブラックホールという極限的な状況では、量子論を含む従来の物理学が破綻することになってしまいます。

13 ホログラフィー原理

空間も重力も、幻想かもしれない!?

▼超ひも理論の挑戦

ブラックホールの情報問題は、「**量子論**に代表される、従来の物理学が正しいかどうか」「**相対性理論**と量子論を、矛盾なく統合できるか」がかかった大問題です。多くの物理学者が、この問題に挑戦しました。そして1990年代、**超ひも理論**から生まれたある考え方が、ひとつの解決をもたらします。

超ひも理論では「**閉じたひも**は**重力**を媒介する素粒子に、**開いたひも**はそれ以外の素粒子になる」と考えます（176ページ参照）。

▼超ひも理論の「Dブレーン」の考え方でブラックホールの表面を扱うと、「ブラックホールの情報問題」を解決する道筋が見えた。この考え方から、深遠な「ホログラフィー原理」が生まれる。現在、ホログラフィー原理は多くの支持を得ているが、ほかのアプローチも研究されている。

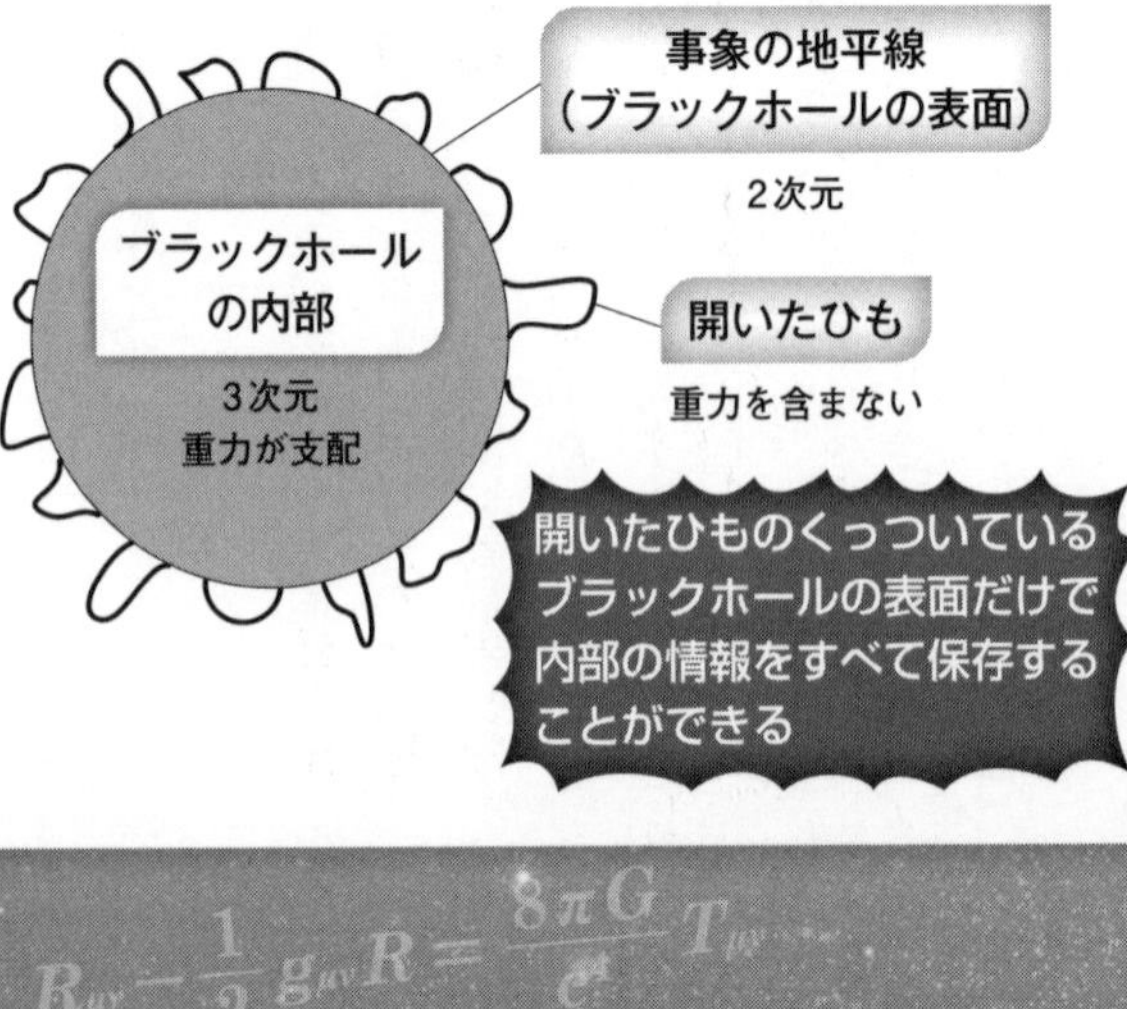

$$R_{\mu\nu} - \frac{1}{2} g_{\mu\nu} R = \frac{8\pi G}{c^4} T_{\mu\nu}$$

そして**第2次超ひも理論革命**で注目された**Dブレーン理論**（180ページ参照）では、「開いたひもの端は、膜のような**Dブレーン**にくっついている」とされます。

これを応用して「ブラックホールの表面である**事象の地平線**に、開いたひもがくっついている」と考えたところ、驚くべきことがわかりました。その開いたひもにより、**内部の情報をすべて表現できる**のです。この考え方を推し進めると、「**ブラックホールに呑み込まれたものの情報はすべて、ブラックホールの表面に保存される**」ということになります。

その表面には、重力を媒介する閉じたひもはありません。つまり、重力が支配しているはずのブラックホール内部は、重力なしで表面に映し出されているのです。

3次元と2次元は同じ!?

さらにここから、「**重力を含む3次元空間での現象**」と「**それが平面に投影された、重力なしの2次元の現象**」は、**本質的に同じであるという**理論が生まれました。3次元の立体像を2次元に再現するホログラムにちなんで、**ホログラフィー原理**といいます。これは、「**空間も重力も、幻想かもしれない**」とも解釈できるような、何とも深遠な理論です。

そして、この原理にもとづいて重力なしで**ホーキング放射**を計算すると、情報が失われないことがわかったのです。最初は懐疑的だった**ホーキング**も、2004年、この理論に納得し、自分の誤りを認めています。

14

その姿は一般相対性理論に合致した
なぜブラックホールを撮影できたのか

見えないはずのものの写真

ブラックホールは「光も脱出できない天体」ですから、それ自体を見ることは不可能です。しかし2019年4月、国際観測プロジェクト**イベント・ホライズン・テレスコープ**が、史上初の**ブラックホールの写真**を発表しました。見えもしないはずのものを、どうして写真に撮れたのでしょうか？

　そもそも、ブラックホールから来る光は見えなくても、「まわりの光の中に、真っ暗なブラックホールがあること」は観測できるは

▼国際観測プロジェクト「イベント・ホライズン・テレスコープ」が、2019年4月に公開したブラックホールの写真。ただし、この写真を作成する際の解析が正確であるかどうかについては、議論がある。（写真：The Event Horizon Telescope）

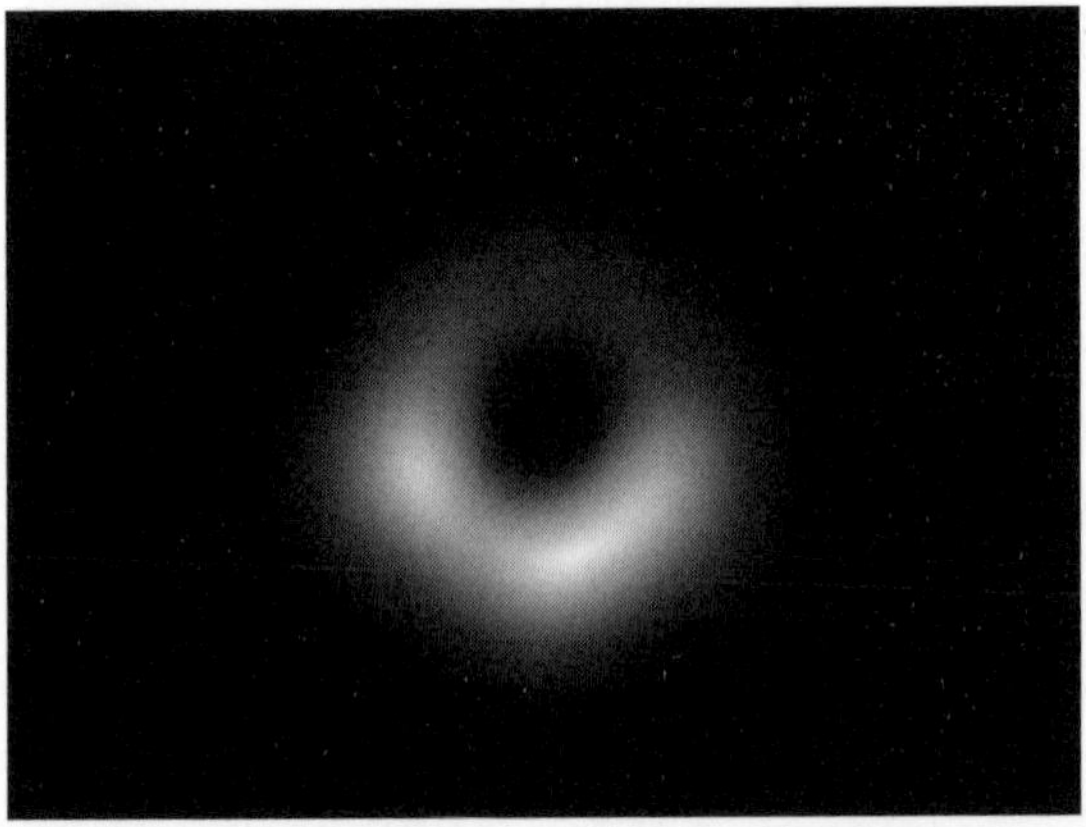

$$R_{\mu\nu}-\frac{1}{2}g_{\mu\nu}R=\frac{8\pi G}{c^4}T_{\mu\nu}$$

ずです。それでもこれまで撮影できずにいたのは、遠すぎて、非常に小さくしか見えないからでした。形がわかるほど大きく見える**分《ぶん》解能《かいのう》**をもった望遠鏡がなかったのです。

しかし、イベント・ホライズン・テレスコープは、これまでになく分解能の高い望遠鏡を用意しました。

超巨大望遠鏡

撮影に使われたのは、グリーンランドから南極まで、世界中の8か所にある望遠鏡です。これらは**電波望遠鏡**であり、光（可視光線）ではなく、飛んでくる**電磁波**をキャッチして解析し、画像に変換します。

8か所の望遠鏡は、非常に精密に同期され、「地球サイズのひとつの超巨大望遠鏡」のようになりました。その分解能は、**地球から月面上のゴルフボールを見分けられる**ほどです。

観測は、2017年の4月5〜14日に行われました。そのデータはあまりに大量なので、データ通信では送れず、ハードディスクに入れて物理的に輸送されました。このデータを、スーパーコンピューターで時間をかけて処理することで、ブラックホールの姿が見えるようになったのです。

その姿は、かなりの程度、**一般相対性理論**に合致するものでした。一般相対性理論は、人類が宇宙に向き合うときの最大の武器のひとつですが、その有効性があらためて確認されたといえます。

15

人類はまだ宇宙のほとんどを知らない

ダークマターとダークエネルギー

95パーセントは謎

この宇宙はいったい、どんなもので構成されていると思いますか?

「宇宙を構成するもの」というと、星や銀河をイメージされると思います。しかし、そういった物質を作る粒子も含めて「**人類が知っている物質**」は、「**宇宙を構成するもの**」の**ほんの一部にすぎない**ことがわかっています。

2001年に**NASA(アメリカ航空宇宙局)**によって打ち上げられた人工衛星**WMAP(ウィルキンソン・マイクロ波《は》異《い》方性《ほうせい》探査《たんさ》**

▼現在わかっている宇宙の組成。WMAPによる観測のあとも研究が続けられているが、およそこれくらいの割合に落ち着いている。「ダークマター」と「ダークエネルギー」の正体は、まだわかっていない。

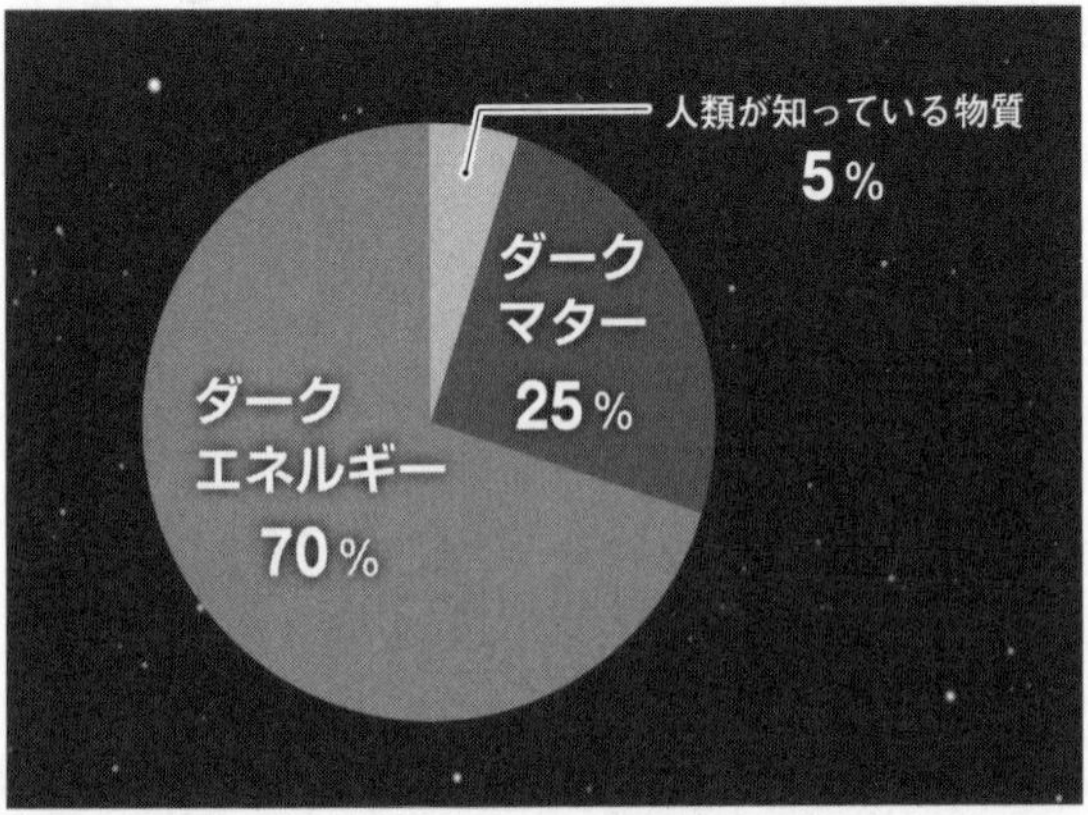

機《き》）の観測結果によると、「人類が知っている物質」は、宇宙の組成のたった**5パーセント**ほどにすぎません。残りの95パーセントは、「人類がまだ知らない何か」なのです。

ダークマターの重力

宇宙に「人類がまだ知らない何か」が存在することは、かなり前からわかっていました。1930年代、アメリカで活動していた天文学者**ツビッキー**（204ページ参照）は、多くの**銀河**が**重力**によって引き合って集まった**銀《ぎん》河《が》団《だん》**について、「どれくらいの**質量**があるか」を調べました。そして、「観測される光の量にもとづいて推定された質量だけでは、銀河どうしが銀河団としてまとまるためには、重力が不足している」と指摘したのです。つまり、**「見えない何か」が質量をもって存在し、周囲に重力を及ぼしている**としか考えられない、ということです。

それは目に見えなくても、**一般相対性理論**からいって、まわりの時空をゆがませています。そして近くを通る光を曲げ、**重力レンズ効果**（146ページ参照）を生んでいるはずです。ですから、光の曲がりを観測すれば、「見えない何か」の存在を確かめられるはずだとツビッキーは主張しました。

正体不明の「見えない何か」は、**ダークマター**（**暗黒物質《あんこくぶっしつ》**）と名づけられました。1970年代にも、アメリカの天文学者**ヴェラ・ルービン**（1928～2016年）が、「ダークマターの重力がなければ、**銀河の回転速度**の説明がつかない」と論じています。

ダークマターは、「人類が知っている物質」の5倍、宇宙の組成の**25パーセント**ほどを占めるとされます。

「その正体は**ブラックホール**ではないか」という説もありますが、それだけでは説明がつかない現象も多く、現在、世界中の物理学者たちが、ダークマターの正体を探っています。未発見の**ニュートラリーノ**という粒子や、**アクシオン**という粒子が、その有力候補です。

「**ダークマターの重力がなければ、宇宙の中で銀河は形成されず、星もできなかった**のではないか」と考えられています。ダークマターの探究は、物理学の発展と宇宙の謎の解明のための、最重要事項のひとつなのです。

宇宙の加速膨張のエネルギー

さて、「人類が知っている物質」とダークマターを合わせても、宇宙の組成の30パーセントにすぎません。残りの**70パーセント**は、正体不明のエネルギーだとされています。

そのエネルギーが存在するはずだと考えられるようになったのは、1998年のことです。それまで、「宇宙は**ビッグバン**以降、膨張速度を落としながらゆるやかに広がってきた」と考えられていました。しかし、**Ⅰa《いちエー》超《ちょう》新星《しんせい》**と呼ばれる**超新星爆発《ちょうしんせいばくはつ》**（質量の大きい星が一生の終わりに起こす大爆発）の観測調査を通して、「**現在、宇宙は加速膨張を行っている**」ということがわかったのです。

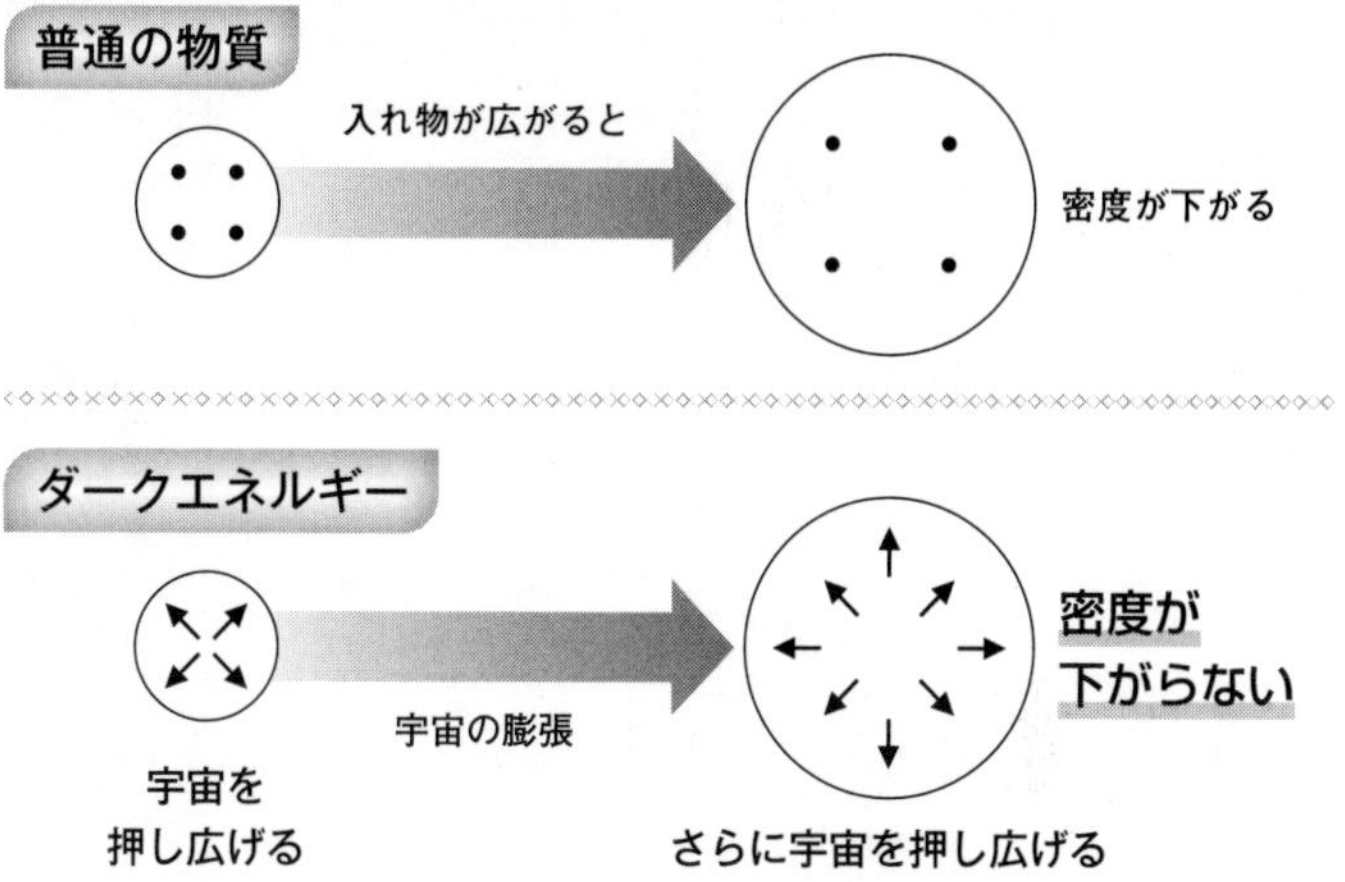

▲宇宙の中にある普通の物質は、宇宙という入れ物が膨張すると、密度が下がる（まばらになる）。しかし、宇宙を加速膨張させる「ダークエネルギー」には、「入れ物である宇宙が膨張しても、密度が下がらない」という奇妙な性質があると考えられている。

膨張を加速するには、**宇宙を押し広げるエネルギー**が必要です。最初は「**インフレーション**（192ページ参照）を起こした**真空のエネルギー**が残っていたのだろう」と考えられました。しかし、それでは計算が合わないことがわかり、謎のエネルギーはとりあえず、**ダークエネルギー**と名づけられました。

面白いことに、空間を押し広げる**斥力**を及ぼすこのダークエネルギーは、**アインシュタイン方程式**の**宇宙項**（187ページ参照）に通じるものがあります。ダークエネルギーの登場により、宇宙項が再注目されています。

人類は相対性理論や量子論を武器に、宇宙の神秘に迫ってきました。それでも、宇宙のほとんどはまだ謎のままです。今後の研究を見守っていきたいと思います。

16

宇宙は「ただひとつのもの」ではない!?

多数の宇宙 マルチバース

宇宙の多重発生

宇宙のことを、英語で「universe《ユニバース》」といいます。「uni《ユニ》」は「単一の」という意味です。人類は長らく、宇宙を「ただひとつのもの」と考えてきたようです。しかし、現代科学からは、宇宙がひとつではない可能性を示す**多《た》元《げん》宇《う》宙論《ちゅうろん》**（**マルチバース**）が、いくつも生まれています。

有名なのは、**量子論**の**多《た》世《せ》界《かい》解《かい》釈《しゃく》**（**エヴェレット解釈**）でしょう。**状態の重ね合わせ**（１５８ページ参照）にもとづいて、「ことあるごとに宇宙が分岐《ぶんき》する」とされます（相対性理論と直接かかわらないので詳細は割愛）。**インフレーション宇宙モデル**（１９２ページ参照）の中にも、多元宇宙を含む説があります。初期宇宙が急激に加速膨張した際、あちこちで泡のように「子宇宙」や「孫宇宙」が生まれたというのです。これは**宇宙の多重《たじゅう》発生《はっせい》**（**マルチプロダクション**）と呼ばれます。

宇宙は膜である!?

一般相対性理論と量子論の融合をめざす**超**

$$R_{\mu\nu}-\frac{1}{2}g_{\mu\nu}R=\frac{8\pi G}{c^4}T_{\mu\nu}$$

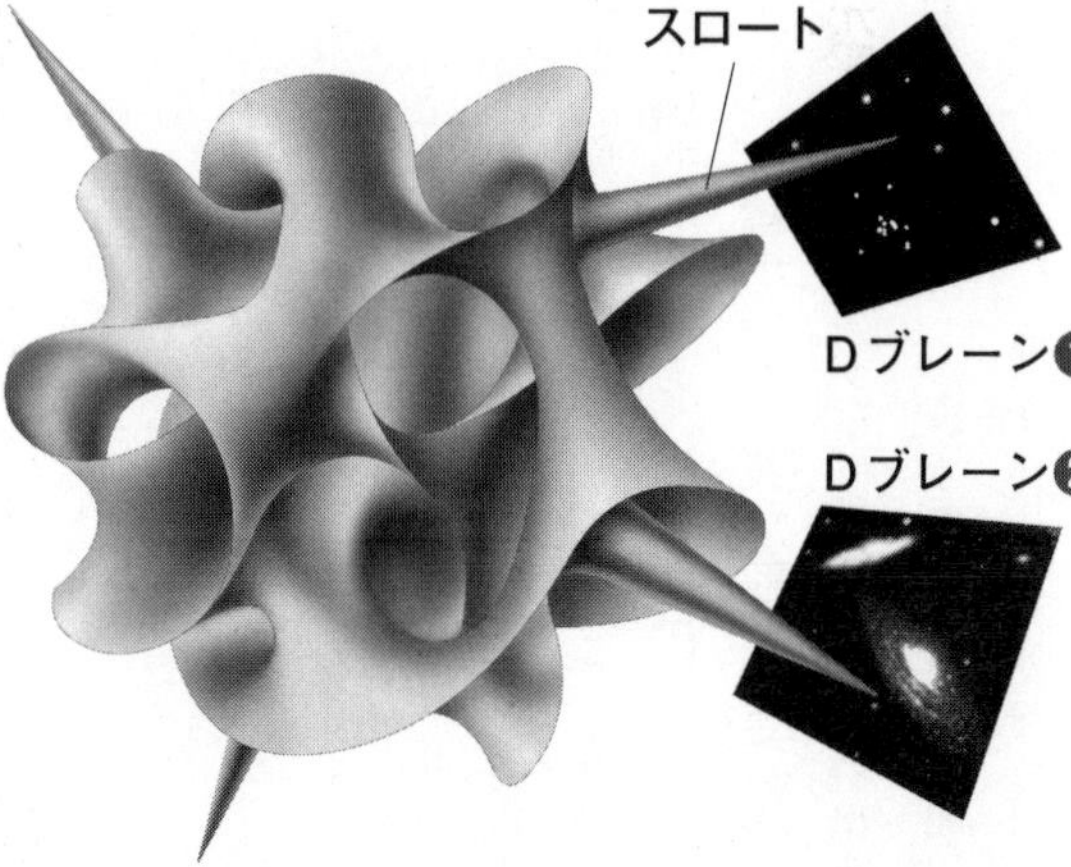

▲「ブレーン宇宙論」のイメージ。「カラビ＝ヤウ多様体」から細い「スロート」（通路）が伸び、さまざまな「Dブレーン」（宇宙）につながっている。

ひも理論を見てみましょう。超ひも理論の基本は、「素粒子はすべて、**ひも**でできている」というものです。そして1990年代半ば、「ひものほとんどは、**Dブレーン**という膜にくっついている」とする**Dブレーン理論**が生まれましたが（180ページ参照）、そもそも、このDブレーンとは何なのでしょうか。

1990年代後半、「**Dブレーンは宇宙である**」とみなす**ブレーン宇宙論**が提唱されました。「高次元の時空の中に、薄い膜のようなものがたくさん浮かんでおり、その中のひとつが私たちの宇宙だ」というのです。

ブレーン宇宙論では、たくさんの膜宇宙が、高次元の時空を共有しています。その様子は、高次元を表す**カラビ＝ヤウ多様体**を用いて、上図のようにイメージされます。

宇宙に「始まり」はあるのか

現在、初期宇宙については、**インフレーション宇宙モデル**が多くの支持を集めています。

しかしこの理論も、「インフレーションの前に、どのように宇宙が誕生したのか」を説明することには、今のところ成功していません。

そこでたとえば、ウクライナ出身の物理学者**アレキサンダー・ビレンキン**（1949年〜）は「**量子論的な真空のゆらぎ**（162ページ参照）によって、**無からミクロの宇宙が生まれた**」という説を提唱しています。

しかし、アメリカの物理学者**ポール・スタインハート**（1952年〜）と南アフリカ出身の物理学者**ニール・テュロック**（1958年〜）は「そもそも、『時間に始まりがある』とするのがおかしいのではないか」と考えました。そして2001年、**ブレーン宇宙論**を応用した**サイクリック宇宙論**を発表します。

サイクリック宇宙論によると、時間に「始まり」はなく、宇宙は膨張と収縮をくり返しています。収縮しきった宇宙《Dブレーン》は、隣の宇宙《Dブレーン》と衝突し、そのときに発生した膨大なエネルギーによって、火の玉のような状態になります。これが**ビッグバン**です。

スタインハートとテュロックの理論には欠陥も見つかりましたが、2007年には、別の研究者らによって修正されたモデルも発表されています。そのモデルでは収縮は起こらず、膨張の果てに宇宙の一部が切り取られ、そこから新しい宇宙が生まれるとされます。

第7章

相対性理論と時間の不思議

01 ウラシマ効果

違う時間をたどったふたりが再会するとどうなる？

固有の時間

時間とはどういうものなのか。——古来、多くの哲学者や科学者が取り組んできたこの問題で、大きな成果をあげたのが、**時空**の物理学である**相対性理論**です。この章では、相対性理論からわかる時間の真実を紹介します。

相対性理論は「**あらゆるものに、それぞれの固有の時間が流れる**」ということを明らかにしました。**特殊相対性理論**では**速く動くもの**の時間が、**一般相対性理論**では**時空がゆがんだ場所にあるもの**の時間が遅くなります。

高速の旅から帰ってみると……

時間の流れ方の違いは、**ウラシマ効果**というものを引き起こすとされます。この名称は、日本の昔話「浦《うら》島《しま》太《た》郎《ろう》」にちなんでいます。

光速に近い速さで飛べる宇宙船が開発された、と考えてください。双子の兄が、この宇宙船で遠くの星へ行き、地球に戻ったら、彼の時計で10年たっていたとします。兄は速く動いたのですから、その分、兄の時間の流れは遅かったはずです。地球では時間が速くすぎ去り、弟はおじいさんになっています。

$$R_{\mu\nu}-\frac{1}{2}g_{\mu\nu}R=\frac{8\pi G}{c^4}T_{\mu\nu}$$

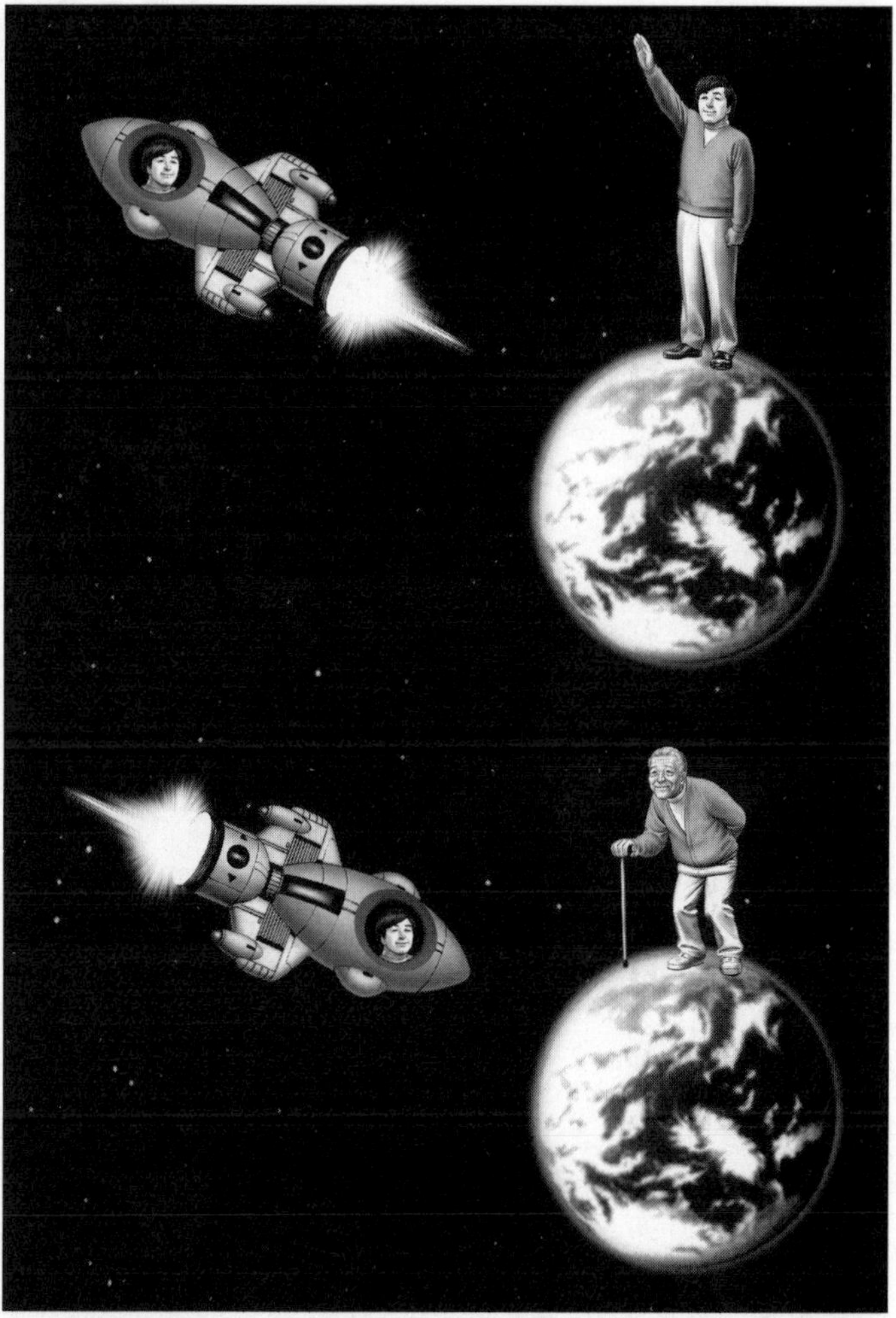

▲いったん離れたものたちが再会したとき、それぞれの経験した時間の長さの違いがあらわになることが、「ウラシマ効果」と呼ばれる。この「ウラシマ効果」に関して生じる疑問が、次に取り上げる「双子のパラドックス」である（ここでは、本文の例も上図も、「双子のパラドックス」の設定にしてある）。

02 双子のパラドックス

兄と弟はどちらのほうが歳をとるのか？

パラドックスの発生？

前の項目で**ウラシマ効果**を取り上げましたが、この話について、次のような疑問をもった方もいるのではないでしょうか。

「双子の兄が高速の宇宙船で宇宙の旅に出て、弟が地球に残る」という話を、地球に残った弟の視点から見ると、たしかに兄が高速で動いたのですから、兄に流れる時間は遅くなり、弟のほうが歳をとることになります。

しかし**相対性理論**は、**相対性原理**にもとづいた理論です。相対性原理とは、「どの座標系（視点）も同列であり、絶対的な基準はない」というものです（60ページ参照）。

それならば、同じ話を、宇宙船に乗った兄の視点から見ることもできるのではないでしょうか。兄が宇宙船の窓から見ると、「弟のいる地球が、高速で遠ざかっている」ように見えるはずです。その場合、速く動いているのは弟であり、弟の時間のほうがゆっくり流れることになるのでないでしょうか。

困ったことになりました。兄が帰還してふたりが再会したとき、どちらのほうが歳をとっているのか。――この問題は、**双子のパラドックス**と呼ばれます。

$$R_{\mu\nu}-\frac{1}{2}g_{\mu\nu}R=\frac{8\pi G}{c^4}T_{\mu\nu}$$

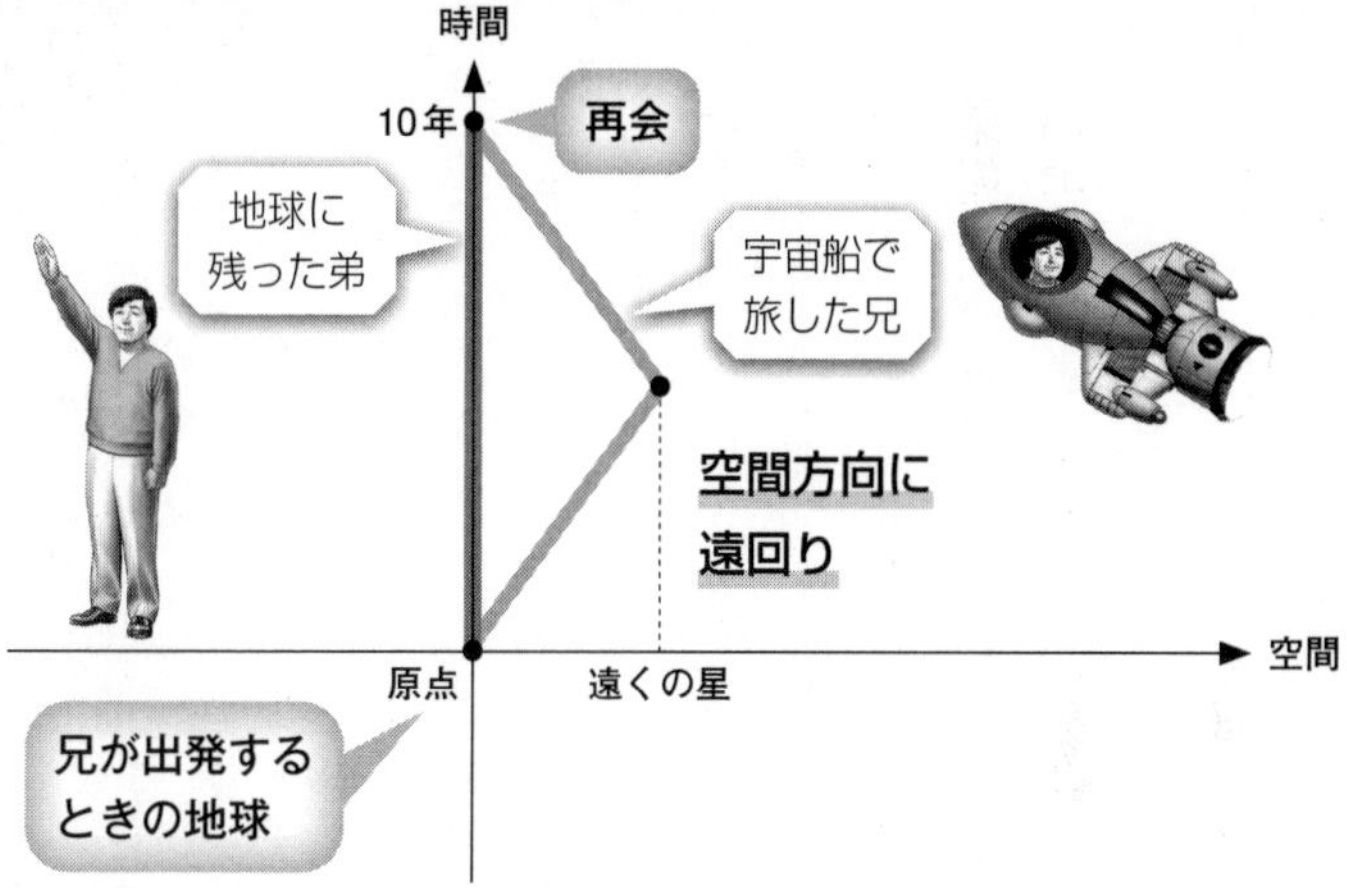

▲「時空図」の一種である「ミンコフスキー・ダイアグラム」で見ると、兄のたどる線は「空間」方向に「遠回り」しており、弟のたどる線よりも長く見える。しかし、「ミンコフスキー時空」では、「空間だけの図」とは違って、「空間」方向に「遠回り」したほうが「距離」が短くなる。

時空図での解決法

とても面白い問題ですが、じつはこれに関しては、完全に答えが出ています。「やはり、弟のほうが歳をとっている」というものです。「高速の宇宙船で旅した兄のほうが、時間がゆっくりになる」と考えるのが正しいのです。

答えを出す方法は、ふたつ知られています。ちょっと難しいほうから紹介させてください。**ミンコフスキー・ダイアグラム**（114ページ参照）を使うものです。

「兄が出発する時点での地球」を**原点**（基準）として、兄と弟が再会するまでの動きを**時空図**に表すと、上図のようになります。弟のたどる線はまっすぐで短く、兄のたどる線は折れ曲がっている分だけ長くなっています。

「長い線をたどる兄のほうが、余計に歳をとるんじゃないか?」と思われるでしょう。

しかしじつは、ここが相対性理論の面白いところです。

ミンコフスキー時空の幾何学は、私たちが義務教育で学ぶ**ユークリッド幾何学**とは、「長さ」の測り方が異なります。ここでは専門的な数式は出しませんが、「距離」を出す公式が違うのです。ミンコフスキー時空では驚くべきことに、**空間方向に「遠回り」した分だけ、経過する時間が短くなります**。

「そんなバカな!」と思われるでしょうが、「距離」の定義が、数学的にそうなっているのです。ですから、兄のほうが経験した時間が短く、弟のほうが歳をとっています。

一般相対性理論での解決法

ミンコフスキー・ダイアグラムを使えば、**特殊相対性理論**の範囲内で、双子のパラドックスを解決できます。実際の実験結果とも合致しています。しかし、ちょっと納得できない人もいるのではないでしょうか。

そこで、**一般相対性理論**を使えば、もっと感覚的にわかりやすい解決が得られます。

兄の宇宙船は、出発時と目的地の星で折り返すとき、そして地球への帰還時に、**加速度運動**をします（減速も加速の一種です）。その際の**慣性力**は、兄だけが経験します。その慣性力は、重力と同じ**時空のゆがみ**です。ゆえに、兄の時間だけがゆっくりになるのです。

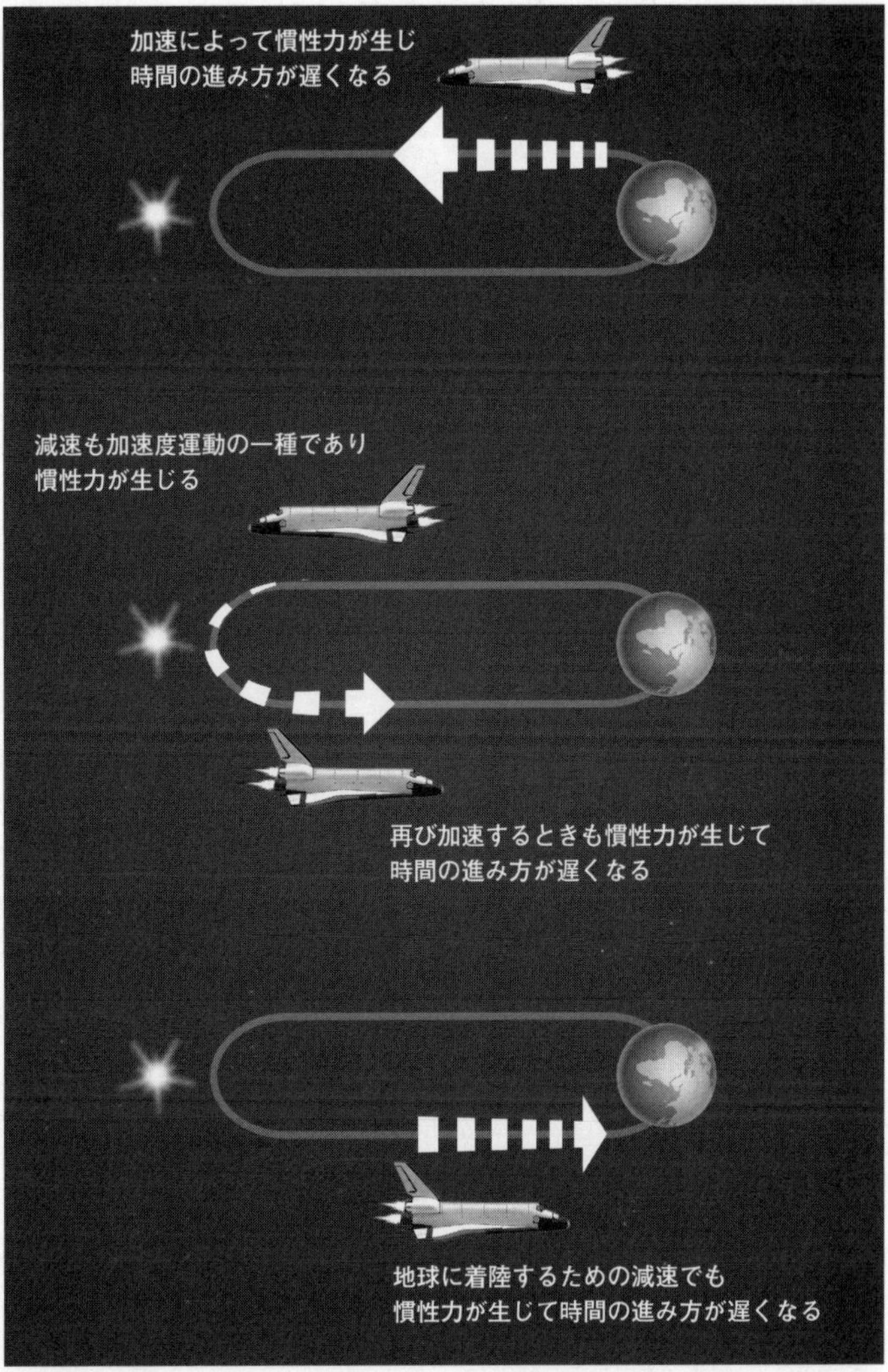
加速によって慣性力が生じ
時間の進み方が遅くなる
減速も加速度運動の一種であり
慣性力が生じる
再び加速するときも慣性力が生じて
時間の進み方が遅くなる
地球に着陸するための減速でも
慣性力が生じて時間の進み方が遅くなる

▲一般相対性理論によると、兄の宇宙船が加速度運動する際、「重力」と等価な「慣性力」が生じ、時空がゆがむので、その分だけ時間の経過が遅くなる。

03

カギを握るのは重力波の観測

「宇宙の始まり」を見ることはできるか

「遠く」は「過去」である

特殊相対性理論によると、**光速**は**宇宙の最高速度**であり、秒速30万キロという途方もない速さでありながらも、有限な値です。

この事実は、**すべてにタイムラグがあること**を意味しています。私たちが夜空の星の光を見るとき、その光は昔の光なのです。1光年先にある星の光は、1年間の旅をして地球にたどり着いた、1年前の光です。

ですから、私たちは**宇宙の「遠く」を見ることで、「過去」を見ている**ことになります。

「宇宙の晴れ上がり」の前へ

だとすると、より「遠く」を見る技術を発展させていけば、「宇宙の始まり」も見ることができるのでしょうか?

ここで問題になるのが、初期宇宙の状態です。**ビッグバン**のときの宇宙はあまりに高温であるため（190ページ参照）、**電子**や**陽子**や**中性子**が**原子**というまとまりをもつことができず、バラバラに飛び回っていました。

そんな状態では、**光**（**電磁波**）の素粒子である**光子**は、長い距離をまっすぐ飛ぶことが

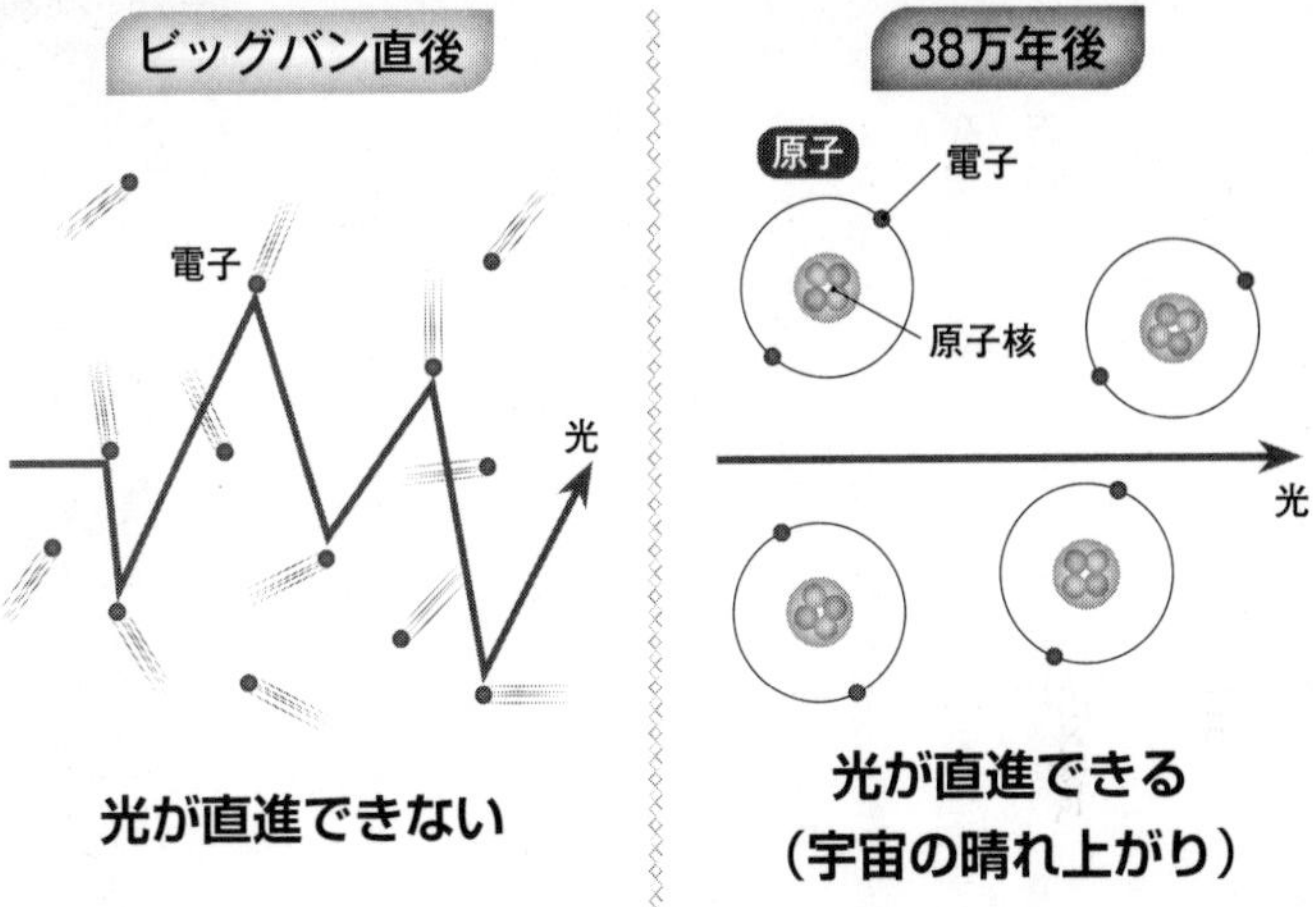

▲ビッグバン直後は、原子を構成せずに飛び回る電子のせいで、光が直進できなかった。そのため、宇宙誕生から 38 万年後（宇宙の晴れ上がり）までの間は、光（電磁波）によって「見る」ことができない。しかし、重力波の観測を通して、その初期宇宙の姿を知ることができる可能性がある。

できません。すぐに電子にぶつかってしまうからです。初期の宇宙は、いわば濃い霧に包まれていたのです。

誕生の約38万年後、セ氏3000度まで冷えた宇宙で原子が形成され、やっと光が直進できるようになりました。これを**宇宙の晴れ上がり**といいます。そのときの光（電磁波）が、**宇宙マイクロ波背景放射**（191ページ参照）です。光を含めた電磁波の観測では、これより前の宇宙を見ることはできません。

しかし、がっかりしないでください。電磁波以外に、光速で進むことができるものがあります。**重力波**です（148ページ参照）。

重力波は非常に弱いものの、消えることはないため、その観測を通じて宇宙誕生直後の様子を調べられるだろうと期待されています。

04

時間旅行は私たちにとって日常茶飯事!?

未来へのタイムトラベル

▼速く動けば未来へ行ける

時間に関して、ＳＦでも人気のテーマが、**タイムトラベル**です。**時空**を探究する**相対性理論**は、タイムトラベルの可能性を示してくれているでしょうか。

タイムトラベルには2種類あります。未来へのタイムトラベルと、過去へのタイムトラベルです。まずは、未来のほうから見てみましょう。

未来へのタイムトラベルとは、いってみれば、「**自分のもっている時計が示す時間よりも、先の未来に到達すること**」です。

とすると、２３０ページから見た**ウラシマ効果**が、これに当たります。

光速に近い速さで飛ぶ宇宙船に乗った兄は、彼の時計が10年だけ進む間に、数十年後の地球に到達しました。これはまさに、未来へのタイムトラベルです。

つまり、**特殊相対性理論**でいうと、**速く動けば未来へ時間旅行できる**のです。

これは程度の差こそあれ、いつも実際に起こっていることです。光速よりもずっと遅いスピードであっても、ほんの少しだけ、未来に進んでいるのです。

$$R_{\mu\nu}-\frac{1}{2}g_{\mu\nu}R=\frac{8\pi G}{c^4}T_{\mu\nu}$$

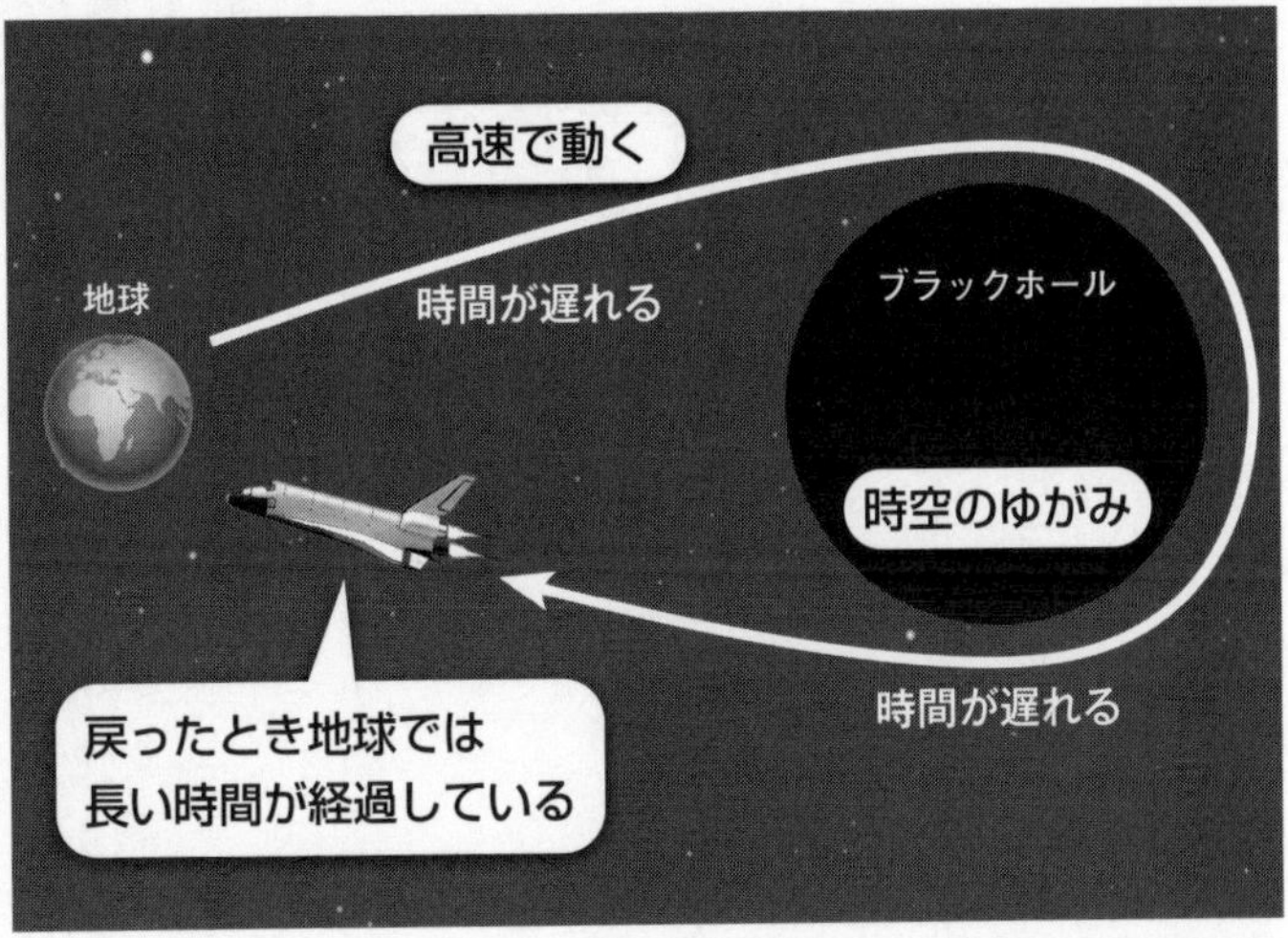

▲高速での運動や強い重力（時空のゆがみ）が引き起こす「時間の遅れ」を利用すれば、未来へのタイムトラベルを行うことができる。

ブラックホールを利用する

ここで、鋭い方は「じゃあ、**一般相対性理論**を使っても、未来旅行ができるんじゃないかな？」と思われたかもしれません。そのとおりです。

時空のゆがみが大きいところでは、時間の流れが遅くなります。つまり、**重力**が強いところに行くと、時計の進みがゆっくりになるのです。

ですから、重力の強い星や**ブラックホール**の近くへわざと行って、そこでしばらくすごしたあとで帰還すれば、数十年後の地球に行くことができます。いずれにせよ、宇宙旅行がカギを握りそうです。

05

ワームホールを通り抜けて時空の別地点へ!?

過去へのタイムトラベルは可能か

相対性理論では、私たちも含めた物体の運動は、**時空図**（112ページ参照）の上の線として表されます。この線は、曲がっていてもOKですが、途切れてはいけません。

どういうことかというと、「ある瞬間のある場所からパッと消えて、別の瞬間の別の場所にパッと現れる」ということはありえないのです。

なぜなら、宇宙で一番速い**光**でさえ、有限の速さで動くだけであり、一瞬で（時間ゼロで）時空の中の別の地点に伝わることはできないからです。

未来へ行くにしても、一瞬で100年後に

時空を連続的に移動する

次に、過去へのタイムトラベルについて考えてみます。

まっ先に出てくる疑問は、「過去に戻って過去を変えたら、現在も変わってしまって、いろんな矛盾が生じるんじゃないか？」といった**タイムパラドックス**の問題だと思いますが、これについてはあとで見ることにして（244ページ参照）、まずは純粋に「**相対性理論**から考えて、過去にさかのぼれる可能性はあるか？」ということを検討しましょう。

$$R_{\mu\nu}-\frac{1}{2}g_{\mu\nu}R=\frac{8\pi G}{c^4}T_{\mu\nu}$$

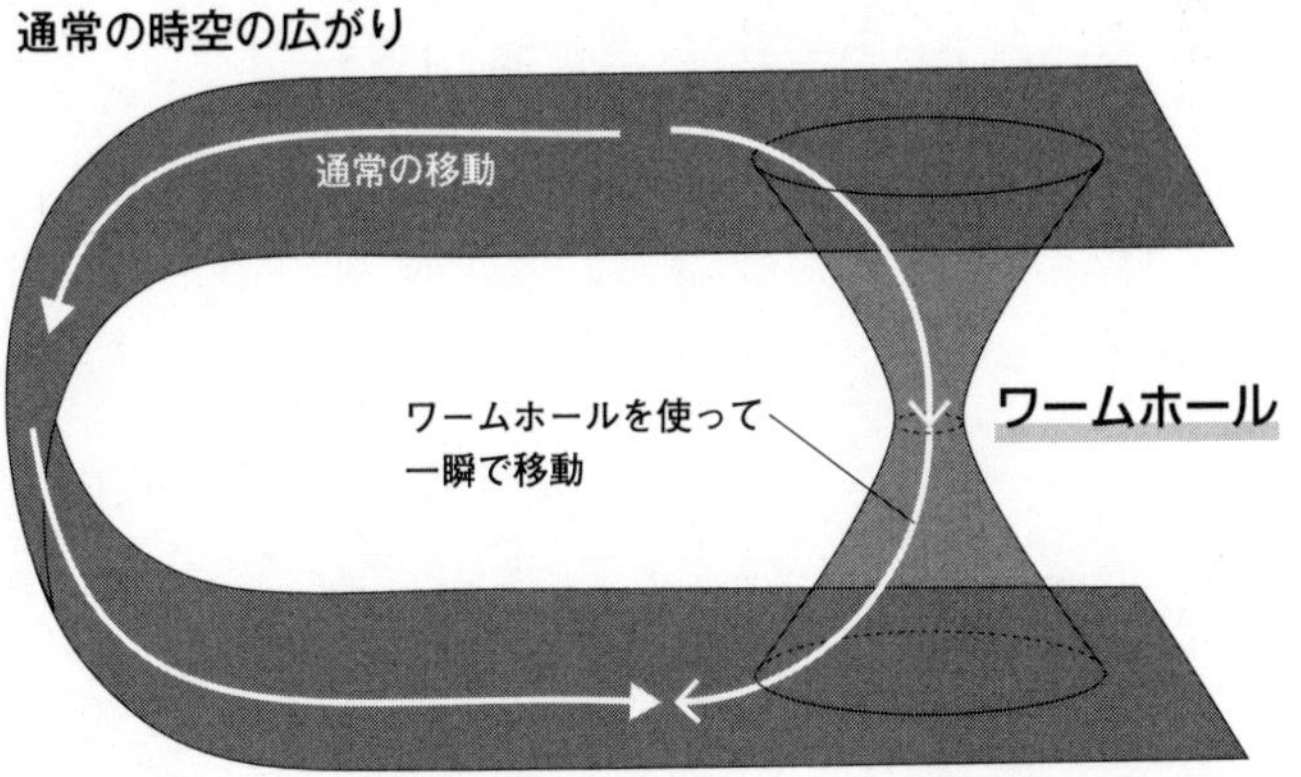

▲「ワームホール」は、時空の中の離れた２点をつなぐ、穴のような構造である。これを利用できるようになれば、時空を連続的に移動しながら、過去へと戻ることも可能になるかもしれない。

行ったりすることは不可能で、「速く動く」とか「重力の強いところに行く」といった方法を取る必要があるのは、そういう理由です。

ですから過去へ行くにしても、**時空を連続的に移動**していかなければなりません。

ワームホールとは

アメリカの物理学者**キップ・ソーン**（１９４０年〜）は、「**ワームホール**というものを利用できれば、時空を連続的に移動して過去にタイムトラベルすることも可能になる」と考えました。

ワームホールとは「虫食い穴」の意味で、**時空の中のある一点から別の一点に、直接つ**

ながった構造として考えられているものです。一方からワームホールに入ると、次の瞬間、離れたところにあるもう一方から出ます。

「それは時空を連続的に移動していることになるのか?」という疑問もあるでしょうが、ワームホールは時空自体の構造なので、そこを通ることに問題はありません。そして**一般相対性理論**によれば、時空はいろいろな形にゆがんでいるわけですから、「ワームホールのような形にゆがんでいることもあるかもしれない」と考えることは可能です。

実際、ほかならぬ**アインシュタイン**が、1935年に、イスラエルの物理学者**ネイサン・ローゼン**(1909~1995年)とともに、離れた地点をつなぐ**ブリッジ**という時空構造の可能性を提案しています。

ワームホールで過去へ

アインシュタインらが考えたワームホールは、離れた空間をつなぐものですが、ソーンはこれを使って、**時間のズレ**を通り抜けることを考えました。

人類が、ワームホールを持ち運べるような技術を開発したとします。そして地球上に、ワームホールのふたつの口Ⓐ Ⓑを、そろって出現させたとしましょう。

ここで、一方のⒶを光速に近い速さで動かして、**ウラシマ効果**(230ページ参照)を10年分だけ発生させます。ウラシマ効果は、未来へのタイムトラベルの役割を果たしますので(238ページ参照)、いわば、Ⓐだけ

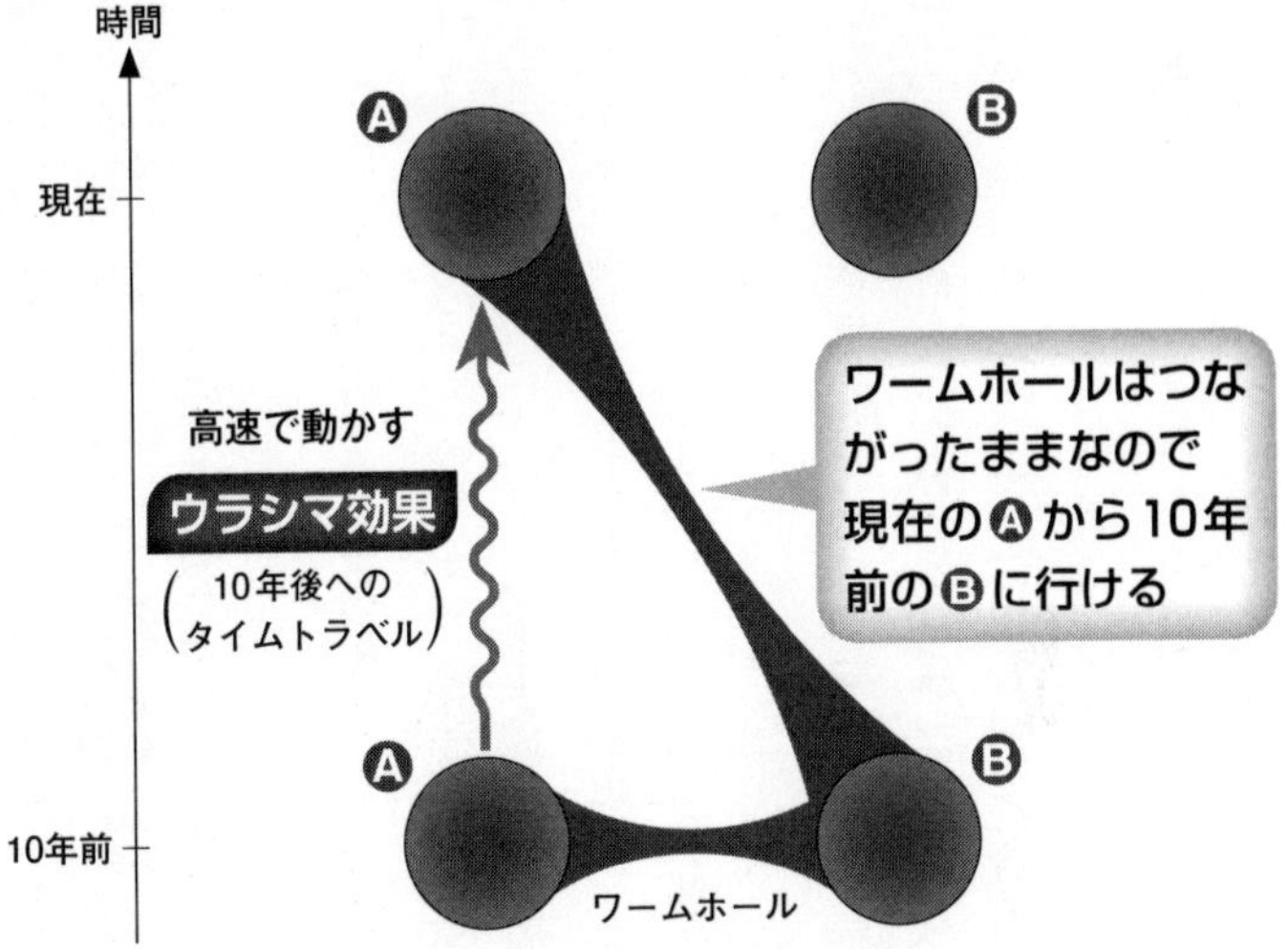

▲ソーンの考案した、「ワームホール」を利用した過去へのタイムトラベル。

が10年後の未来にタイムトラベルしたことになります。

もう一方のⒷは、タイムトラベルはしていませんので、「Ⓐから見て10年前の地球」にあります。しかし、ⒶとⒷはワームホールでつながったままです。

ですから、現在のⒶに入ると、10年前のⒷから出られます。これで、過去へのタイムトラベルは成功です。

もちろん、問題はあります。求められる技術のレベルの高さもさることながら、**アインシュタイン方程式**によると、たとえワームホールができたとしても、すぐにつぶれてしまうのです。これを人が通れるように支えるには、**エキゾチック物質**と呼ばれる「マイナスの質量をもつ物質」が必要だといいます。

06 タイムパラドックスの問題

過去改変は物理学的に可能なのか？

過去への介入と矛盾

もし技術的に、**タイムトラベル**が可能な条件をそろえたとしても、問題になるのが**タイムパラドックス**です。これはSFなどでよく題材にされる、人気のテーマです。

有名なのは、**親殺しのパラドックス**でしょう。Aさんがタイムトラベルして、生まれる前の時間に行き、自分の親を殺してしまったとします。すると、Aさんが生まれることはなくなるのですから、Aさんはもともと存在しなかったことになります。では、もともと存在しなかったAさんが、なぜAさんの親を殺せたのでしょうか？

「親殺し」のような極端な事件でなくても、過去に戻って出来事に介入することが可能だとすると、同じような矛盾が生じます。

解決法は？

タイムパラドックスは、時間や因果関係を扱う物理学にとっても、大問題だといえます。

有名な解決案のひとつは、**量子論の多世界解釈**（226ページ参照）によるものです。

$$R_{\mu\nu}-\frac{1}{2}g_{\mu\nu}R=\frac{8\pi G}{c^4}T_{\mu\nu}$$

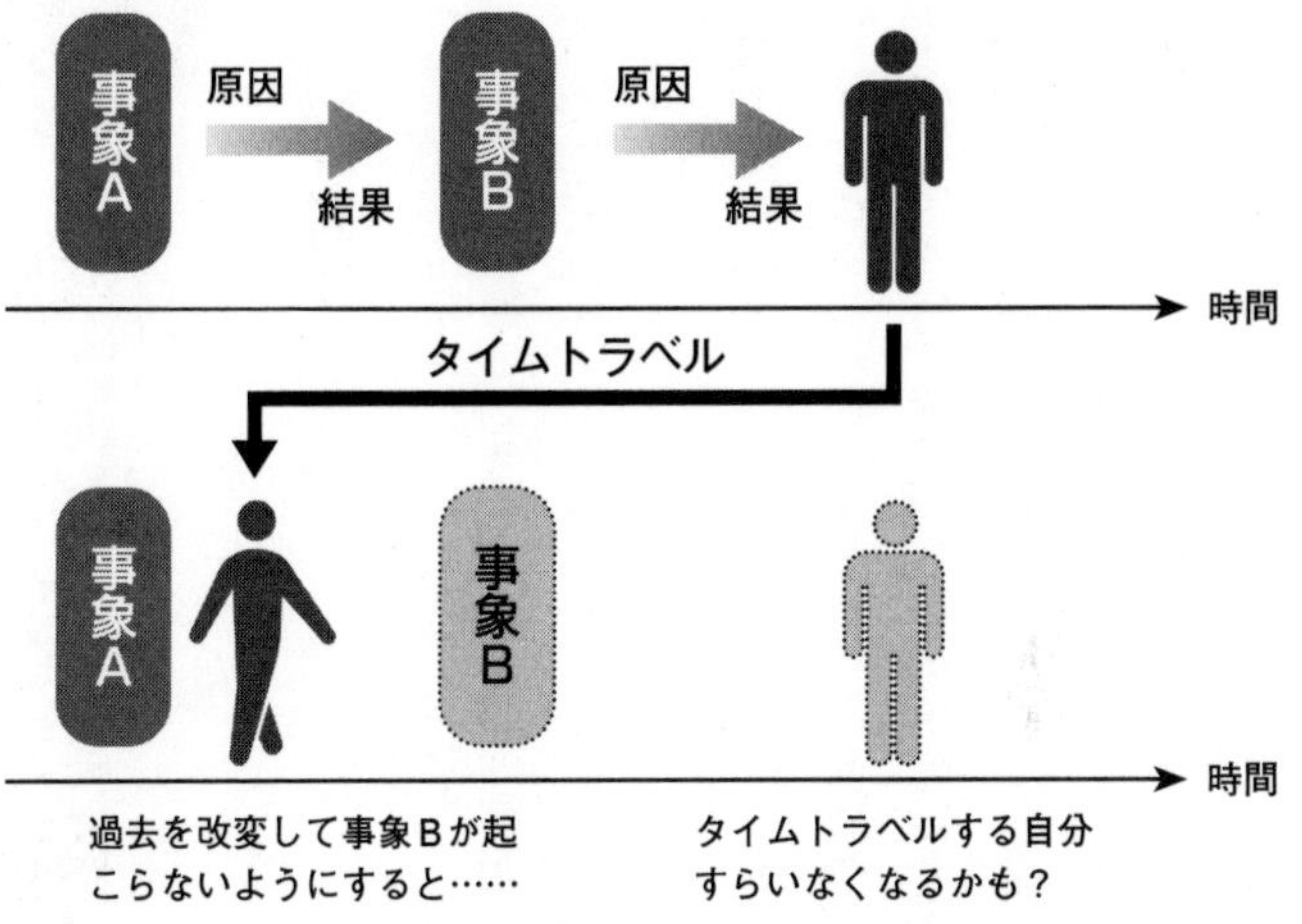

▲タイムトラベルによる「過去改変」は、「タイムパラドックス」と呼ばれる矛盾を引き起こすと考えられている。

過去を改変しなかった世界（Aさんの親が殺されず、Aさんが生まれた世界）と、過去を改変した世界（Aさんの親が殺され、Aさんが生まれなかった世界）は、分岐した別の**パラレルワールド**（**並行世界**）だというのです。

またホーキングは、「タイムトラベルが可能だとすると、物理学的な矛盾が発生する。だから、タイムトラベルは不可能である」と考え、**時間順序保護仮説**《じかんじゅんじょほごかせつ》を唱えました。「**ソーンのワームホール**のような、**相対性理論**に合致するタイムトラベルの手段ができたとしても、量子論の不思議な効果によって、それは使えなくなってしまうはずだ」というのです。

しかし今のところ、タイムパラドックスの解決については、多くの物理学者が合意する定説はありません。

07

ついに時間の正体が明らかになる!?

時間はなぜ過去から未来へ流れるのか

▼「時間は存在しない」

相対性理論は、全宇宙に共通の時間はないことを明らかにしました。また、相対性理論の中心に位置する**時空**の概念は、時間と空間は別のものではないこと、時間を「空間の一方向」と同じように扱えることを意味します。

相対性理論と**量子論**の融合をめざす**ループ量子重力理論**（182ページ参照）は、この考え方をさらに推し進めています。

ループ量子重力理論が試みるのは、**重力場**（139ページ参照）の**量子化**です。つまり、**時空のゆがみ**を、「**粒子のような最小単位**からなるもの」として扱おうとしているのです。

その基礎方程式である**ホイーラー＝ドウィット方程式**には、時間が含まれていません。

ループ量子重力理論では、「時間があって、流れる」とは考えないのです。**物理的な現象として、「時空の量子」がネットワークを形成することで、その都度、時空が生じる**だけです。そしてその「時空の量子」は、たえず量子論的にゆらいでおり、「時間」なのか「空間」なのかの区別さえもつかないのだといいます。

時間の流れはなく、時空の量子がネットワ

$$R_{\mu\nu}-\frac{1}{2}g_{\mu\nu}R=\frac{8\pi G}{c^4}T_{\mu\nu}$$

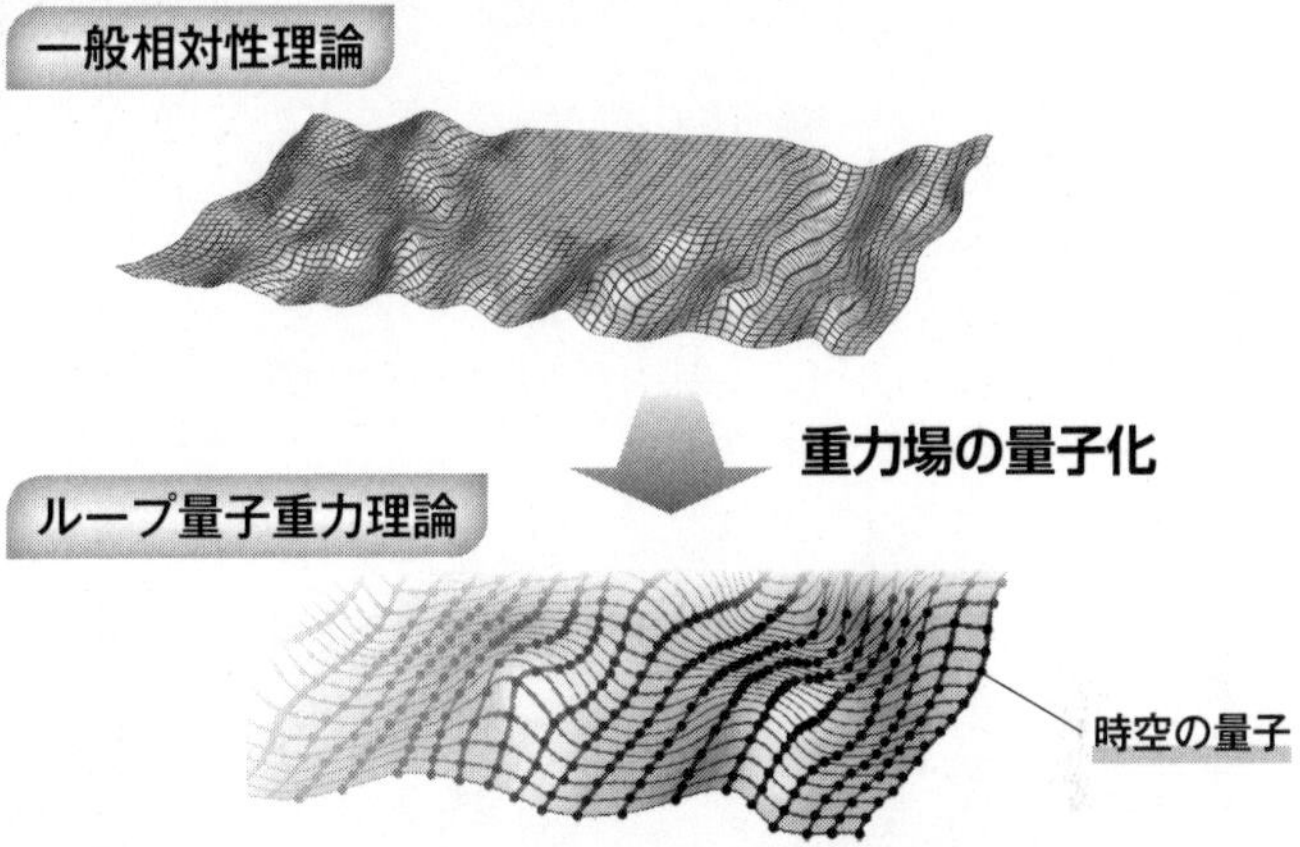

▲一般相対性理論では「ゆがんだ時空」としての「重力場」を扱うが、「ループ量子重力理論」は、そのゆがんだ時空を「量子化」する。つまり、「時空の量子」がネットワークを形成することで、重力場を生み出していると考えるのである。その考え方からすると、「時間」は、時空の量子のネットワークとして現れるものでしかない。

ークになっているだけであり、時間は空間と区別がつかない。——このことを、現在のループ量子重力理論の第一人者であるイタリアの**カルロ・ロヴェッリ**は、「時間は存在しない」と表現しています。これはある意味、時間の常識をくつがえしてきた相対性理論に忠実な考え方だといえるかもしれません。

時間の向き

しかし、それではなぜ時間は「過去から未来へ流れる」ように感じられるのでしょうか。

じつは、相対性理論も量子論も含む物理学のほとんどは、**時間の向き**を定めていません。

たとえば、振り子が振動している様子を動

画に撮って、逆再生して見ても、「同じ物理法則に従って動いている」ように見えます。このことは、**物理法則のレベルでは、時間は「過去から未来へ」流れなくてもよい**ということを示しています。

ただし、振り子は長い間見ていると、振幅が小さくなっていきます。ですから、長いスパンで逆再生すると、振幅の小さかった振り子が、だんだん大きく振動するようになり、明らかにおかしいことがわかります。

なぜ振り子の振幅が小さくなるのかというと、振り子がもっていた**力学的エネルギー**（52ページ参照）が、摩擦や空気抵抗で**熱**に変わるからです。そして、**熱力学にかかわるときだけ、時間は「過去から未来へ」という方向をもちます**。なぜなら熱力学には、「**エントロピー**は（時間とともに）増大する」という法則があるからです（54ページ参照）。物理学の中で、時間の向きを限定するのは、この**熱力学の第2法則**だけです。

ビッグバンから遠く離れて

じつは、宇宙の最初期の出来事とされる**ビッグバン**の状態では、宇宙のエントロピーはとても低かったと考えられています。

エントロピーとは「無秩序さ」「乱雑さ」ですから（55ページ参照）、ビッグバンは**整然とした秩序のある高温状態**だということになります。そして、その秩序が崩れていくのが、エントロピーの増大です。エントロピー

$$R_{\mu\nu}-\frac{1}{2}g_{\mu\nu}R=\frac{8\pi G}{c^4}T_{\mu\nu}$$

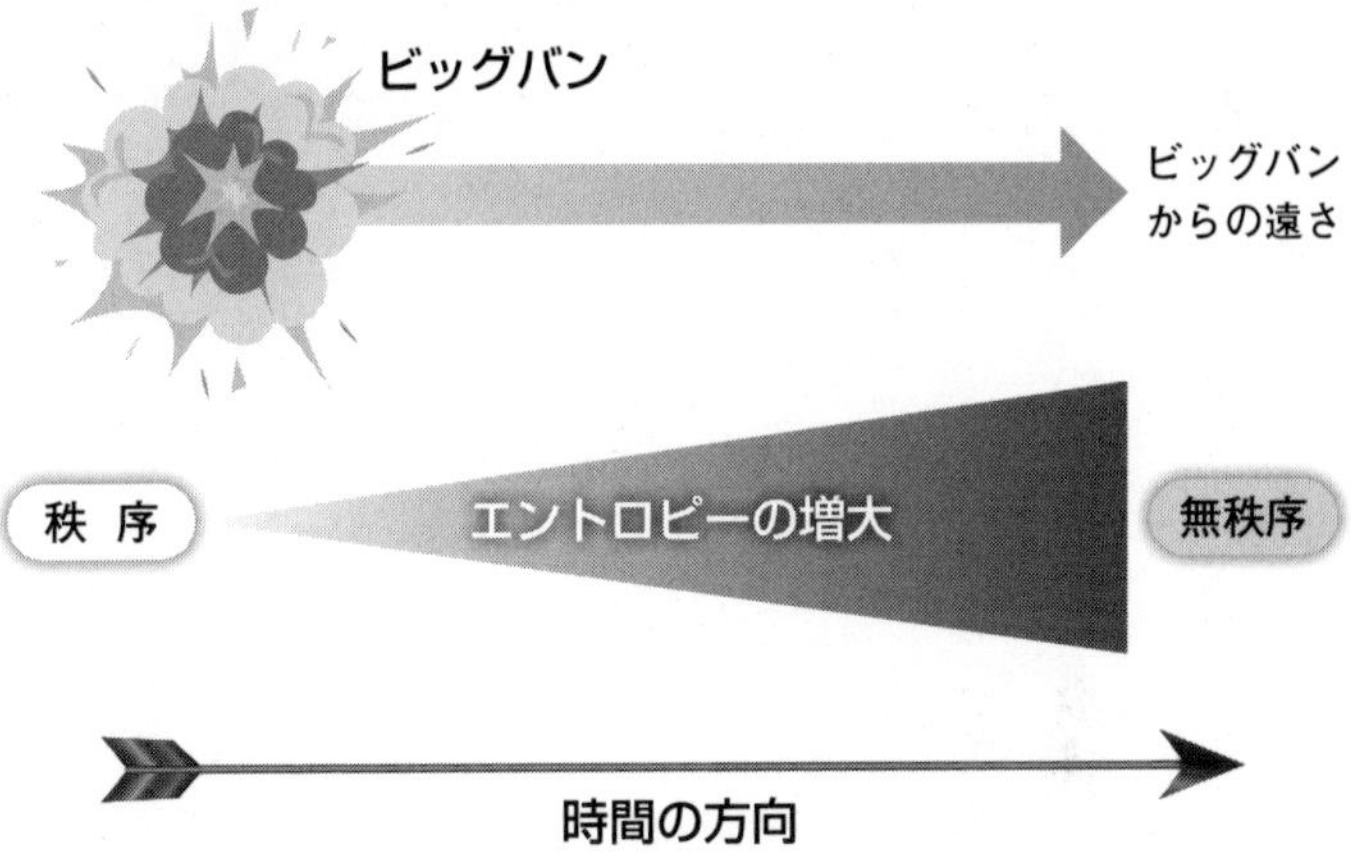

▲物理学では、「時間の向き」は、「エントロピーの増大する方向」としてしか定義されない。エディントン（146ページ参照）は、その一方向性を「時間の矢」と呼んだ。しかし、この方向性も、「人間の意識によってしか生じないもの」かもしれない。

の増大だけが時間の向きを決めるのだとすると、時間の向きは「ビッグバンから離れていく方向」として生まれたことになります。

しかし、ロヴェッリによると、「エントロピーが増大する方向」として、時間の向きが客観的に決まっているわけではありません。

人間は、時間と空間が一体となった時空の広がりを、一挙に認識することはできません。そこで**「エントロピーが低い状態から高い状態へ」という順序**で認識していきます。そのとき、「過去から未来へ」という時間の流れが感じられます。つまり、**時間の流れを作り出すのは、ほかならぬ私たち**だというのです。

時間の本質を探究した、非常に興味深い論だといえます。人類は相対性理論を使って、時間の正体にここまで迫ってきているのです。

索引

＊初出、または特に参照するべきページは、太字にしてあります。
＊見出しや図のみに載っているページも含みます。
＊「相対性理論」「特殊相対性理論」「一般相対性理論」の項目は立てていません。

▼す

▼せ

▼そ

▼た

▼ち

▼つ

▼て

▼と

▼ま

▼み

▼や

▼ゆ

▼よ

▼り

▼る

▼ろ

▼わ

❖ 主要参考文献 ❖

浅井祥仁監修『ニュートン式超図解　最強に面白い!!　次元』（ニュートンプレス）／我孫子誠也『アインシュタイン相対性理論の誕生』（講談社）／安東正樹『重力波とはなにか』（講談社）／大栗博司『重力とは何か』（幻冬舎）、『大栗先生の超弦理論入門』（講談社）／大須賀健『ゼロからわかるブラックホール』（講談社）／大宮信光『面白いほどよくわかる相対性理論』（日本文芸社）／科学雑学研究倶楽部編『物理のすべてがわかる本』（学研）、『微分積分のすべてがわかる本』『決定版　量子論のすべてがわかる本』『最新科学の常識がわかる本』（ワン・パブリッシング）／小谷太郎『数式なしでわかる相対性理論』（KADOKAWA）、『知れば知るほど面白い宇宙の謎』（三笠書房）／小林晋平『ブラックホールと時空の方程式』（森北出版）／佐藤勝彦『相対性理論から 100 年でわかったこと』（PHP 研究所）、『眠れなくなる宇宙のはなし』（宝島社）、『NHK「100 分 de 名著」ブックス　アインシュタイン　相対性理論』（NHK 出版）／佐藤勝彦監修『「相対性理論」を楽しむ本』『図解　相対性理論がみるみるわかる本』（PHP 研究所）／高水裕一『時間は逆戻りするのか』（講談社）／竹内淳『高校数学でわかる相対性理論』（講談社）／竹内薫『ホーキング　虚時間の宇宙』『ペンローズのねじれた四次元　増補新版』（講談社）、『ざっくりわかる宇宙論』（筑摩書房）／戸谷友則『宇宙の「果て」になにがあるのか』（講談社）／福江純『「超」入門　相対性理論』（講談社）、『世界一有名な数式「$E=mc^2$」を証明する』（日本能率協会マネジメントセンター）／福島肇『新装版　相対論の ABC』（講談社）／二間瀬敏史『ブラックホールに近づいたらどうなるか？』（さくら舎）／松浦壮『時間とはなんだろう』（講談社）／松田卓也、木下篤哉『相対論の正しい間違え方』（丸善）／三澤信也『図解　いちばんやさしい最新宇宙』（彩図社）／村山斉『宇宙は何でできているのか』（幻冬舎）／山田克哉『時空のからくり』『$E=mc^2$のからくり』（講談社）／吉田信夫『思考の飛躍』（新潮社）、『時間はどこから来て、なぜ流れるのか？』（講談社）／ヨビノリたくみ『難しい数式はまったくわかりませんが、相対性理論を教えてください！』（SB クリエイティブ）／マーティン・ガードナー（金子務訳）『相対性理論が驚異的によくわかる』（白揚社）／カルロ・ロヴェッリ（冨永星訳）『時間は存在しない』（NHK 出版）、（竹内薫監訳、栗原俊秀訳）『すごい物理学講義』（河出書房新社）／NHK アインシュタイン・プロジェクト『NHK アインシュタイン・ロマン　2』（日本放送出版協会）／『ニュートン別冊　アインシュタイン　不可解な思考の世界』『ニュートン別冊　アインシュタイン　物理学をかえた発想』『ニュートン別冊　アインシュタインの世界一有名な式　$E=mc^2$』『ニュートン別冊　次元とは何か　改訂版』『ニュートン別冊　相対性理論とタイムトラベル』『ニュートン別冊　重力とは何か？』『ニュートン別冊　アインシュタイン　相対論の 100 年』『ニュートン別冊　時間とは何か　増補第 3 版』『ニュートン別冊　みるみる理解できる相対性理論　増補第 3 版』（ニュートンプレス）
ほか

❖ 写真協力 ❖
R. Hurt/Caltech-JPL（カバーに掲載している重力波の画像）
Pixabay
Freepik
macrovector（Freepik）
kjpargeter（Freepik）
Wikimedia Commons
写真 AC
イラスト AC
シルエット AC
シルエットデザイン

決定版　相対性理論のすべてがわかる本

2021 年 4 月 3 日　第 1 刷発行

編集製作 ◉ ユニバーサル・パブリシング株式会社
デザイン ◉ ユニバーサル・パブリシング株式会社
編集協力 ◉ ジョシュア・バクスター
イラスト ◉ 岩崎こたろう

編　　者 ◉ 科学雑学研究倶楽部
発 行 人 ◉ 松井謙介
編 集 人 ◉ 長崎　有
企画編集 ◉ 宍戸宏隆
発 行 所 ◉ 株式会社 ワン・パブリッシング
〒 110-0005　東京都台東区上野 3-24-6
印 刷 所 ◉ 岩岡印刷株式会社

この本に関する各種のお問い合わせ先
●本の内容については、下記サイトのお問い合わせフォームよりお願いします。
https://one-publishing.co.jp/contact/
●在庫・注文については　書店専用受注センター　Tel 0570-000346
●不良品（落丁、乱丁）については　Tel 0570-092555
業務センター　〒 354-0045　埼玉県入間郡三芳町上富 279-1

©ONE PUBLISHING
本書の無断転載、複製、複写（コピー）、翻訳を禁じます。
本書を代行業者等の第三者に依頼してスキャンやデジタル化することは、たとえ個人や家庭内の利用であっても、著作権法上、認められておりません。

ワン・パブリッシングの書籍・雑誌についての新刊情報・詳細情報は、下記をご覧ください。
https://one-publishing.co.jp/